Wolfgang Krätschmer
Heike Schuster (Hrsg.)

Von Fuller bis zu Fullerenen

Beispiele einer interdisziplinären Forschung

Interdisziplinäre Wissenschaft

Herausgegeben von Heike Schuster

Andreas Deutsch (Hrsg.)
Muster des Lebendigen

Robert Bud
Wie wir das Leben nutzbar machten

John T. Bonner
Evolution und Entwicklung

Martin Gerhardt und Heike Schuster
Das digitale Universum

Wolfgang Krätschmer und
Heike Schuster (Hrsg.)
Von Fuller bis zu Fullerenen

Vieweg

Wolfgang Krätschmer
Heike Schuster (Hrsg.)

Von Fuller bis zu Fullerenen

Beispiele einer
interdisziplinären Forschung

Facetten

Umschlaggraphik mit freundlicher Genehmigung der
Hoechst AG, Frankfurt a.M.

Alle Rechte vorbehalten
© Friedr. Vieweg & Sohn Verlagsgesellschaft mbH,
  Braunschweig/Wiesbaden, 1996
  Softcover reprint of the hardcover 1st edition 1996

Der Verlag Vieweg ist ein Unternehmen der Bertelsmann Fachinformation
GmbH.

Umschlaggestaltung: Schrimpf und Partner, Wiesbaden

Gedruckt auf säurefreiem Papier

ISSN 0949-1295
ISBN-13:978-3-642-93592-3   e-ISBN-13:978-3-642-93591-6
DOI: 10.1007/978-3-642-93591-6

Inhaltsverzeichnis

Vorwort

Die Fullerene sind zweifelsohne diejenigen Moleküle, die in den letzten Jahren die größte Aufmerksamkeit erregt haben – nicht nur in den Fachkreisen der Wissenschaftler, sondern auch in einer breiten Öffentlichkeit. Das wohl bekannteste Fulleren ist C_{60}, dessen modellhafte Darstellung auch den Umschlag dieses Buches schmückt. Es besteht aus sechzig Kohlenstoffatomen, die in der Form eines Fußballs angeordnet sind. Ein gewöhnlicher Fußball ist aus zwölf schwarzen und zwanzig weißen Lederflicken zusammengenäht. Die schwarzen Segmente haben die Form eines Fünfecks, die weißen die eines Sechsecks. Genauso vereinigen sich auch in dem Fußballmolekül C_{60} fünf- und sechseckige Kohlenstoffringe zu einer in sich geschlossenen räumlichen Form. Es gibt kleine und sehr große Fullerene, von etwa dreißig bis hin zu Tausenden von Kohlenstoffatomen. Doch in allen findet sich das Bauprinzip der fünf- und sechseckigen Ringstrukturen wieder. Nicht zuletzt diesem typischen Bauplan verdanken die Fullerene ihren Namen. Der amerikanische Architekt und Ingenieur Buckminster Fuller, der in diesem Jahr seinen hundertsten Geburtstag feiern würde, stand dafür Pate. Seine gigantischen, freitragenden Kuppelbauten, die nur aus einem Stabwerk miteinander verbundener Streben bestanden, basierten auf genau dem Konstruktionsprinzip, das sich in den Fullerenen offenbart.

Neben Graphit und Diamant bilden die Fullerene mit ihrer charakteristischen ballartigen Struktur die dritte Form reinen Kohlenstoffs. Während die ersten beiden Kohlenstofformen schon lange bekannt sind, wurden die Fullerene erst in unserer Zeit entdeckt. Dabei lief ihre Entdeckung gewissermaßen in zwei Etappen ab: Als erste brachten Harold Kroto, Richard Smalley und deren Mitarbeiter 1985 die Idee von fußballförmigen Kohlenstoffmolekülen auf. Ihr ebenso revolutionärer wie genialer Strukturvorschlag basierte auf den Signalen im Massenspektrum von Graphitdampf, die einen außergewöhnlich stabilen Cluster aus 60 Kohlenstoffatomen aufzeigten. Die tatsächliche Synthese des vermuteten

Fußballmoleküls gelang erst fünf Jahre später in unserem eigenen Labor am Max-Planck-Institut für Kernphysik in Heidelberg.

Für die Physiker und Chemiker sind die Fullerene sehr schnell zu einem vielstudierten Untersuchungs- und Experimentierobjekt geworden. Atom- und Festkörperphysiker, organische Chemiker, Materialforscher und Nanotechnologen – sie alle fanden in den neuen Molekülen interessante und vielversprechende Forschungsfragen. Doch es sind längst nicht nur die klassischen naturwissenschaftlichen Disziplinen, die jeweils ihr eigenes Kapitel zu der noch jungen „Fullerenstory" schreiben. Um sie herum ranken sich ebenso Aspekte ganz anderer Disziplinen, von der Architektur über die Mathematik bis hin zur Medizin und Biologie, deren verbindendes Element vor allem die charakteristische Form der runden Molekülbälle ist.

Wir haben in diesem Buch versucht, einige dieser „interdisziplinären Kapitel" der Geschichte um die Fullerene zusammenzustellen. Ich freue mich ganz besonders darüber, daß jedes einzelne Themengebiet von einem kompetenten Fachmann vertreten wird und wir Sie so über aktuelle Forschungsfragen aus allererster Hand informieren können. Bei meinen Kollegen möchte ich mich gleichzeitig herzlich dafür bedanken, daß sie sich die Mühe gemacht haben, den Inhalt ihrer wissenschaftlichen Arbeit so verständlich wie möglich aufzubereiten, so daß Sie, liebe Leserin und lieber Leser, kein Spezialist sein müssen, um den Facettenreichtum der Ideen, Fragen und Erkenntnisse um die Fullerene kennenzulernen. Ich wünsche Ihnen mit diesem Buch nicht nur einen Wissensgewinn, sondern hoffe auch, daß Sie einen Eindruck davon gewinnen, wie in einem stets lebendigen Forschungsprozeß Bruckstücke unterschiedlichster Gedanken aus zahlreichen Richtungen zusammenkommen und erst dadurch neue, umfassende Erkenntnisse heranwachsen.

Heidelberg, August 1995

Einführung
Eine neue Welt des Kohlenstoffs
Heike Schuster

Unter allen chemischen Elementen nimmt der Kohlenstoff eine ganz besondere Rolle ein. In seiner scheinbar grenzenlosen Bereitschaft, sich mit Elementen der eigenen und anderer Arten in Ringen und Ketten zu verbinden, erschafft er die mannigfaltige Vielfalt aller organischen Stoffe, aus denen jeder noch so kleine Organismus besteht. Für die organische Natur ist er der wichtigste Grundstoff überhaupt und damit so etwas wie ein Grundbaustein allen Lebens. In reiner Form findet man ihn in der Natur nur selten vor. Bis vor einigen Jahren waren eigentlich nur zwei verschiedene Erscheinungsformen des reinen Kohlenstoffs – oder „Allotrope", wie Chemiker die unterschiedlichen Zustandsformen desselben Elements nennen – bekannt. Doch auch in diesen beiden Formen ist ein Teil der besonderen Magie des Kohlenstoffs verborgen, denn kein anderes Element zeigt auf so spektakuläre Weise wie verschieden solche Allotrope sein können.

Gleich und doch nicht gleich – Graphit und Diamant

Auf der einen Seite finden wir reinen Kohlenstoff als Graphit, etwa in dem schmutzig-grauen Staub, den wir von einer Bleistiftspitze abkratzen oder auch in einem Stück Kohle oder Ruß. Im krassen Gegensatz zu dem unscheinbaren Äußeren des „häßlichen Entleins" der Kohlenstofformen steht die strahlende Schönheit seines zweiten Allotrops, des Diamanten. Die eine Substanz, der Graphit, ist ein matt- bis stahlgraues Material, das sehr weich und leicht spaltbar ist und elektrischen Strom sehr gut leitet. Der Diamant dagegen ist ein spröder und farbloser Kristall, der von einer ungewöhnlichen Härte ist, die beispielsweise die des Stahls um ein Vielfaches übertrifft. Seine elektrische Leitfähigkeit und seine Wärmeausdehnung sind im Gegensatz zum Graphit sehr gering.

Daß die beiden ungleichen Substanzen im Grunde ihres Wesens doch so gleich sind und nur aus demselben Element Kohlenstoff bestehen, ist schon seit langem bekannt. 1772 verblüffte Lavoisier seine Zeitgenossen damit, daß er den schillernden, durchsichtigen Kristall des Diamanten durch Verbrennung zu Kohle verwandelte. Etwa 20 Jahre später bewiesen Clouet und Guillton dann tatsächlich die reine Kohlenstoffnatur des Diamanten. Die Gemeinsamkeiten der beiden Kohlenstofformen waren daher leichter zu verstehen als die offensichtlichen Unterschiede in ihrem äußeren Erscheinungsbild und vor allem in ihren physikalischen und chemischen Eigenschaften.

Erst in unserem Jahrhundert entdeckte man die eigentlichen Hintergründe der Individualität beider Formen: Während sich die Kohlenstoffatome im Graphit in planaren sechseckförmigen Netzwerken zusammentun, die sich in zahlreichen Schichten aufeinanderstapeln können, bilden sie im Diamant ein räumliches Kristallgitter von tetraedrischer Grundstruktur (Bild 1). Nur dieser Unterschied in der räumlichen Anordnung und die damit verbundene andersartige Bindungsstruktur der Atome ist für den krassen Gegensatz in der Erscheinung der so ungleichen „Zwillinge" verantwortlich.

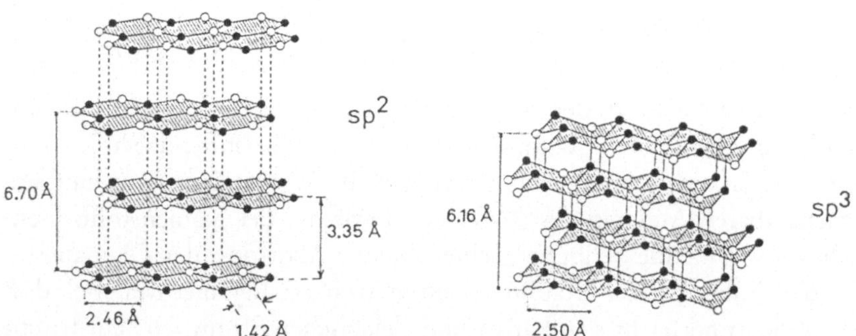

Bild 1: Die unterschiedliche Bindungsstruktur von Graphit und Diamant: Während im Diamantgitter alle vier Valenzelektronen des Kohlenstoffs in die chemische Bindung eingehen, liegen im Graphit nur drei Bindungen vor (aus [1]).

Graphit und Diamant schienen noch bis vor wenigen Jahren die einzig interessanten und bedeutsamen Formen reinen Kohlenstoffs zu sein. Daran konnten auch Laborversuche, die die Möglichkeit weiterer Kohlenstoffallotrope andeuteten oder auch tatsächliche Funde solcher Allotrope, wie etwa das 1968 in Bohrproben des Nördlinger Ries entdeckte Mineral Chaoit, nichts ändern. Entweder erschienen diese neuen Kohlenstofformen als reine Spekulation oder sie boten in den Augen der meisten Wissenschaftler keinerlei Ansatzpunkte für interessante mögliche Anwendungen. Nur die wenigsten konnten sich vorstellen, daß in der Welt des Kohlenstoffs noch ein großes Geheimnis verborgen war, dessen Entdeckung sich wie ein Lauffeuer durch die Naturwissenschaften ausbreiten und sie sichtbar verändern sollte. Doch genau diesen Effekt hatte die 1985 eingeleitete Entdeckung der Fullerene, die heute als die dritte Form des Kohlenstoffs gelten.

Das Ende der flachen Chemie

Die Besonderheit der Fullerene und damit auch ihre spektakuläre Ausstrahlung, die sie von Anfang an auf die wissenschaftliche und nicht-wissenschaftliche Öffentlichkeit gleichermaßen ausübten, liegt in ihrer einmaligen topologischen Gestalt: Die Kohlenstoffatome schließen sich in ihnen zu kleinen abgeschlossenen Hohlwelten zusammen. Das bekannteste Fulleren, das aus 60 Atomen bestehende *Buckminsterfulleren*, ist ein perfektes Ebenbild einer dreidimensionalen Kugel – genauer gesagt hat das Buckminsterfulleren C_{60} exakt die gleiche Form wie ein gewöhnlicher Fußball (Bild 2). Im deutschen Sprachraum, in dem der Fußball bekanntlich die Welt regiert, hatte es daher schnell seinen passenden Spitznamen „Fußballmolekül" gefunden.

Die sphärischen Hohlwelten der Fullerene eröffnete den Naturwissenschaften den Zugang zu einer ganz neuen Welt – einer bis dahin unbekannten runden Welt der Organischen Chemie. Die Rolle des Kolumbus in der Entdeckung dieser „runden Chemie" gebührt vor allem Harold Kroto, der 1985 zusammen mit Richard Smalley, Bob Curl und deren Mitarbeitern in dem Labor der Rice-Universtät in Texas die Existenz der Fullerene als erster vorschlug. Doch schon vor ihnen gab es zahlreiche Forscher, die über die Möglichkeit runder Moleküle nachdachten.

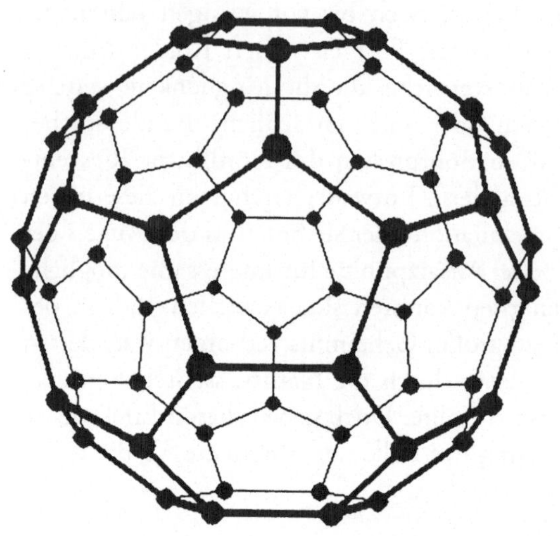

Bild 2:
Perspektivische Darstellung des fußballförmigen C_{60}-Moleküls. Die Kohlenstoffatome besetzen die Ecken eines gekappten Ikosaeders, das 12 Fünf- und 20 Sechsecke als begrenzende Flächen hat (aus [2]).

Einer von ihnen war David Jones, ein britischer Chemiker von unruhigem Geist und voller Ideen, dessen phantasievollen und teilweise verrückten Einfälle in einer über lange Jahre regelmäßig erscheinenden Kolumne des britischen Wissenschaftsmagazins *New Scientist* einmündeten. Dort beschrieb er unter seinem Pseudonym *Daedalus* alle möglichen kreativen Spekulationen mit genau so viel Plausibilität, daß sie für den Leser nicht nur unterhaltsam, sondern auch anregend wirkten. Im November 1966 phantasierte Daedalus über die Eigenschaften riesiger graphitischer „Ballons".

Der Aufhänger seiner Gedankenkette war die ihn erstaunende Lücke in der Dichte von Gasen von etwa 0,001 (relativ zu Wasser) und der von Flüssigkeiten und Festkörpern mit etwa 0,5 bis 2,5. Um diese Kluft zu überbrücken, erdachte sich Daedalus ein hohles Molekül – eine geschlossene sphärische Schale von einem schichtartigen Polymer wie beispielsweise Graphit. Durch das gezielte Einfügen gewisser „Unreinheiten" in die graphitischen Schichten sollten diese sich krümmen und sich schließlich zu kugeligen Formen schließen. Daedalus rechnete aus, daß ein derartiges hohles Molekül von etwa 0,1 Mikrometer Durchmesser zu einer Dichte von etwa 0,01 führen und damit so etwas wie einen fünften Zustand der Materie darstellen sollte.

Die Vision, die Jones alias Daedalus in diesem Artikel beschrieb, liest sich heute wie die Prophezeiung eines mächtigen Orakels. Er vermutete genau die Struktur hinter seinen „graphitischen Ballons", die später für die Fullerene so charakteristisch wurde. Da er bereits die mathematische Argumentation kannte, die hinter der Eulerschen Polyederformel[1] steckt, wußte er, daß die sechseckigen Strukturen der Graphitnetze allein keine räumlich geschlossene Struktur hervorbringen können, sondern daß dazu der Einbau einer bestimmten Zahl von Fünfecken in das atomare Netzwerk unumgänglich ist – so wie auch für die Lederhaut eines Fußballs genau zwölf fünfeckige Flächen (die üblicherweise aus schwarzen Lederflicken bestehen) neben den zwanzig (weißen) notwendig sind, um ihn in seine Kugelgestalt zu bringen. In der Phantasie von Jones zeichnete sich aber auch schon eine Vielzahl der potentiellen Möglichkeiten dieses Moleküls ab, von neuartigen Anwendungen in Stoßdämpfern und Schmiermitteln bis hin zu der Aussicht, fremde Moleküle in den Hohlkörper einzuschleusen.

Die Ideen, die Jones in erster Linie zur Unterhaltung seiner Leser erschuf, kamen anderen Forschern allein aus der Motivation ihrer wissenschaftlichen Arbeit heraus. Die Welt der Chemie war schließlich nicht vollkommen flach bis zur Entdeckung der Fullerene. 1966 gelang es den Chemikern Barth und Lawton an der Universität von Michigan, Moleküle aus zwanzig Kohlenstoffatomen und zehn Wasserstoffatomen ($C_{20}H_{10}$) zu synthetisieren, die aus sechs Ringen bestanden: einem zentra-

---

[1] Leonard Euler bewies Ende des 18. Jahrhunderts eine allgemeine Formel, nach der die Anzahl der Ecken (E), der Flächen (F) und der Kanten (K) eines beliebigen Polyeders in einer festen Beziehung stehen. Es gilt stets:

$$E + F - K = 2.$$

Mithilfe dieser Formel kann man sich sofort überlegen, daß sich ein geschlossenes Polyeder mit 60 Ecken nicht allein aus Sechsecken zusammenbauen läßt: Jede Ecke dieses imaginären Polyeders wäre zu drei anderen Ecken verbunden. An jeder Ecke träfen also 3 „Halbkanten" zusammen, und es gäbe insgesamt 90 Kanten. Da jede dieser Kanten ein Sechstel von zwei angrenzenden Flächenstücken ausmachen würde, müßte es insgesamt 30 Flächen geben. Da aber 60 + 30 - 90 nicht 2 ergibt, ist ein solches Polyeder unmöglich. Nur mit genau 12 Fünfecken läßt es sich schlüssig konstruieren. Tatsächlich ist diese magische Zahl von 12 Fünfecken völlig unabhängig von der Anzahl der Sechsecke.

len Fünfeck, um das sich fünf Sechsecke gruppierten. Neben der exakten chemischen Nomenklatur gaben seine Entdecker ihnen den Namen *Corannulene*, abgeleitet von den lateinischen Wörtern *cor* (Herz) und *annula* (Ring).

Corannulene sind sogenannte *aromatische* Moleküle. Mit dieser Eigenschaft fassen die Chemiker eine ganze Klasse ringförmiger Kohlenstoffverbindungen zusammen, deren Archetyp das Benzol darstellt. Sie haben sich ihren Namen dadurch verdient, daß die zuerst isolierten Vertreter dieser Molekülklasse einen schweren, süßlichen Geruch besaßen. Ihre besonderen chemischen und physikalischen Eigenschaften ergeben sich aus der speziellen Bindungsstruktur ihrer Kohlenstoffatome, die Bild 3 für das Beispiel des Benzols veranschaulicht: Aus dem planaren Ringsystem des Benzols ragt die Elektronenwolke (das Orbital) eines Elektrons der Kohlenstoffatome senkrecht heraus. Das Orbital dieses „π-Elektrons“, wie es die Chemiker nennen, überlappt mit den π-Orbitalen benachbarter Atome, wodurch eine kontinuierliche Elektronenwolke ober- und unterhalb der gesamten Ringebene entsteht. Die π-Elektronen bleiben nun nicht in ihrer Position fixiert, sondern können über die gesamte Struktur wandern und dabei die Gesamtenergie des Moleküls verringern. Chemiker bezeichnen dieses für alle Aromaten typische Phänomen als „Delokalisation des π-Elektronensystems“.

Als Barth und Lawton die Corannulene synthetisierten, war die allgemeine Lehrmeinung in der Chemie, daß aromatische Moleküle auf-

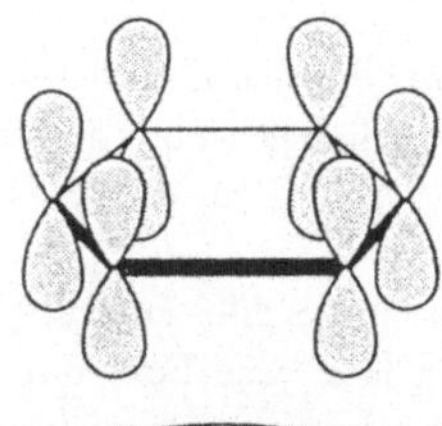

Bild 3:
Im Benzol besitzt jedes Kohlenstoffatom der sechseckförmigen Ringstruktur ein π-Elektron, dessen Elektronenwolke oberhalb und unterhalb der Sechseckebene zeigt. Die Elektronenwolken überlappen, um ein kontinuierliches, ringförmiges Orbital zu bilden (aus [3]).

grund der Delokalisierung ihrer π-Elektronen notwendigerweise eine flache Struktur besitzen, also auch die Corannulene. Doch der für diese Moleküle typische zentrale Fünfeckring mußte eine große Spannung bewirken, die nur durch eine Krümmung des Moleküls genügend abgebaut werden sollte. Kristallographische Untersuchungen brachten an den Tag, daß die Wahrheit genau in der goldenen Mitte lag: Die Corannulene sind aromatische Moleküle, die nicht völlig flach, sondern wie eine leicht gewölbte Schale geformt sind.

Osawa, ein japanischer Chemiker, ahnte ganz andere Möglichkeiten hinter der Entdeckung leicht gewölbter aromatischer Moleküle. Sollte es nicht möglich sein, so fragte er sich, tatsächlich dreidimensionale Kohlenstoffverbindungen aufzubauen, die aufgrund ihrer räumlichen Struktur aromatischer als Benzol wären – eine Art „Superaromat"? Als er seinem kleinen Sohn, so wird berichtet, eines Tages beim Fußballspielen zusah, überkam ihn ein regelrechter Geistesblitz. Er erkannte plötzlich in den Lederflecken des Fußballs die für die Corannulene typische Struktur des von fünf Sechsecken umgebenen Fünfecks wieder. Der Verbund mehrerer solcher Corannulene konnte also ein kugeliges Molekül erschaffen, doch konnte ein solches Kohlenstoffmolekül wirklich existieren?

Osawa stellte etliche theoretische Berechnungen dazu an und kam zu dem Schluß, daß ein solches Molekül aus 60 Kohlenstoffatomen, angeordnet in der Geometrie eines gewöhnlichen Fußballs, tatsächlich stabil sein konnte. Er veröffentlichte seine Ergebnisse 1970 in einer bekannten japanischen Fachzeitschrift und ein Jahr später in dem gemeinsam mit seinem Kollegen Yoshida geschriebenen Buch *Aromaticity*. Andere Wissenschaftler an anderen Orten, wie die sowjetischen Theoretiker Stankevich, Bochvar und Gal'pern waren unabhängig von Osawa auf ganz ähnliche Überlegungen gekommen. Auch sie folgerten aus theoretischen Berechnungen die Existenz eines fußballförmigen Kohlenstoffmoleküls.

Die Idee eines sphärischen Moleküls, ja sogar die konkrete Vorstellung eines Fußballmoleküls C_{60} war nun schon mehr als eine reine gedankliche Spekulation eines phantasievollen Wissenschaftsautors. Doch die konkrete Umsetzung dieser Idee, also etwa seine erfolgreiche

Synthese, lag in weiter Ferne. Orville Chapman, ein organischer Chemiker an der University of California in Los Angeles (UCLA), war einer der wenigen, die von der Idee besessen waren, einen „Kohlenstoffußball" im Labor herzustellen. Von Beginn bis Mitte der achtziger Jahre bemühte er sich zusammen mit mehreren seiner Studenten um dessen Synthese. Außer mehreren Doktorarbeiten seiner Studenten war das Ergebnis dieser Anstrengungen eher mager. Die Skeptiker, die nicht glauben wollten, daß ein solches Molekül künstlich hergestellt werden konnte, schienen recht zu behalten.

Selbst heute, wo sich nach der Entdeckung der Fullerene unzählige Forschergruppen mit dieser besonderen Molekülklasse beschäftigen, ist die systematische, schrittweise Synthese von C_{60} im Labor immer noch ein ungelöstes Rätsel. Daher ist es nicht überraschend, daß die gezielte Suche nach den runden Molekülen sich nicht als der Weg herausstellte, der auf die Fährte der Fullerene führte. Kroto und seine Mitarbeiter stießen eher zufällig bei der Suche nach Antworten zu ganz anderen Fragen, die aus der reinen Grundlagenforschung entsprangen, auf die Spur dieser wundersamen Moleküle.

Vom Himmel zur Erde

Krotos Gedanken kreisten Anfang der 80er Jahre um ein ganz anderes wissenschaftliches Problem als um die mögliche Existenz runder Kohlenstoffmoleküle. Ihn drängte es, den Ursprung langer Kohlenstoffkettenmoleküle im Weltraum zu ergründen, und er fand dafür im Labor von Richard Smalley in Texas genau die richtige Apparatur – ein von Smalley entwickelter Laserverdampfer, mit dem in kontrollierter Weise Atomcluster erzeugt werden konnten. Durch einen Beschuß von Graphit mit dem energiereichen Laserstrahl sollten, so glaubte Kroto, die Entstehungsbedingungen der Kohlenstoffketten im Weltraum simuliert werden können. Daß das Ergebnis der fast eineinhalb Jahre nach Krotos erstem Besuch an der Rice-Universität durchgeführten Experimente ganz anders war als erwartet, war sicherlich für keinen der Beteiligten eine Enttäuschung. Die Analyse der laserverdampften Graphitproben offenbarte ein deutliches Signal eines stabilen Clusters von 60 Kohlenstoffatomen – der erste Hinweis auf C_{60}.

Die herausragende wissenschaftliche Leistung der Entdeckung von C_{60} lag sicherlich nicht darin, zufällig auf die Spur dieses noch unbekannten Moleküls gestoßen zu sein. Dies war auch schon anderen Forschern gelungen, etwa aus dem Forschungslabor von Exxon, ohne daß sie jedoch die volle Bedeutung ihrer Beobachtung erkannten. Der eigentlich geniale Schachzug des Teams um Kroto und Smalley lag darin, aus den zu Beginn recht mageren Meßergebnissen den Strukturvorschlag eines dreidimensionalen, fußballförmigen Moleküls zu entwickeln. Keiner der „Fullerenentdecker" war sich zum damaligen Zeitpunkt darüber bewußt, daß schon eine Reihe von Vordenkern, wie Jones oder Osawa, über genau diese chemische Struktur spekuliert hatten, die sie jetzt neu „erfinden" sollten. Angesichts dieser Unkenntnis mußten Kroto und seine Kollegen ihren Strukturvorschlag quasi aus dem Nichts, allein vor dem Hintergrund eines penetrant wiederkehrenden Meßsignals, erschaffen.

Wäre Kroto nicht ein solch großer Grafik- und Designfan gewesen, wäre die Geschichte der Fullerene vielleicht in völlig anderen Bahnen verlaufen – zumindest wären sie unter einem anderen Namen bekannt geworden. Doch sobald die Idee einer geschlossenen räumlichen Form im Raum stand, ließ ihn die Erinnerung an die von dem amerikanischen Architekten Buckminster Fuller konstruierten Kuppelbauten nicht mehr los. Auf der Weltausstellung 1967 in Montreal war er selbst in einer dieser gigantischen Kuppeln herumspaziert, die dort die Ausstellungsstände der USA beherbergte (Bild 4). Ihr Bauprinzip wurde zum Anknüpfungspunkt eines möglichen Strukturmodells für C_{60}. Und als es darum ging, dem soeben geborenen „Kohlenstoff-Baby" einen Namen zu geben, setzte sich Kroto mit dem in den Augen mancher Kollegen ziemlich verrückten Vorschlag durch, das neuartige Molekül „Buckminsterfulleren" zu taufen.

So ungewöhnlich dieser Name vielen für ein chemisches Molekül erschien, so ungewöhnlich war auch die schillernde Persönlichkeit des Namenspaten selbst. Richard Buckminster Fuller (1895-1983), trat nicht nur als Architekt der geodätischen Kuppelbauten in Erscheinung, sondern auch als Schöpfer anderer eigenwilliger Ideen in Architektur und Design. Sie alle waren eingebettet in sein Konzep einer „synergetischen

Bild 4: Der geodätische Dom auf der Weltausstellung 1967 in Montreal (mit freundlicher Genehmigung von J. Krausse und des Buckminster Fuller Instituts, Santa Barbara, USA).

Geometrie", mit der er versuchte, Bauprinzipien der Natur in technische Projekte und Bauten umzusetzen. Vielen, die sichnäher mit dem facettenreichen Leben und Werk Fullers auseinandergesetzt haben, erscheint daher seine Rolle als Namenspate der neu entdeckten Kohlenstoffmoleküle eine passende Würdigung seiner Arbeit. Joachim Krausse von der Hochschule der Künste in Berlin hat sich als Architektur- und Designhistoriker ausgiebig mit der Person Buckminster Fullers beschäftigt. Er stellt dessen Biographie und Konzept einer synergetischen Geometrie im Kapitel 1 dieses Buches vor.

Die gesamte Geschichte, die sich um die Entdeckung der Fullerene rankt, ähnelt an vielen Stellen eher einem Abenteuerroman als einer nüchternen wissenschaftlichen Dokumentation. Niemand sollte es sich daher entgehen lassen, den spannend geschriebenen Report von Harold Kroto selbst um die Ereignisse im Spätsommer 1985 in Texas sowie in der Zeit davor und danach im Kapitel 2 dieses Buches zu lesen. Vom allerersten registrierten Meßsignal von C_{60} bis zur Entwicklung eines, wie seine Urheber hofften, hieb- und stichfesten Strukturvorschlags in einem Artikel des Wissenschaftsmagazins *Nature* vergingen nicht einmal zwei Wochen. Das Autorenteam um Kroto und Smalley stellte damit eine ausgesprochen kühne Idee vor die kritischen Augen einer großen wissenschaftlichen Öffentlichkeit. Lagen sie mit ihrer gewagten Vermutung eines fußballförmigen Kohlenstoffmoleküls richtig, konnte das Ganze zu einem riesigen persönlichen Erfolg der beteiligten Forscher werden, sollte sich ihr sensationeller Fund aber nicht bestätigen, war ein fataler Flop vorprogrammiert.

Von Anfang an erregte der Vorschlag einer ganz neuen Familie sphärischer Kohlenstoffmoleküle eine gewaltige Aufmerksamkeit. Die Meßsignale eines stabilen 60zähligen Kohlenstoffclusters konnten nicht einfach wegdiskutiert werden. Mit ihnen gab es auf jeden Fall ein sehr viel überzeugenderes Argument für diese neue Molekülklasse als die Jahre zuvor geäußerten vagen theoretischen Spekulationen von Osawa und anderen. Doch noch immer fehlte der letzte überzeugende Beweis, niemand konnte mit einer faßbaren Probe von isoliertem C_{60} aufwarten. Fünf Jahre sollte dieser Schwebezustand zwischen sicherem Wissen und Nicht-Wissen dauern, bis 1990 in einem regelrechten Kopf-an-Kopf-Rennen Wolfgang Krätschmer und sein Doktorand Konstantin Fostiropoulos die allererste Probe von C_{60} in den Händen hielten.

Das erfolgreiche Herstellungsverfahren für Buckminsterfullerene stellte den Endpunkt einer langjährigen Forschungsarbeit dar, die Krätschmer zusammen mit seinem amerikanischen Kollegen Donald Huffman 1981 aufgenommen hatte. Ihr Ziel war es dabei, das Wesen des interstellaren Staubs zu ergründen, und auch hierin schließt sich, wie in der ursprünglichen Entdeckung der Fullerene der Kreis vom Himmel zurück zur Erde. In Kapitel 3 berichtet Wolfgang Krätschmer von dieser Seite der „Fullerenstory".

Das von Krätschmer und Huffman entwickelte Herstellungsverfahren von C_{60} war so einfach, daß es in jedem ordentlich ausgestatteten Labor der Welt durchgeführt werden konnte. Der Massenproduktion von C_{60} war damit Tür und Tor geöffnet. Die „wissenschaftliche Revolution" war nun endgültig perfekt. An der Existenz einer ganzen Familie runder Kohlenstoffmoleküle und der besonders eleganten, symmetrischen Gestalt der Buckminsterfullerene konnte niemand mehr zweifeln. Die wissenschaftliche Aufmerksamkeit, die ihnen plötzlich entgegengebracht wurde, schnellte exponentiell in die Höhe: Während zwischen 1985 und 1990 durchschnitlich weniger als ein wissenschaftlicher Aufsatz pro Woche im Zusammenhang der Fullerene erschien, vervielfältigte sich das Tempo der Veröffentlichungen nach Bekanntwerden eines Herstellungsverfahrens auf eine Frequenz von mehreren Artikeln pro Tag. 1991 waren die Fullerene Thema von neun der zehn meistzitierten chemischen Fachartikel, 1992 gar von allen zehn. Das bekannte Wissenschaftsmagazin *Science* wählte das Buckminsterfulleren C_{60} 1991 zum „Molekül des Jahres".

Das gewaltige Interesse an den Fullerenen blieb aber längst nicht nur auf die Gemeinde der Wissenschaftler beschränkt. Eine Flut von populärwissenschaftlichen Artikeln, Büchern, Radio- und Fernsehberichten ergoß sich über eine breite Öffentlichkeit. Von der Tagespresse über Boulevardzeitungen bis hin zu anspruchsvollen Politmagazinen – sie alle griffen die Entdeckung der Fullerene als eine bahnbrechende wissenschaftliche Entwicklung auf. Die Gründe für den immensen Medienrummel um ein chemisches Molekül, das ja in allererster Linie Produkt und Objekt der reinen Grundlagenforschung war, sind vielschichtiger Natur, wobei ein Teil des Geheimnisses ihrer magischen Anziehungskraft sicherlich in der perfekten Symmetrie ihrer Form verborgen liegt.

Die Schönheit der Form

Seit jeher üben die symmetrischen Formen in der Natur einen besonderen Zauber auf uns Menschen aus. Von der Antike bis in unsere Zeit hinein ist die Idee der Symmetrie ein Inbegriff für Schönheit, Harmonie und Vollkommenheit. Für Platon, der sich in seiner philosophischen Gedankenwelt besonders intensiv mit dem idealistischen Prinzip der Schönheit auseinandersetzte, wurde die Symmetrie und Regularität der Form zu einem Grundgesetz im Aufbau unseres Universums. Als Grundeinheit aller Materie erschien ihm das rechtwinklige Dreieck, das sich zu größeren Strukturen von gleichseitigen Dreiecken und Quadraten zusammenschloß, die sich ihrerseits zu regelmäßigen räumlichen

Figuren verbanden, den regulären Polyedern: dem Tetraeder, Oktaeder, Ikosaeder, Dodekaeder und dem Würfel.

In Platons Augen stellten die regulären Polyeder die reinste Form der Symmetrie dar und symbolisierten für ihn die vier Elemente der Welt (Bild 5): Das Tetraeder mit der kleinsten Zahl an Flächen stand für das flüchtige Element des Feuers, dagegen erschien ihm Wasser als das schwerste Element, das dementsprechend nur durch das aus 20 Dreiecken bestehende Ikosaeder verkörpert werden konnte. Zwischen diesen beiden Elementen siedelte Platon das Element der Luft an, repräsentiert durch das Oktaeder mit seinen acht dreiecksförmigen Flächen. Der Würfel, als das kompakteste und stabilste Polyeder konnte nur das Ebenbild der Erde sein. Platon wußte auch bereits von der Existenz des fünften regulären Polyeder, dem Dodekaeder mit seinen 12 gleichmäßigen Fünfecken. Doch zunächst fand er für diese Form keine Entsprechung im Kosmos, bis er auf die Idee kam, daß es als äußere Hülle des Universums eine Schale für die vier übrigen Elemente darstellt und damit den alles durchdringenden „Äther" symbolisiert.

In diesen fünf geometrischen Grundformen verbarg sich in der platonischen Kosmologie das Wesen der Formen der Natur und des Universums. Erst etwa 200 Jahre nach Platon sollte Euklid beweisen, daß die fünf „platonischen Körper", wie wir diese Polyeder heute nennen, tatsächlich die einzigen konkaven Polyeder darstellen, die regulär sind, in denen also alle Flächen, Ecken und Kanten gleich sind.

Den fünf „göttlichen Formen" der platonischen Körper stellte vermutlich als erster Archimedes acht weitere, sogenannte halbreguläre Polyeder an die Seite: Statt nur aus einer bestehen sie aus zwei oder mehreren Flächenarten, die genau wie in den platonischen Körpern gleichmäßig um jede Ecke angeordnet sind – an jeder Ecke treffen sich also gleich viele der jeweiligen Flächen. Einer dieser halbregulären Polyeder ist das „gekappte Ikosaeder", in dem jede Ecke des regulären Ikosaeders zu einer fünfeckigen Fläche abgestumpft ist. Unter allen archimedischen Körpern stellt diese Form, die nichts anderes als die Gestalt des Fußballmoleküls C_{60} ist, eine besonders attraktive Erscheinung dar: Im Gegensatz zu anderen halbregulären Polyedern sind seine beiden Flächenstücke, das Fünf- und das Sechseck, von fast gleicher Größe. Unter allen

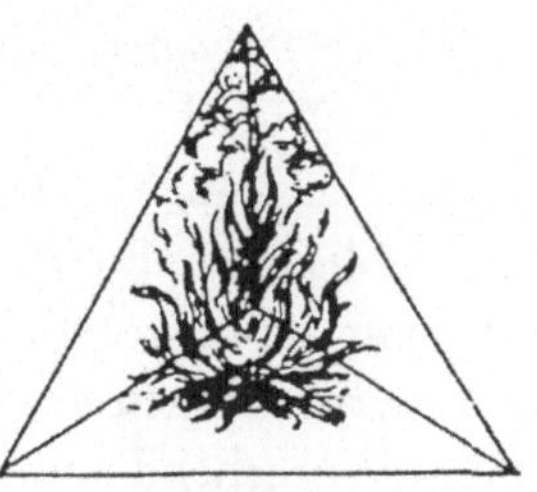

Tetraeder
Feuer

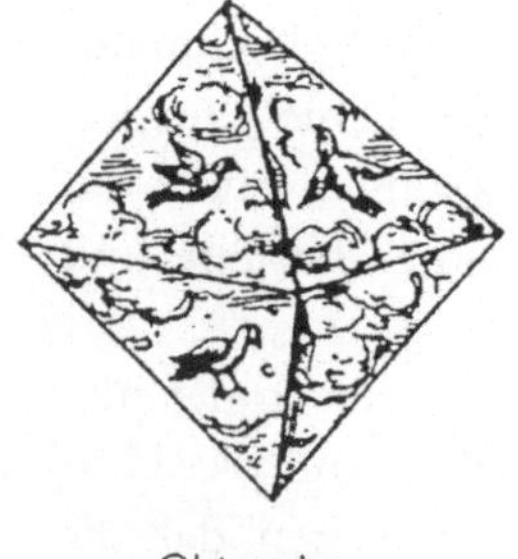

Oktaeder
Luft

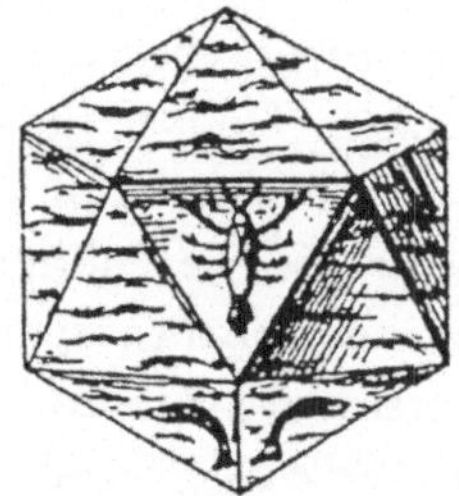

Icosahedron
Wasser

Würfel
Erde

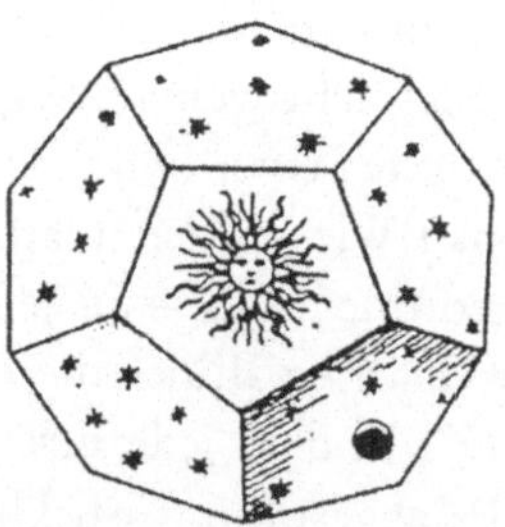

Dodekaeder
Universum

Bild 5: Die fünf platonischen Körper, wie sie Johannes Kepler gezeichnet hat (aus [4]).

archimedischen Körpern ist es dasjenige, das am ähnlichsten ist zu einer Kugel, dem Sinnbild von vollkommener Symmetrie.

Immer wieder haben sich die Naturforscher von den symmetrischen Formen der vollendeten Polyeder, vor allem der platonischen Körper inspirieren lassen. Für die chemische Synthesekunst stellen sie seit langem eine besondere Herausforderung dar. Während in der anorganischen Chemie solche Moleküle schon frühzeitig bekannt waren, verfolgten die organischen Chemiker erst seit den 60er Jahren das Syntheseziel der *platonischen Kohlenwasserstoffe*. Da Kohlenstoff vier Valenzelektronen besitzt, über die es Bindungen eingeht, können nur drei verschiedene Polyeder von gesättigten Kohlenwasserstoffen möglich sein: das Tetrahedran C_4H_4, das Cuban C_8H_8 und das Dodekahedran $C_{20}H_{20}$. Während die erfolgreiche Synthese des Cubans schon frühzeitig (1964) gelang, gestaltete sich der künstliche Aufbau der anderen beiden Substanzen als erheblich schwieriger. Erst 1982 vermeldete das Forscherteam um Leo Pacquette den entscheidenden Durchbruch zur Synthese des Dodekahedrans. Und nur wenige Jahre zuvor (1978) hatte die Marburger Arbeitsgruppe um G. Maier Tetrahedran in Form eines außergewöhnlich stabilen Derivats hergestellt, dem seinerzeit die Ehre zuteil wurde, zum „Molekül des Jahres" gewählt zu werden.

Doch längst nicht nur in der Chemie wurde die harmonische Symmetrie der regulären und halbregulären Polyeder als Bauprinzip der Natur gesucht. Mineralogen, Botaniker, Zoologen, aber auch Mediziner wurden auf ihrer Suche nach diesen Formen in der Natur schnell fündig. In der unbelebten Natur kennen wir die Kristalle als typische Verkörperungen der Symmetrie. In ihnen finden sich drei der fünf platonischen Körper wieder: das Tetraeder, das Oktaeder und der Würfel. Die fünfzählige Symmetrie des Dodekaeders und des Ikosaeders ist ihnen dagegen grundsätzlich verschlossen, da mit ihr das Kristallgitter seine typische Symmetrie gegenüber Verschiebungen verlöre. (Durch die in den letzten zehn Jahren diskutierten Quasikristalle wird dieses kristallographische „Dogma" jedoch etwas relativiert.) In der belebten Natur dagegen finden sich zahlreiche Beispiele von Strukturen mit ikosaedrischer Symmetrie: von den vielfältigen Formen der von Ernst Häckl mit zeichnerischer Hingabe dokumentierten kleinen Meerestiere, den Radiolarien, bis hinunter zu den mikroskopischen Strukturen zahlreicher Viren. Schon Buckminster Fuller erschienen diese Funde als Bestätigung seines Bauprinzips, und er suchte schon frühzeitig den Austausch mit Wissenschaftlern anderer Diziplinen. Gerade im Zusammenhang mit der Aufdeckung zahlreicher Virenstrukturen stellte sich Fullers Konzept der geodätischen Kuppeln als ein hilfreicher Schlüssel zu neuen Erkenntnissen heraus. Die Virologen Caspar und Klug, die grundlegende Beiträge zu einer Strukturtheorie zahlreicher Viren leisteten, entwickelten nicht zuletzt mit der Unterstützung von Fullers Gedankengut die Idee eines ikosaedrischen Aufbaus von bestimmten viralen Proteinschalen, der sich Jahre später durch elektronenmikroskopische Bilder bestätigte.

Wie auch bei den Fullerenen erwiesen sich die von Fuller in der Architektur genutzten geodätischen Konstruktionen als fruchtbare Hinweise auf neue Strukturmodelle in ganz anderen Disziplinen. In der Universalität dieser polyedrischen Formen schließt sich daher ein weiter Kreis von der Architektur, der Chemie und Physik bis zur Biologie, der Medizin und der Virologie. Auch diese Aspekte sind damit ein Teil der Fullerenstory, die in diesem Buch erzählt werden soll. In den Kapiteln 11 und 12 schildern Ihnen ein Mediziner und ein Virologe ihren Blickwinkel auf die Fullerschen Formen. Stephen Fuller – dessen Namensgleichheit mit dem großen Architekten übrigens rein zufällig ist – forscht noch heute als Virologe intensiv über ikosaedrische Viren, die er im Kapitel 11 genauer beschreibt. Arthur Freiherr von Hochstetter, Autor des Kapitels 12, war selbst ein befreundeter Weggefährte Buckminster Fullers und hat mehrere Male mit ihm seine Funde des Fullerschen Bauprinzips in der Natur – insbesondere im menschlichen Organismus – diskutiert.

Fullerene – die Wundermoleküle?

Die Schönheit der Form ist aber nur eine Seite der Erklärung für den Sturm des Interesses, den die Fullerene von Anfang an in der wissenschaftlichen und nicht-wissenschaftlichen Öffentlichkeit entfachten. In den Augen vieler schien sich mit der besonderen Architektur der molekularen Hohlwelten eine ganz neue Dimension für die Erschließung neuer Materialien und Strukturen im Bereich der Nanotechnologie aufzutun. Anfang der neunziger Jahre entdeckten Forscher, daß sich um die Familie der Fullerene noch eine ganze Reihe anderer „Verwandter" gruppierten: langgestreckte zylinderförmige Fullerenröhrchen, sowie ineinandergeschachtelte Fullerene, in denen größere Kohlenstoffbälle kleinere wie Zwiebelschalen umhüllen, und die daher auch passenderweise mit dem Spitznamen „Buckyzwiebeln" versehen wurden. Daniel Ugarte, der diese Forschungen wesentlich vorangetrieben hat, stellt diese eigentümlichen Objekte in Kapitel 4 dieses Buches vor. Nicht zuletzt aus ihnen nährten sich die Hoffnungen über maßgeschneiderte Architekturen von Kohlenstofformen für die Nanotechnologie der Zukunft. Richard Smalley spekulierte in einem 1992 erschienenen Artikel über die weitreichenden Möglichkeiten der Fullerene und der ihnen verwandten Strukturen und stellte die Frage: „Sind dies die ersten elementaren Bausteine einer neuen, auf Kohlenstoff gegründeten Technologie?"

Doch nicht nur ihre besondere Form beflügelte die Phantasie der Forscher. Nach der Entdeckung eines einfachen Herstellungsverfahrens durch Krätschmer, Huffman und ihre Mitarbeiter konnte das Buckminsterfulleren C_{60} in unzähligen Labors von Wissenschaftlern der unterschiedlichsten Disziplinen untersucht werden. Dabei offenbarten sich vielfältige physikalische und chemische Eigenschaften, aus denen viele – vor allem die auf sensationsträchtige Meldungen ausgerichteten Medien – Visionen auf unzählige neue technische Entwicklungen herleiteten. Zu diesen besonderen Eigenschaften des C_{60} zählen:

– Im Gegensatz zu den anderen Kohlenstofformen besitzt C_{60} eine auffallend hohe thermodynamische Stabilität; es zerfällt erst bei Temperaturen über 1 000° C.

– Das Molekül ist ausgesprochen robust. Es übersteht unbeschadet Stöße von annähernd 30 000 km/h gegen eine Wand.

– Es ist in vielen organischen Lösungsmitteln löslich, was zusammen mit seiner chemischen Reaktivität die Möglichkeit vielfältiger und neuer chemischer Verbindungen eröffnet.

– Es bietet zahlreiche chemische Manipulationsmöglichkeiten sowohl an der Außenseite des Moleküls – etwa durch Austausch einzelner Kohlenstoffatome gegen andere oder das „Anhängen" neuer Stoffe –

als auch durch den Einschluß anderer Atome im Inneren der hohlen
Bälle.

— Aus elektronischer Sicht verhält es sich wie ein Halbleiter, was es zu
  einem vielversprechenden Objekt für Anwendungen in der Mikro-
  elektronik macht.

— Da C_{60} bis zu sechs zusätzliche Elektronen aufnehmen und wieder
  abgeben kann, erweist es sich als ein effektiver „Elektroneneinfänger"
  und wurde bereits als der neue Stoff für elektrische Batterien ins Ge-
  spräch gebracht.

— Die Kohlenstoffbälle können auch zu einem Festkörper kristallisieren,
  der seinerseits interessante Eigenschaften zeigt. Am aufsehenerre-
  gendsten war in diesem Zusammenhang die Entdeckung, daß der
  C_{60}-Festkörper durch die Einbettung von Metallatomen in seinen
  Gitterlücken supraleitend wird.

Angesichts dieses Spektrums physikalischer und chemischer Eigenschaften reichten die Phantasien über mögliche Anwendungen von der
Teflonpfanne über besonders effektive Schmiermittel bis hin zu dem
Raketentreibstoff der Zukunft. Alle möglichen Zeitschriften priesen das
Buckminsterfulleren sehr schnell als neues Wundermolekül. Das Wirt-
schaftsmagazin Capital stellte es in seiner Novemberausgabe 1991 als
den „Stoff der Stoffe" vor, der „die Welt verändern" könnte „wie einst
die Kernspaltung. Hoechst, Exxon und IBM träumen von Milliardenge-
schäften." Man erwartete von den Fullerenen Möglichkeiten für
„geschmeidige Kunststoffe, die Strom völlig widerstandslos leiten; medi-
zinische Mikroroboter, die im menschlichen Körper Arterien entkalken
und Aids-Viren töten; Supercomputer, die in jede Westentasche passen;
oder Motoren, die Autos mit Raketenschub ohne Benzin und Öl antrei-
ben."

Auf den nüchternen Physiker oder Chemiker wirken diese Visionen
eher wie phantastisch ausgeschmückte Luftschlösser statt wie die konkrete Perspektive einer neuen technischen Revolution durch die Fullerenära. Und bis heute, so muß man sagen, ist noch aus keiner dieser
spekulativen Hoffnungen eine bahnbrechende Anwendung erwachsen.
Zwar erscheint das Fullerenmolekül C_{60} auf den ersten Blick tatsächlich

als ein wahres Universalgenie, doch von dem Sprung hin zu einer industriellen und technischen Verwertung ist es offensichtlich noch weit entfernt. Diese Erkenntnis kam in einer Fragestunde des britischen Oberhauses im Dezember 1991 über Wesen und Eigenschaften des Buckminsterfullerens in besonders treffenden Worten zum Ausdruck, die Hugh Aldersey-Williams in seinem Buch „The most beautiful molecule" zitiert [5]:

> **Lord Campbell of Alloway:** My Lords, was tut es?
>
> **Lord Reay:** My Lords, es wird angenommen, daß es zahlreiche Nutzen habe [...]. All das ist Spekulation. Es mag sich herausstellen, daß es gar keinen Nutzen hat.
>
> **Earl Russell:** My Lords, kann man sagen, daß es nichts im besonderen tut und dies besonders gut?
>
> **Lord Reay:** My Lords, das mag wohl der Fall sein."

Fullerene – ein Forschungsobjekt für viele Disziplinen

Viele Wissenschaftler betrachten den abflauenden Sturm der Begeisterung und die einsetzende Ernüchterung über die wunderbaren Möglichkeiten einer neuen Kohlenstoffchemie mit Wohlwollen. Jetzt können sie sich in Ruhe damit beschäftigen, die so neuartigen und erst seit einigen Jahren auf der wissenschaftlichen Bühne herumgeisternden Moleküle systematisch mit all ihrem Handwerkszeug zu untersuchen. Vor allem für die Physiker und Chemiker der unterschiedlichsten Fachrichtungen stellen die Fullerene ein riesiges Betätigungsfeld bereit, das ihnen Grund für zahlreiche Forschungsprogramme gibt. In vielen Bereichen, wie etwa der Festkörperphysik, der Untersuchung von Atomclustern oder auch der Spektroskopie bieten sich die Fullerene aufgrund ihrer großen Stabilität und ihrer hohen Symmetrie als ein ideales Untersuchungsobjekt an, mit dem ganz grundlegende wissenschaftliche Fragen angegangen werden können.

Auch diesen Aspekten in der Erforschung der Fullerene wollen wir in diesem Buch gerecht werden. Die Kapitel 5 bis 9 stellen jeweils einige Einblicke in die aktuelle Grundlagenforschung aus verschiedenen Wissenschaftsbereichen vor. Da jeder einzelne Aufsatz unabhängig voneinander gelesen werden kann, kann jeder Leser in diesem Teil des Buches selbst die ihn interessierenden Fragestellungen auswählen.

Im Kapitel 5 stellt Andreas Hirsch, Professor für Organische Chemie an der Universität Karlsruhe, einen Überblick über den heutigen Stand der Fullerenchemie zusammen. Er beschreibt in seinem Artikel die vielfältigen Manipulationsmöglichkeiten, die die Fullerene an ihrer Außen- und auch an ihrer Innenseite eröffnen, und erklärt diese vor dem Hintergrund der besonderen Bindungsstruktur der Kohlenstoffatome innerhalb des molekularen Fußballs.

Ingolf Hertel, geschäftsführender Direktor des Max-Born-Instituts für nichtlineare Optik und Kurzzeitspektroskopie in Berlin, und seine Kollegin Eleanor Campbell vom gleichen Institut nähern sich den Fulleren dagegen von einer ganz anderen Seite. Als Physiker sind sie besonders an den physikalischen Eigenschaften des einzelnen Fullerenmoleküls interessiert. Wie für viele andere Atom- und Molekülphysiker bietet ihnen C_{60} ein ideales Untersuchungsobjekt, um sich grundlegenden Fragen der Clusterforschung zuzuwenden. Cluster sind Atomverbände, die schon zu groß sind, um noch Moleküle genannt zu werden, aber noch zu klein, um die Eigenschaften eines Festkörpers oder Kristalls zu zeigen. Um den Übergang von Atomen und Molekülen bis hin zu Festkörperstrukturen zu verstehen, sind Cluster ein entscheidendes Bindeglied. Durch die Entdeckung der Fullerene wurde für die Clusterphysiker ein alter Traum wahr: die Isolierung genügend großer Mengen eines neutralen Clusters von genau bekannter Masse. Dadurch können nun die klassischen Methoden für die Untersuchung isolierter Atome und Moleküle – wie etwa die Spektroskopie oder Stoßexperimente – erstmals in ihrer Gesamtheit auf ein System in dem Grenzbereich zwischen Molekül- und Festkörperphysik angewandt werden. Eleanor Campbell und Ingolf Hertel stellen in ihrem Aufsatz (Kapitel 6) solche Experimente am C_{60}-Molekül vor und diskutieren die Bedeutung ihrer Ergebnisse.

Neben den chemischen und physikalischen Besonderheiten des einzelnen Moleküls richtet sich ein großer Teil des wissenschaftlichen Interesses auch auf die Eigenschaften des C_{60}-Festkörpers, in dem die Fullerenmoleküle sich in regelmäßigen Gitterstrukturen zu einem Kristall

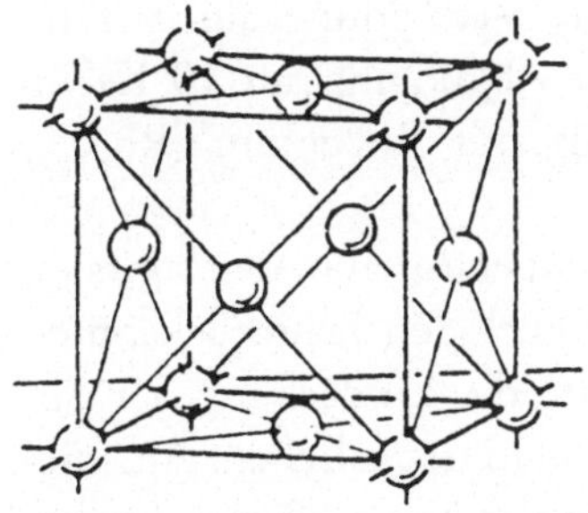

Bild 6:
Elementarzelle eines kubisch-flächenzentrierten
Gitters (aus [4]).

zusammenfinden. Als Krätschmer und seine Mitarbeiter im Sommer 1990 zum allerersten Mal überhaupt C_{60} zu sehen bekamen, war es in Form dieser Kristalle (vgl. Bild 3.8). Sie tauften diese neue Form der Fullerenstruktur auf den Namen „Fullerite". Die C_{60}-Moleküle sind im Fullerit in der dichtesten Kugelpackung, einem sogenannten kubisch-flächenzentrierten Gitter, angeordnet: Sie besetzen jeweils die Ecken und die Flächenmittelpunkte der Seiten eines Würfels (Bild 6).

Eine solche Gitteranordnung kennt man auch von vielen Metallen, z.B. dem Gold. Doch im Gegensatz dazu bestehen zwischen den einzelnen Molekülen des C_{60}-Festkörpers nur sehr schwache chemische Bindungen, die viel schwächer sind als die Bindungen der Kohlenstoffatome innerhalb der Moleküle selbst. Nicht zuletzt aus dieser Tatsache resultieren einige bemerkenswerte Eigenschaften, die das Studium des Fullerenfestkörpers für Physiker und Chemiker besonders interessant macht.

Ein Weg zum Verständnis dieser besonderen Charakteristika führt über das genaue Studium ihrer Elektronenstruktur. Mit seiner Hilfe läßt sich beispielsweise die grundlegende Frage beantworten, unter welchen Bedingungen diese Festkörper metallische, isolierende, ferromagnetische oder gar supraleitende Eigenschaften besitzen. Jörg Fink, Professor am Institut für Festkörperforschung in Dresden, wendet sich in seinem Beitrag in Kapitel 7 diesen speziellen Aspekten zu. Er geht dabei nicht nur auf die Elektronenstruktur des reinen C_{60}-Festkörpers ein, sondern wendet sich insbesondere auch den Fullerensalzen, also jenen Verbindungen zu, in denen zusätzliche Metallionen in die Gitterlücken des Fullerenfestkörpers eingelagert werden. Wie schon zuvor erwähnt, sind diese Salze vor allem deshalb so interessant, weil man in ihnen bei tiefen Temperaturen Supraleitung beobachtet hat: Eine Verbindung aus Kalium und C_{60} (K_3C_{60}) wird beispielsweise bei einer Abkühlung auf 10 Kelvin supraleitend, eine entsprechende Verbindung mit Rubenium (Rb_3C_{60}) schon bereits bei 30 Kelvin.

Wenn auch diese kritischen Übergangstemperaturen in den supraleitenden Zustand keine neuen Rekorde gegenüber den heute bekannten Hochtemperatursupraleitern aufstellen, erregte die Entdeckung der Supraleitung in der Fullerenfamilie doch ein gewaltiges Aufsehen. Aus diesem Grunde wollen wir uns auch im Rahmen der hier niedergeschriebenen Fullerenstory diesem besonderen Gesichtspunkt der supraleitenden Fullerenverbindungen in einem eigenen Beitrag zuwenden. Hermann Rietschel, Direktor des Instituts für Nukleare Festkörperphysik am Forschungszentrum Karlsruhe, beschreibt im Kapitel 8 nicht nur einige wesentliche Grundlagen der Supraleitung, sondern geht auch auf die speziellen Eigenschaften der verschiedenen, bis heute bekannten supraleitenden Fullerenverbindungen ein.

Eine der „klassischen" und weitreichendsten Untersuchungsmethoden, mit denen sich die moderne Naturwissenschaft Einblicke in die mikroskopische Welt der Atome und Moleküle verschafft, ist die schon erwähnte Spektroskopie. Mit ihrer Hilfe können wir untersuchen, wie mikroskopische Systeme auf unterschiedliche elektromagnetische Strahlung reagieren und können so wesentliche Grundlagen ihres Verhaltens verstehen. Indem es etwa gewisse Teile der elektromagnetischen Strahlung absorbiert, zeigt jedes Molekül abhängig von der Wellenlänge oder der Frequenz der Strahlung eine typische Antwort – sein Spektrum. Es ist so etwas wie der Fingerabdruck einer spezifischen Substanz und kann daher auch zu ihrer Identifizierung herangezogen werden. Wir werden den unterschiedlichen Spektren – gewonnen etwa durch die Bestrahlung mit Licht im infraroten oder ultravioletten Bereich – des Moleküls C_{60} noch an vielen Stellen dieses Buches begegnen, da sie von Beginn an ein wichtiges Hilfsmittel zur Identifizierung der neuen Moleküle waren.

Eines der folgenden Kapitel beschäftigt sich ausdrücklich mit speziellen spektroskopischen Untersuchungen der Fullerene, vor allem ihrer Kristallstrukturen, da diese experimentell leichter zu analysieren sind. Hans Kuzmany, Professor am Institut für Festkörperphysik der Universität Wien, und sein Mitarbeiter Johannes Winter stellen in ihrem Beitrag (Kapitel 9) Ergebnisse zur spektroskopischen Untersuchung der Molekülschwingungen der Fullerite vor, die für die Charakterisierung der Fulleren-Kristalle ein wichtiges Puzzlestück darstellen.

Ob diese wissenschaftlichen Bemühungen, die zunächst vor allem in den Bereich der Grundlagenforschung einzuordnen sind, letztlich doch noch zu neuen und interessanten Anwendungen führen, wird allein die Zukunft zeigen. Dennoch wollen wir auch in diesem Buch die Geschichte der Fullerene nicht beenden, ohne all die angedachten und diskutierten Perspektiven ihrer Anwendung zu erörtern. Peter Härtwich und Hans Eickenbusch, Physiker am VDI Technologiezentrum in Düsseldorf, übernehmen im Kapitel 10 diese Aufgabe. Vor dem Hintergrund der bisher bekannten physikalischen und chemischen Fakten kann sich mit ihrer Hilfe jeder selbst am besten ein Bild darüber machen, welches innovative Potential vielleicht tatsächlich in der neuen runden Welt des Kohlenstoffs verborgen ist.

Kapitel 1

Buckminster Fuller und seine Modellierung des Universums

Joachim Krausse

Je älter er wurde, desto mehr lag ihm daran, die Wahrnehmung von der Erde als rotierende Sphäre zu schärfen. Er war überzeugt davon, daß Fehlentwicklung und Unverständnis dieser Welt mit falschen Vorstellungen zusammenhängen, die uns vom Auf- und Untergehen der Sonne reden lassen oder von „ihr da oben im Weltraum" und „wir hier unten auf der Erde". Oben und unten waren für ihn keine adäquaten Ortsbestimmungen im Weltraum; in seinem sphärischen Denken waren die adäquaten Kategorien: Ein und Aus, Herein und Hinaus, Konkav und Konvex.

„Die Erde dreht sich, so daß sie die Sonne verdunkelt. Die Sonne geht nicht unter. Ich möchte, daß du das fühlst wie ich. Wir drehen uns herum und verdunkeln die Sonne. Wir haben eine Sonnenverfinsterung: Die Erde dreht sich sehr schnell herum und verdeckt die Sonne. Es ist ganz leicht, das zu fühlen, zum Beispiel, wenn du dich nach Norden wendest und den Kopf zur linken Schulter drehst. Jetzt gib acht! Und du fühlst plötzlich, wie dieser enorme Erdball sich um seine Achse dreht. Unglaubliches Tempo. Und eine schöne ruhige Bewegung. Und wir drehen und drehen uns hier herum. Du mußt deine Beine weit auseinander machen, den Körper nach Norden richten und die Sonne genau im Augenwinkel haben, dann fühlst du, wie sich dieser enorme Erdball herumwälzt, hier um die Polarachse. Ich möchte, daß ihr jetzt alle mit mir dahin schaut. Schaut auf das Ding und fühlt diesen großen Horizont. Die Sonne macht überhaupt nichts, wir wälzen uns wirklich herum. Das ist absolute Wirklichkeit [1][1]."

Elementarlektionen dieser Art erteilte Richard Buckminster Fuller in Tausenden von Vorträgen, Vorlesungen und One-man-shows den unterschiedlichsten Auditorien auf der ganzen Welt (Bild 1.1). Er hielt seine Vorträge frei, ohne jedes Manuskript, hatte dafür aber stets mehrere Koffer mit Modellen dabei, anhand derer er die Wirkungsprinzipien

---

[1] Alle Zitate sind vom Autor aus dem Amerikanischen übersetzt.

der Natur in Begriffen der von ihm entwickelten energetisch-synergetischen Geometrie demonstrierte. Aus einer Reihe von dünnen Stäben und flexiblen Verbindungen bzw. Knoten setzte er Vielecke zusammen, zeigte, wie instabil ein Quadrat ist und daß nur das Dreieck Stabilität besitzt. Er führte den labilen Kubus vor, der erst durch die

Bild 1.1:
Körpersprache:
Fuller bei einem
Vortrag[2]

Einführung von Diagonalstreben oder -bändern Festigkeit erhält, und indem seine Eckpunkte miteinander verbunden werden, erweist sich der kollabierende Kubus als stabil (Bild 1.2).

Wie das Dreieck in der Fläche, so ist das Tetraeder die elementare Konfiguration im Raum. Fuller ist der Überzeugung, daß das Tetraeder

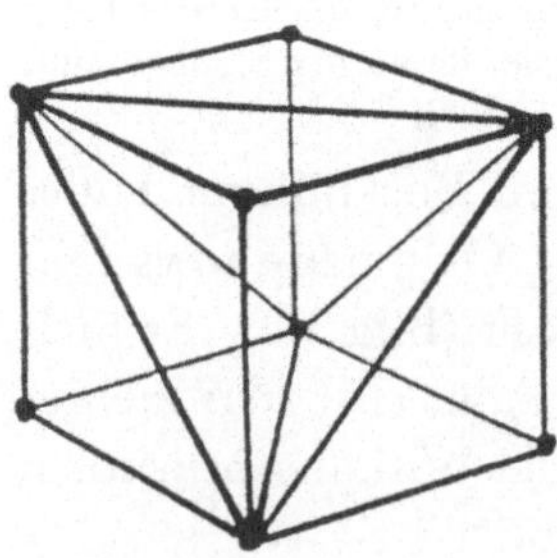

Bild 1.2:
Das eingebaute Tetraeder stabilisiert den instabilen Kubus.

---

[2]   Alle Abbildungen dieses Kapitels mit freundlicher Genehmigung des Buckminster Fuller Instituts in Santa Barbara, USA

das minimale System des Universums ist und gleichzeitig die Basiseinheit der Synergetik – der Wissenschaft, die das Verhalten ganzer Systeme untersucht. Und wie die Triangulierung – die Zerlegung komplexer Systeme in Dreiecke – eine unverzichtbare Strategie der Geometrie, der Geodäsie und der Navigation ist, so machte Fuller das „Tetrahedroning" zum Ausgangspunkt seiner Strategie der Modellierung der Natur.

Das Tetraeder ist der einfachste Fall der Teilung des Universums in ein Innen und ein Außen. Als Konfiguration ist es für Fuller gleicherma-ßen elementar für den physischen wie den metaphysischen, gedanklichen Aspekt des Universums. Die Natur „quadratet" nicht, sondern trianguliert. Sie benutzt keine Kuben, sondern Tetraeder. Ein tiefes Mißtrauen gegen den habituell gewordenen Rationalismus der euklidi-schen Axiomatik und der kartesischen Koordinaten veranlaßte ihn, auf die Suche nach einer alternativen Koordination in der Natur und im Denken zu gehen. Dabei hatte er sich angewöhnt, den geometrischen Abstraktionen eine physische Deutung zu geben und umgekehrt in den materiellen Erscheinungen die ihnen zugrundeliegenden Konstellationen und Ereignismuster – „patterns" – zu sehen.

Er befand sich mit diesem Ansatz intuitiv in Übereinstimmung mit Tendenzen der modernen Naturwissenschaften, an die Stelle körperli-cher Objekte raum-zeitliche Ereignismuster zu setzen und der Geometrie eine physikalische Bedeutung beizumessen. „Geometrie ist bedeutsam", sagte etwa Bertrand Russell, „weil sie, im Unterschied zur Arithmetik und Analysis, als Teil angewandter Mathematik aufgefaßt werden kann, so als sei sie tatsächlich ein Teil der Physik [2]." Genauso hat Fuller ge-dacht und deswegen tunlichst vermieden, die gebräuchlichen geometri-schen Definitionen zu übernehmen. Ein Punkt repräsentiert den Fokus von „energy events", eine Linie das Fragment einer Trajektorie, und da es sich um eine gerichtete Größe handelt, schlägt Fuller vor, anstelle von „Linien" von „Vektoren" zu sprechen. Auf diese Weise verkörpern die von ihm untersuchten regulären Polyeder oder platonischen Körper Kräftekonstellationen, die Fullers ursprüngliche Bezeichnung „energetische Geometrie" verständlich machen [3].

Die Oktet-Verbindung

Fuller beließ es nicht bei der Analyse solcher Muster; seine Modellierung allgemeiner Wirkungsprinzipien der Natur war auch Ausgangspunkt technisch-konstruktiver Musterlösungen. Ein typischer Beweis ist das von ihm patentierte Oktekt-Raumfachwerk[3]. Fuller hat es bei seiner ersten großen Realisation einer geodätischen Kuppel entwickelt, für die Überdachung des Verwaltungsgebäudes der Ford Motor Company in Dearborn 1952 mit einer Kuppelkonstruktion aus Leichtmetallstreben und einer Eindeckung aus Acryglas (Bild 1.3). Die Kuppel von ca. 30 m Spannweite hatte ein Gewicht von nur 8½ Tonnen – ein Fall von extre-

Bild 1.3: Geodätische Kuppel auf dem Ford-Verwaltungsgebäude in Dearborn, 1953

[3] U.S. Patent 2.986.241, erteilt am 30.5.1961 (vgl. [4], S. 167 ff).

mer Leichtbauweise. Dieser Auftrag war Fullers Durchbruch als Architekt der geodätischen Kuppeln. Mit ihnen – es folgten Tausende – wurde er berühmt.

Die Oktet-Verbindung war die Struktur einer ebenen, doppelschaligen Dreiecksfacette. Die Struktur bestimmt sich aus alternierenden Tetraedern und Oktaedern. Den Aufbau macht man sich am besten klar, wenn man nur eine Reihe verfolgt: Legen wir eine Serie gleichseitiger Pyramiden (halbe Oktaeder) mit der quadratischen Basis aneinander, die Reihe von Tetraedern füllt nun genau die Lücken zwischen den Pyramiden und bildet eine gerade obere Kante (Bild 1.4). Dieses „raumfüllende" System finden wir übrigens heute als Standard-

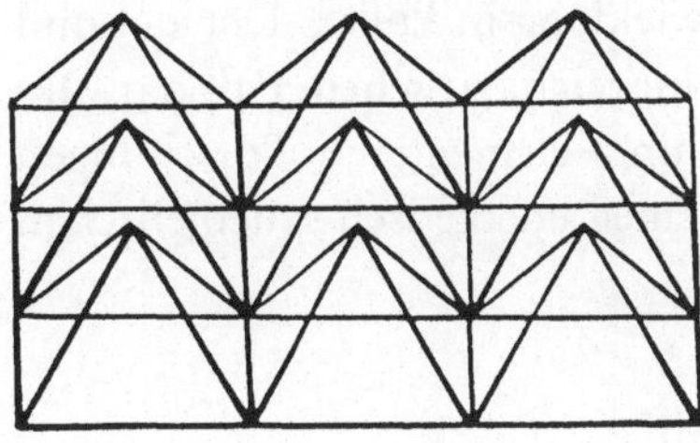

Bild 1.4:
Aneinandergereihte halbe Oktaeder bilden
die Ausgangsposition des Oktets.

konstruktion bei sämtlichen Auslegearmen der Baukräne verwendet – bei einem Konstruktionsteil, das extremen Anforderungen hinsichtlich Belastung und geringem Eigengewicht gerecht werden muß. Okett-Verbindungen – ein Name, den Fuller in die Ingenieurswissenschaften einführte – gehören zu den leichtesten und stabilsten Raumfachwerken und werden als Deckenträger von Hallen mit großer Spannweite verwendet.

Fuller zeigt am Oktet, daß die Systemeigenschaften nicht aus einer Analyse seiner Komponenten hervorgehen:

„Ich fand, daß im Fachwerk, das aus Streben gleicher Länge aufgebaut ist, so daß die Elemente ein gemeinsames Oktaeder-Tetraeder-System bilden, die Festigkeit des Fachwerks weit größer ist als es die üblichen Formeln ermitteln, die sich auf Kraftschlüsse und Materialfestigkeit gründen. Tatsächlich haben meine praktischen Tests gezeigt, daß die reale Festigkeit dieser ‚flachen' Oktaeder-Tetraeder-Strukturen, die ein System bilden, so weit die kalkulierten Werte übersteigt, daß man von der Hypothese auszugehen hat, solche Strukturen seien ‚synergetisch'; synergetisch in dem Sinne, daß wir ein Spannungsverhalten im System haben, das nicht von seinen Teilen vorausbestimmt ist." (Patentschrift „Octet-Truss", zit. nach [4], S. 167 ff.)

Man fragt sich, wie eine so einfache und dabei grundlegende Lösung so lange unentdeckt bleiben konnte und schließlich nicht von einem Bauingenieur, sondern von einem krassen Außenseiter und Autodidakten entworfen wurde.[4]

Einfache Lösungen als genial zu bezeichnen, ist ein Gemeinplatz, der über die Jahre harter Arbeit und gar nicht so einfacher Gedanken, die zu der einfachen Lösung führen, hinweggeht. So ist es auch im Fall von Fullers Entdeckung des Oktets, der geodätischen Kuppelkonstruktion, der Tensegrity-Strukturen und der „Jitterbug" – um einige seiner wesentlichen Entdeckungen zu nennen. Aber bleiben wir noch ein wenig beim Oktet und verfolgen wir seine Entwicklung in Fullers Denken und Entwerfen zurück. Es ist nämlich aufschlußreich, zu sehen, daß das Oktet aus grundsätzlichen Überlegungen und elementaren Forschungen hervorgegangen ist, die ins Zentrum seiner energetisch-synergetischen Geometrie führen.

Dymaxion-Projektion

Das erste Projekt im Entwurfswerk Buckminster Fullers, in dessen Realisation wir den Oktet-Komplex finden, war keine bauliche oder Tragwerksstruktur, sondern eine neuartige Kartenprojektion. Fuller hatte Anfang 1943 eine Weltkarte entworfen, die das Bild der Erdoberfläche weitgehend verzerrungsfrei wiedergeben konnte und somit das kartographische Dilemma, sich zwischen Winkel- und Flächentreue entscheiden zu müssen, mit einem Kunstgriff überwand. Der Kunstgriff bestand darin, die gekrümmte Oberfläche des Globus auf einen regelmäßigen Vielflächner zu projizieren (Bild 1.5).

---

[4]   Unter denen, die unabhängig von Fuller experimentell auf die Oktet-Verbindung gestoßen waren, wie etwa Alexander Graham Bell, Walter Bauersfeld, Zeiss-Direktor und Chefkonstrukteur, und der Bildhauer Naum Gabo war ebenfalls kein „Fachmann".
1977 übernahm die NASA Konstruktionsprinzip und Begriff für den Bau von Raumstationen.

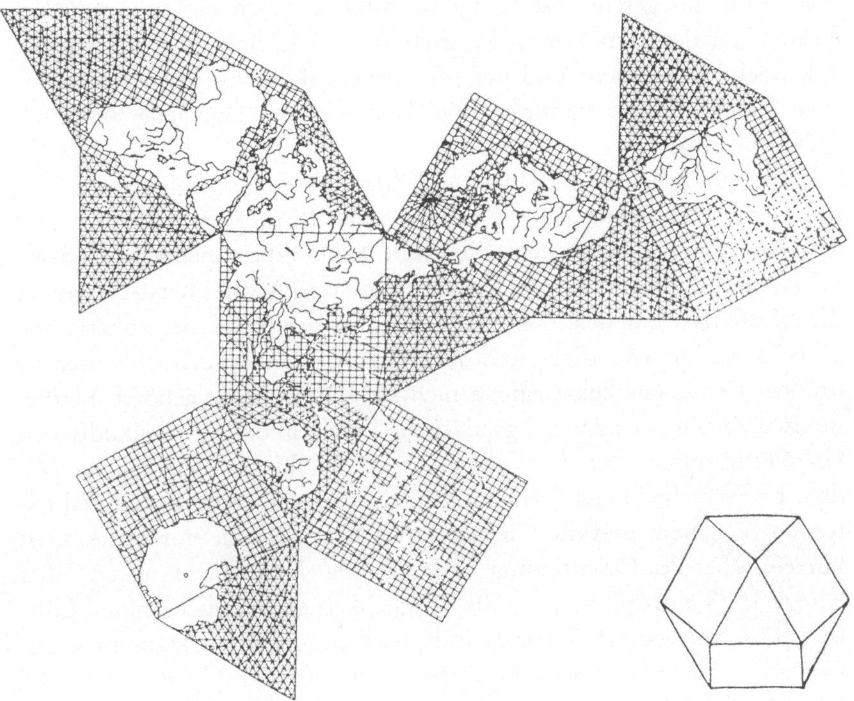

Bild 1.5: Die Dymaxion-Weltkarte basiert auf der Geometrie des Kuboktaeders.

Die Karte wurde als Ausschneidebogen in der Illustrierten *LIFE* am 1.3.1943 veröffentlicht [5]. Der Witz an der Sache war, daß das Endprodukt durch den Leser erst hergestellt werden mußte; man hatte die Wahl zwischen einem Faltglobus einerseits und einem Legespiel andererseits. Das Auslegen der Polyederfacetten erlaubte nun verschiedene „richtige" Lösungen. Fuller hatte es verstanden, mit einfachsten Mitteln einem Millionenpublikum eine spielend leichte Einführung in die Geographie zu geben. Als Nebeneffekt machten die verschiedenen Layouts deutlich, wie abhängig unsere Sicht der Welt von Karten ist, ja, wie die Lesbarkeit der Welt, die bis heute im wesentlichen auf der Mercatorprojektion beruht, mit dem Begreifen als Ganzheit, dem sich Fullers Modellierung verschrieben hatte, in einen grundsätzlichen Konflikt gerät.

Von heute aus gesehen ist es der Konflikt zwischen der Linearität des Textes (mit den implizierten Leserichtungen von links nach rechts und von oben nach unten) und der Netzwerkstruktur des Hypertextes mit seinen nichtlinearen Konnektionen. Genau diesen Übergang vermittelt Fullers Weltkarte.

Ein wesentlicher Inhalt der Modellierung und des begleitenden Diskurses war die Veränderung der logistischen Muster im Transport und der Navigation, die mit dem Einsetzen des interkontinentalen Luftverkehrs durch Luftschiffe und Flugzeuge ein neues Muster hervorbrachten: die Großkreisrouten, also kürzeste Verbindungen auf der sphärischen Oberfläche. Die Meridiane und der Äquator sind solche Großkreise, die übrigen Breitenparallelen jedoch nicht. Die Großkreise gehören mathematisch zu den „Geodäten"; geodätische Linien in der nicht-euklidischen Geometrie entsprechen den Geraden in der euklidischen Geometrie. Mit dem Luftverkehr brauchte man sich nicht mehr an die alten Schiffahrtsrouten zu halten, und die Übersee-Orientierung wurde durch die meist kürzere Über-Pol-Orientierung abgelöst. Das hatte Buckminster Fuller bereits 1928 antizipiert, als er die Möglichkeit des unbeschränkten Lufttransports von extrem leichten, industriell produzierten Häusern – seinen 4D- oder Dymaxion-Häusern – durchspielte. Von dieser Beschäftigung mit Transport und Navigation war Fuller auf die Signifikanz der Geodäten aufmerksam geworden.

Als er die Dymaxion-Weltkarte entwarf, war er wieder mit ähnlichen Problemen befaßt, diesmal als leitender Mechanical Engineer einer Behörde in Washington, des Board of Economic Warfare. Qualifiziert für diesen Job hatte sich Fuller nicht nur durch seine aufsehenerregenden und futuristischen Projekte (Dymaxion-Haus, Dymaxion-Auto, Dymaxion-Bad), sondern vor allem durch Studien als technischer Berater der industriepolitischen Zeitschrift *Fortune*, in denen die Entwicklungstrends der Industrialisierung in den USA untersucht wurden. Das Resümee „U.S. Industrialization" erschien als Hauptbeitrag des Jubiläumheftes im Februar 1940 [6]. Unter den Statistiken, Karten und Grafiken, deren Daten Fuller recherchiert hatte, befand sich auch die erste Weltenergiekarte.

Der Faltglobus für *LIFE* hatte Fuller zu grundlegenden Studien über sphärische Trigonometrie gezwungen und ihn herausgefordert, die geometrischen Eigenschaften der Polyeder genauer zu untersuchen. Dies war schon deshalb erforderlich, weil er herausfinden wollte, welcher Vielflächner für die Projektion der Kugeloberfläche der geeignetste war, d.h. welche symmetrische Aufteilung der Kugel die geringere Verzerrung lieferte [7]. Er untersuchte das sphärische Tetraeder, Oktaeder und Ikosaeder und ihre Entsprechungen mit ebenen Flächen; schließlich kam er auf einen Vierzehnflächner mit acht Dreiecken und sechs Quadraten, der als Polyeder seit Archimedes unter dem Namen „Kuboktaeder" bekannt ist. Fuller sah im Kuboktaeder aber keinen „festen Körper", sondern eine einzigartige Konstellation perfekten Gleichgewichts und höchstmöglicher, allseitiger Symmetrie.

Verbindet man im Kubokateder die zwölf Scheitelpunkte mit dem Zentrum (Bild 1.6), so erkennt man, daß die gesamte Struktur aus alternierenden Tetraedern und halben Okatedern (Pyramiden) aufgebaut ist, also aus offenbar komplementären Raumzellen, deren raumfüllende Struktur wir in der Oktet-Verbindung kennengelernt haben. Betrachtet man die einzelne Zelle, in der alle Kanten die gleiche Länge haben, so zeigt sich, daß die Summe der inneren, zum Zentrum führenden Verbindungen gleich der Summe der äußeren Verbindungslinien ist, die die Facette des Polyeders begrenzen. In Fullers dynamisch-energetischer Sicht repräsentieren diese Linien Kräfte: auseinanderstrebend, „strahlend", die einen zusammenhaltend, „gravitierend" die anderen. Im Kuboktaeder besteht ein Gleichgewicht zwischen radialen und peripheren (circumferenten) Vektoren. Da das Kuboktaeder Modell dieser Kräftekonstellation ist, gibt Fuller ihm den Namen „Vektorequilibrium".

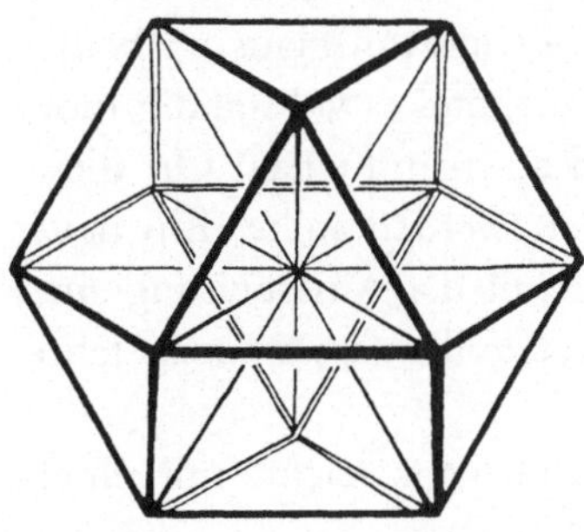

Bild 1.6:
Kuboktaeder als Vektorequilibrium

Bildet man Schnitte durch das Zentrum entlang der Kanten, so zeichnen sich auf den vier Schnittebenen regelmäßige Sechsecke ab, in denen das Gleichgewicht zwischen Radien und Peripherie in der Fläche wiederzufinden ist. Alle Winkel betragen 60°. Um vier Symmetrieachsen bildet sich eine allseitige hexagonale Symmetrie. Kräftegleichgewicht und „omnidirektionale" Symmetrie veranlassen Fuller im Vektorequilibrium eine „isotropische Vektormatrix" zu entdecken.

„Diese Matrix konstituiert eine Anordnung gleicher Dreiecke, die der komprehensiven Koordination der Natur entspricht, wenn sie höchst ökonomisch und komfortabel in Strukturbeziehungen von 60° assoziert und dissoziert. (...) Die isotropische Vektormatrix ist vierdimensional und in Winkeln zu 60° koordiniert. Sie liefert ein ganz rationales Berechnungssystem, das unweigerlich irrational wird, wenn es zufällig auf der Basis dreidimensionaler Koordinaten von 90° gerechnet wird [8]."

Man kann im Vektorequilibrium und in der isotropischen Vektormatrix den Schlüssel zur energetisch-synergetischen Geometrie Buckminster Fullers finden. Historisch gesehen – und utopisch gesprochen – bildet die Deutung dieser Konfiguration den Schlußstein im Bogen seines theoretischen und praktischen Werks. Wir werden noch näher untersuchen, wieso das der Fall ist, und worin sich seine elementaren geometrischen Entdeckungen mit seinen architektonischen Konzepten treffen.

Das Haus an einem Mast

Fuller debütierte als Architekt 1928 mit dem Entwurf eines Hauses, das nie gebaut wurde. Er bemühte sich fast zwanzig Jahre, das Konzept seines Dymaxion-Hauses in die Tat umzusetzen. Ein Klient hätte allerdings einen veritablen Industriekonzern in der Größenordnung der Ford Motor Company mitbringen müssen, um das Dymaxion-Haus zu bauen. Denn Fullers Haus zeichnete sich dadurch aus, daß es vollständig industriell vorfabriziert, verpackt, verschickt und an irgend einem Ort dieser Welt empfangen und schlüsselfertig montiert werden sollte. Ein neuer Industriezweig hätte entstehen müssen, und mit der Ausarbeitung eines entsprechenden Programms war Buckminster Fuller fast zwanzig Jahre, von 1927 bis 1946, befaßt [9].

Das Haus, das Fuller vorschwebte, sollte ganz leicht, mit einem

Zeppelin über große Entfernungen transportierbar, rasch zu montieren und weitgehend autonom in Ver- und Entsorgung sein. Er wollte modernste Materialien und Herstellungstechniken verwenden. Die Telekommunikationsmittel, die Personen- und Warentransport teilweise ersetzen, spielen in seinem Konzept eine zentrale Rolle. Vor allem aber wollte er ein Raumkonzept entwickeln, das sich in Übereinstimmung mit den Entdeckungen eines raum-zeitlichen Zusammenhangs durch die Naturwissenschaften befand und sich gleichzeitig vom kubischen Rationalismus der Architekturavantgarde abhob. Fuller spekulierte über eine „vierdimensionale" Architektur und wählte dafür das Markenzeichen „4D". Er versuchte, die Bedeutung der Zeit für die Vorstellung vom Raum und von Architektur für sich zu klären. Ein weitverbreiteter Topos der modernen Architekturbewegung der 20er Jahre war die Forderung, von innen nach außen zu entwerfen. Aber jeder Architekt interpretierte das auf seine Weise. Dieser individuellen Beliebigkeit wollte Buckminster Fuller – mit einem Hang zu grundsätzlicher Klärung – etwas Verbindliches, eine begründete Erkenntnis, entgegensetzen. In seiner ersten Veröffentlichung schrieb er 1928 dazu:

„Von innen nach außen zu bauen heißt notwendigerweise, von kreisförmiger Progression auszugehen, da das Herz oder Zentrum der Dinge nicht kubisch in der Form sein kann. Von innen nach außen zu bauen bedeutet, die zentralen Winkel eines Kreises modular einzusetzen, und zwar mit dem relativen radialen Abstand vom Zentrum. Das ist gleichbedeutend mit vierter Dimension bzw. Zeit, und es ist durch Trigonometrie lösbar. So verfährt man etwa bei Porträtzeichnungen, und es gibt befriedigende Lösungen etwa für die Anlegestege, wie sie die US-Navy verwendet.

Anstelle der theoretischen Module gerader Linien der ebenen Geometrie haben wir Winkel und Distanz bzw. Zeitmodule, wenn wir von innen nach außen entwerfen. Alles paßt ohne Überschneidungen bis wir zu der inkonsequenten Außenfläche kommen (inkonsequent von einem strukturellen Standpunkt); die Außenfläche kann ebenfalls in modulare Einheiten aufgeteilt werden, wenn der Raum des Problems es zuläßt, wenn in der äußeren Schale eine Begrenzung vom Zentrum her wümschbar ist, werden so viele modulare Einheiten verwendet, wie die Grenzen es zulassen, und der angepaßte Raum (oder die Räume) füllt sich durch pneumatische oder andere expandierende Mittel, die genau für diese Funktion entworfen wurden. Das erlaubt einen Fortschritt durch schöpferische Tätigkeit im Unterschied zu Destruktion und Verschwendung. Das bedeutet

nur, von der üblichen Mathematik des Bauwesens und ihrer hinfälligen Geometrie der
ebenen Flächen und kubischen Körper zur Trigonometrie und sphärischen Geometrie
aufzusteigen [10]."

Das schreibt Fuller zwanzig Jahre vor der Entwicklung der geodätischen Kuppeln. An dieser charakteristischen Textpassage erkennt man
sehr gut die Motive für sein lebenslanges Forschen nach einer anderen
Geometrie, die einerseits den Formbildungen der Natur entspricht und
andererseits zu den effizientesten technischen Lösungen in Baukonstruk-
tion und Design führt. Vergleichbar etwa der Rolle, die D'Arcy Thompson mit seinem Buch „On Growth and Form" (1917) für die Biologie
gespielt hat, ist Buckminster Fuller der große Initiator und Anreger des
Entwerfens nach dem Vorbild der Natur geworden [11].

In Fullers 4D-Haus, das dann den Namen Dymaxion-Haus be-
kommt, finden wir bei äußerster Technizität das Vorbild der Natur. Der
Entwurf zeigt ein Haus mit hexagonalem Grundriß, das nicht auf dem
Boden steht, sondern von einem zentralen Mast mit Kabelverspannung

Bild 1.7:
Ein Modell des
Dymaxion-Hauses

abgehängt ist (Bild 1.7). Der Mast hat mehrere Funktionen: Er dient als tragende Stütze und gleichzeitig als Verbindungstrakt, der wie ein Baumstamm den gesamten Metabolismus zwischen Krone (Wohneinheit) und Wurzelwerk im Erdreich (Fundament, Speicher, Tanks) vermittelt. Um den Mast gruppieren sich im Dymaxion-Haus die technischen Installationen, die Küche und das Bad. Zugleich wird die Wohnung über eine innere Treppe erschlossen. Im Dymaxion-Haus gibt es keine massiven Elemente; der Mast ist eine hohle Röhre, die Wände und das Dach sind aus leichten Paneelen, Boden und Decke aus einem gespannten Metallflechtwerk, das mit Luftkissenmatten belegt ist [12].

Tensegrity

Fullers strukturelles Denken zeigt sich in einer Designstrategie der Polarisierung von Druck- und Zugelementen, die in ein durch den Entwurf gewährleistetes dynamisches Gleichgewicht zu bringen sind. „Einheit ist immer plural", sagt Fuller, „und ihr Minimum ist zwei." Für die Minimallösungen ist die Berücksichtigung des Prinzips der Komplementarität entscheidend. Komplementär – also sich ergänzend und ein Ganzes bildend – treten Druck-und Zugspannung auf. In der Anordnung der Druck- und Zugglieder muß ihr komplementärer Charakter zur Geltung kommen. Das verlangt, ihre unterschiedlichen Verhaltensmuster genauer zu untersuchen. Druck ist immer nur lokal wirksam und diskontinuierlich. Die Druckglieder, wie Stütze, Säule, Sockel usw., nennt Fuller wegen ihrer lokalen Vereinzelung „Inseln der Kompression". Die Zugglieder dagegen, wie Leinen, Taue, Netze usw., verteilen die Spannungen überlokal. Sie können kontinuierlich wirken und etwas herstellen, was im Deutschen so treffend Zusammen*hang* heißt. Einen Zusammenhang stiftende Gebilde nennt Fuller „Integrities". In seinen strukturellen Studien findet er heraus, daß nur die Zugspannung aufnehmenden Glieder Integrität herstellen und aus den lokal wirkenden Teilen ein stabiles Ganzes machen können. Auf überzeugende Weise zeigen das Strukturen, in denen die Druckglieder keinerlei Verbindung mehr haben außer ihren Bändern, d.h. ihrer Verknüpfung durch Zugspannglieder. Fuller hat das Tensegrity-Prinzip zwar nicht erfunden, aber den Begriff „Tension-Integrity" – zusammengezogen zu „Tensegrity" – eingeführt und damit eine der interessantesten Strukturtheorien aufgestellt [13]. Sie scheint heute mit Erfolg in der biologischen Zellforschung angewendet zu werden [14].

Schon die großen Hängebrücken, etwa Roeblings Drahtseilkonstruktion der Brooklyn Bridge, zeigen Aspekte des Tensegrity-Prinzips. In reinster Form wird es allerdings zum ersten Mal in der von Starley entwickelten Form des Drahtspeichenrades (1871-76) verwirklicht: Es ist eine inverse Umgruppierung von Druck- und Zuggliedern, die zu einer gleichmäßigen Verteilung der Spannungen und damit zu phantastischer Verschlankung der Komponenten führt. Dies ermöglicht extrem leichte und ephemere Konstruktionen. Für Fuller war das Drahtspeichenrad ein technisches Vorbild ersten Ranges – die erste echte Tensegrity-Struktur. Die beiden Druckglieder, Nabe und Felge, bildeten „Inseln der Kompression", zusammengehalten wird das Ganze nur durch die gespannten Drähte der Speichen, die ursprünglich tatsächlich ein zusammenhängendes, im Zickzack verlegtes Stück Drahtkabel waren [15].

Das Drahtspeichenrad als strukturelles System finden wir bereits in der Deckenkonstruktion des Dymaxion-Hauses. Hier bilden die hexagonalen Ringe die „Felge" und der Mast die „Nabe". Die Verbindung zwischen beiden stellt zum einen das Deckenflechtwerk her, zum anderen die von der Mastspitze über die Sechseckringe wieder zum Mastsockel laufenden sechs Kabel; sie fungieren als „Speichen". Im Sechseckrahmen stoßen noch die Balken als Druckglieder aufeinander, deswegen gibt Fuller in der späteren Wichita-Haus-Version einem kreisförmigen Ring den Vorzug.

Fuller will das Tensegrity-Prinzip nicht nur als Beispiel der elegantesten und mit Abstand leichtesten Raumkonstruktuionen des Mechanical Engineering verstehen, sondern er gibt ihm eine universale, kosmologische Deutung. Er schreibt:

„Nichts im Universum berührt irgend etwas. Die Griechen gingen von der falschen Annahme aus, es gäbe so etwas wie feste Körper. Demokrit dachte, in den festen Körpern existiere so etwas wie kleinste Dinge, denen er den Namen Atom gab. Heute wissen wir, daß das Elektron im Verhältnis so weit von seinem Nukleus entfernt ist wie der Mond von der Erde. Wir wissen, daß im Makrokosmos keiner der Himmelskörper sich mit einem anderen berührt. Sowohl mikrokosmisch als auch makrokosmisch berührt sich nichts. Es war Kepler, der die tensionale Kohärenz des Sonnensystems entdeckte, die trotz Millionen Meilen zwischen ihnen wirkt. Newton stellte die Formel für das Maß der wechselseitigen Anziehungskraft der Himmelskörper auf, die sich im allgemeinen als richtig erwies.

Von 1927 an versuchte ich herauszufinden, wie man etwas herstellen kann, was ich „tensional integrity structures" nannte. Ich habe es oft gesagt, und zwar an den besten Ingenieurschulen der Welt: Die technische Strukturanalysis (der Ingenieure) ist durch die Auffassung von kontinuierlicher Kompression bestimmt, und die Natur macht davon niemals Gebrauch. Die Strukturanalysis kennt keinen Weg, um eine geodätische Kuppel zu berechnen. Das bleibt weiterhin wahr. Ich denke, das ist zu tadeln. Der einzige Weg einer Analyse geht mit Pneumatik und Hydraulik. Auf der molekularen Ebene ist das die Methode der Quantenmechanik; es geht nicht mit kristalliner Kontinuität, da es solche Kontinuität im Universum nicht gibt.

Das brachte mich zu den „tensional integrity structures", diesen Namen zog ich zu „tensegrity structures" zusammen. Tensegrity-Strukturen sind das Wesen aller geodätischen Kuppeln. Wenn wir die Frequenz modularer Unterteilungen bei geodätischen Kuppelkonstruktionen erhöhen, werden die Dreieckskanten, welche die Sehnen zentraler Winkel darstellen, kürzer und kürzer, und das Intervall zwischen Sehne und Bogen des zentralen Winkels nimmt ab, wenn wir die Frequenz der modularen Unterteilung erhöhen.

Weil die in der Kuppelkonstruktion verwendeten Materialien eine substanzielle Dimensionierung haben, kommen wir zu dem Punkt, wo mit dem hochfrequenten Erreichen der Bogenhöhe die Materialien (die einzelnen Tensegrity-Komponenten) einander berühren. Jedes dieser Elemente befindet sich dort, wo es in der Struktur sein will – es gibt weder überspannte noch schlaffe Partien, alle Spannungen sind vollkommen ebenmäßig –, und so machen wir die zwei strukturellen Komponenten da fest zusammen, wo sie es zulassen und sich berühren. Das nimmt die federnde Elastizität aus den geodätischen Konstruktionen heraus und macht sie fest, weil die Zugspannung und die Tensegrität keine Grenzen der Spannweite kennen, eröffnet sich mit den Tensegrity-Strukturen die Möglichkeit ganz weit gespannter Kuppelkonstruktionen jeder Größe." (zitiert nach [4], S. 179)

Es wird deutlich, daß Fullers Entwurfsarbeit eine Philosophie des allseitigen Zusammenhangs zugrunde liegt, die es erlaubt, mit dem Fahrrad in den Kosmos zu kommen und mit den geodätischen Kuppeln in den Mikrokosmos der Quantenmechanik. Die Tatsache, daß seine Artefakte zahllose Zeitgenossen in ihrer wissenschaftlichen, technischen oder künstlerischen Arbeit inspiriert haben, zeigt, wie er die vorherrschende Befangenheit in traditionellen Denkstrukturen zu überwinden half, auf deren Beschränktheit wir erst durch die Demonstration, daß es ganz anders gehen kann, aufmerksam wurden. Die Tensegrity-Strukturen stellen unser ganzes, habituell gewordenes Vorstellungsvermögen von der Art, wie sich etwas aufbaut, in Frage. Ihre konstruktive Zauberei zeigt uns, daß das was steht, in Wirklichkeit hängt. „It depends".

Metallurgie

Spricht man vom Ingenieur Buckminster Fuller, so lassen sich zwei Brennpunkte seines andauernden Forschens ausmachen, die untrennbar mit dem Tensegrity-Konzept verbunden sind: die Metallurgie und die Struktur der Zugspannungskomponenten in technischen Konstruktionen und in der Natur.

Metallurgische Untersuchungen begleiten Fullers Entwicklung als Architekt, Designer und Ingenieur; vom Dymaxion-Haus über das Dymaxion-Auto, das Dymaxion-Bad (eine vorgefertigte Sanitärzelle), die transportablen Notunterkünfte, die Wichita-Wohnmaschine und schließlich die geodätischen Kuppelbauten – immer erkundet Fuller die Möglichkeit der Metallverarbeitung und der metallurgischen Fortschritte. In seiner ersten Schrift, die Fuller 1928 vervielfältigt in Umlauf bringt, findet sich eine Begründung für das vorrangige Interesse am Werkstoff Metall, das Fuller in einen Gegensatz zur Architektenzunft bringt. Er schreibt dort:

„Das großartige neue Werkzeug dieses Zeitalters ist Metall. Es hat die Mechanik hervorgebracht bzw. die gelenkte mechanische Bewegung; sie verlangt die Beherrschung des vierdimensionalen Entwerfens. Es ist das Metall, das zentralisierte Produktion, Transport und Distribution durch eine Vielzahl von Kanälen möglich gemacht hat. Metall hat das Automobil ermöglicht, die Eisenbahn, das Flugzeug, das Telefon, den Telegrafen, das Radio, die Kleider, die wir tragen, und alle unsere Nahrungsmittel. Generell und strukturell gesagt, verwenden wir es in unseren Häusern nur in Form von Nägeln. Im Unterschied zu den Werkzeugen anderer Epochen beruht die charakteristische Struktureigenschaft des neuen Werkzeugs Metall auf seiner Faserstärke, d.h. auf seiner Zugfestigkeit; sie ist ungeheuer im Vergleich zu allem Zugzeug, das jemals hergestellt wurde. So kann man beispielsweise beobachten, wie ein dünnes Stahlseil eine große Lokomotive hebt. In der Kompression übertrifft das Metall den Stein nur unwesentlich. (...) Die sogenannte beste Architektur der kleinen Wohnhäuser von heute ist lediglich die Fortsetzung der Steinzeit, als man das Material aufeinander häufte und mit Schlamm, Lehm oder Zementarten zusammenhielt." (zit. nach [10], S. 4)

Bei der Ausarbeitung der Pläne und Modelle für das Dymaxion-Haus hatte sich Fuller in den Jahren 1928 bis 1930 mit Leichtmetallen beschäftigt, mit Herstellern in Verbindung gesetzt und ungeduldig die Massenproduktion von Duraluminium erwartet, das im Luftschiffbau experimentell entwickelt und angewendet wurde, und das er für die Mastkonstruktion seines Hauses einsetzen wollte. Mit einem damals führenden Schiffs- und Flugzeugskonstrukteur, Starling Burgess, baute Fuller dann sein futuristisches Dymaxion-Auto, das die Stromlinienform der künftigen Flugzeugrümpfe vorwegnahm. Burgess führte den Mast aus Duraluminium ein.[5] Für das Dymaxion-Auto entwarf Fuller mit Burgess den Rahmen aus Chrom-Molybdänstahl, und die Aluminiumlegierungen, die er für das Dymaxion-Haus haben wollte, wurden ab 1932 für den Flugzeugbau produziert. Erst in den fünfziger Jahren konnte Fuller auf diese Werkstoffe für den Bau der geodätischen Kuppeln zurückgreifen.

Die Metallegierungen waren für Fuller nicht nur in technisch-konstruktiver Hinsicht wesentlich, er sah in ihnen auch das Musterbeispiel, durch das das synergetische Prinzip demonstriert wird. Die kombinierten Eigenschaften der verschiedenen Metalle, die in der Legierung eine chemische Verbindung eingehen, unterscheiden sich wesentlich von den Eigenschaften der Legierung. So zeichnet sich beispielsweise Chrom-Nickelstahl durch eine viel höhere Zugfestigkeit aus, als es die Summe in den Zugfestigkeiten der einzelnen Komponenten erwarten ließe: Die Zugfestigkeit von Chrom, Nickel und Eisen liegt jeweils zwischen 60 000 und 80 000 pounds pro square inch, die der legierten Komponenten hingegen über 300 000 [3].

Als Mitte des 19. Jahrhunderts mit der Herstellung von Stahl begonnen wurde, einer Legierung aus Eisen, Kohlenstoff und Mangan,

---

[5] Zu Fullers Zusammenarbeit mit Starling Burgess vgl. [16].

waren Druck- und Zugfestigkeit etwa gleich, aber die Zugfestigkeit der Stahllegierungen wuchs um ein Vielfaches, während die Druckfestigkeit fast gleich blieb. Zwar hat Stahl die gleiche Druckfestigkeit wie Mauerwerk, aber eine tausendfach höhere Zugfestigkeit.

„Stahl brachte der Menschheit eine Zugbeanspruchungskapazität, die es mit der Jahrtausende alten exklusiven Vorherrschaft der Druckbeanspruchung des Steins aufnehmen konnte. (...) In den 70er Jahren des zwanzigsten Jahrhunderts hatte man eine Zugbelastungskapazität von 600 000 pounds pro square inch bis zur Anwendbarkeit entwickelt. Die Mittel zur Ausführung dieser überwältigenden neuen Zugfestigkeit sind vollkommen unsichtbar geworden. Die meisten Menschen haben noch keine Vorstellung von diesem Zuwachs an Zugspannungskapazität, geschweige denn davon, wie es dazu kam oder wie es funktioniert [17]".

Tensegrity impliziert und implementiert Wirkungsmuster, die sich der sinnlichen Wahrnehmung entziehen. Eine doppelte Tendenz zum Unsichtbarwerden zeigt sich zum einen im chemischen Prozeß der Materialherstellung, zum anderen aber in der Verflüchtigung oder Ephemerisierung der Zugglieder selbst, deren Querschnitte bei gleicher Belastung immer kleiner werden und deren Längen keiner Beschränkung unterliegen. Daß das Wesentliche nicht bemerkt und daher auch nicht erkannt werden kann, ist für Buckminster Fuller eine Herausforderung zur Modellierung. Mit dieser Modellierung will er die Sinnfälligkeit – also auch die sinnliche Erfahrbkeit – von Wirkungsmustern, die gleichermaßen in Natur und Technologie aufzufinden sind, für die menschliche Erfahrung zurückgewinnen.

Dichteste Packung von Kugeln

Von zentraler Bedeutung für Fullers Modellierung ist das Konzept der dichtesten Packung; es führt uns ins Zentrum seiner energetisch- synergetischen Geometrie. Aber auch hier entwickelt sich das verallgemeinerte mathematische Modellieren parallel zu praktischen Erfordernissen des Entwerfens. Als Fuller in den Jahren 1947-49 am Institute of Design in Chicago und am Black Mountain College in North Carolina unterrichtete und die ersten experimentellen Prototypen geodätischer Kuppeln und Tensegrity-Strukturen baute, stellte er seinen Studenten eine sehr charakteristische Aufgabe: den kompletten Hausrat einer Familie so anzuordnen und in einem Behälter zu verstauen, daß die Gegenstände das geringste Volumen einnehmen und beim Ausklappen des Behälters in eine gebrauchsfertige Stellung kommen. Die begrenzenden Flächen des Containers verwandeln sich dabei in die Grundfläche einer Wohnung [3].

In struktureller Hinsicht tauchte schon beim Modell des Dymaxion-Hauses das Problem der ökonomischsten Verpackung der Bauteile auf. Ein Foto von 1928, auf dem Fuller mit einem Strukturmodell des Hauses zu sehen ist (Bild 1.8), zeigt die dichteste Packung von sechs Röhren

Bild 1.8:
Fuller mit einem
Strukturmodell
des Dymaxion-
Hauses

um ein Zentrum, die eine hexagonale Form annehmen, die Fuller für den Grundriß gewählt hatte. Den hexagonalen Umriß zeigen auch Schnitte durch Taue und Kabel, in denen sechs Stränge um einen mittleren verdrillt werden (Bild 1.9). Fuller hatte der „Dynamik des Hexagons", die in solchen Zugspannungskompositen wiederkehrt und die Beispiele dichtester Packung geben, bereits in den ersten Jahren seiner Entwurfstätigkeit seine Aufmerksamkeit gewidmet.[6] Die ersten systematischen Untersuchungen führte er in den Jahren des zweiten Weltkriegs und danach durch, wobei dichteste Packung von Kugeln ein raum-zeitliches Modell diskreten bzw. gequantelten allseitigen Wachstums abgibt.

Kurze Zeit nach Fertigstellung seiner Dymaxion-Weltkarte faßt er die ersten Ergebnisse in einem Papier zusammen, das er durch Erläuterungen 1946 ergänzte. Dort heißt es:

„Sieben Drähte, die ein begrenztes System bilden, wenn man sie zu einem Bündel paralleler Stränge zusammenfaßt, verdrehen sich jedesmal zu einem Kabel mit hexagonalem Querschnitt; ein Draht im Zentrum wird symmetrisch umringt von den anderen sechs Drähten. Und genauso dicht versammeln sich – ebenfalls ein begrenztes System universaler Geometrie demonstrierend –12 Kugeln gleichen Durchmessers um eine weitere derartige Kugel herum, wobei jede Kugel alle benachbarten berührt. Verfolgt man dieses Konzept eines begrenzten Systems universaler Geometrie weiter, und zwar um es zur Bedeutung der 92 Elemente in Beziehung zu setzen, so fügen wir eine weitere Schicht von Kugeln den 13 ursprünglichen hinzu, so daß diese 13 vollständig und kompakt an den natürlichen Positionen umhüllt werden. Die Kugeln dieser äußeren Schicht tangieren jeweils die benachbarten Kugeln und sind daher dicht und symmetrisch gepackt.

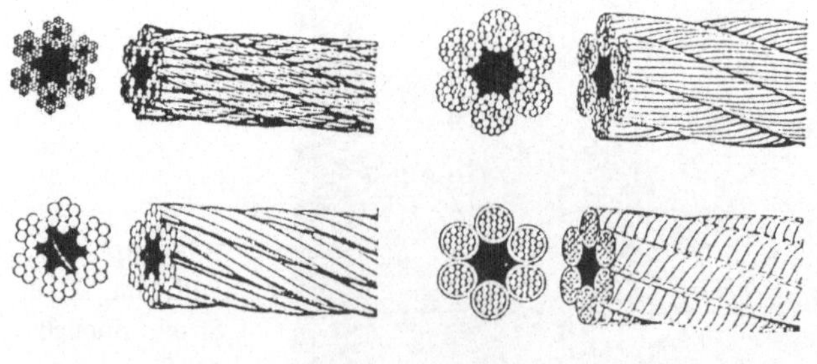

Bild 1.9: Dichteste Packung in hexagonaler Symmetrie: Taue und Kabel (Fuller 1932).

---

[6] Z.B. in der von ihm editierten Zeitschrift *Shelter*, 2. Jg. November 1932, S. 106.

Diese zweite Schicht besteht aus 42 Kugeln, wenn wir noch eine weitere Schicht gleichgroßer Kugeln hinzufügen, finden wir auch sie kompakt symmetrisch und tangential geordnet. Die Zahl der Kugeln dieser äußeren Schicht ist 92." (zit. nach [8], 412.00 ff)

Aus der wiederholten Prozedur des dichtesten Packens von Kugeln ergibt sich die Reihe 12, 42, 92, 162, 252, 362, ... für die Anzahl der Kugeln der aufeinanderfolgenden Schichten. Das Bildungsgesetz dieser Schichtung oder Schalung bringt Fuller auf die Formel $10f^2 + 2$, wobei f für die Ordnungszahl der Schichten steht. Den Buchstaben f wählte Fuller für *Frequenz*, denn: „Diese aufeinanderfolgenden Schichten, die einander in alle Richtungen durchdringen, können als Energiewellen identifiziert werden, die von einem Nukleus in alle Richtungen ausgestrahlt werden." Die geometrische Form, die sich beim dichtesten Packen um eine Kugel als Nukleus ergibt, ist eben jener Vierzehnflächner, den wir als Fullers Vektorequilibrium kennengelernt haben. Das letztere, als Gitter oder Skelett betrachtet, ergibt sich aus den dichtest gepackten Kugelclustern, wenn die Mittelpunkte aller Kugeln miteinander verbunden werden.

„Dies sich unbegrenzt ausdehnende Vektorsystem in dynamischen Gleichgewicht liefert einen Bezugsrahmen universaler Dimensionierung für die Messung jeder Energieumwandlung oder jeden Grades eines energetisch bedingten Ungleichgewichts bzw. dessen vorhersagbarer Entwicklung von Reaktionen – verhinderte wie freigesetzte – ergo, für die Charakteristik von Atomen." (zit. nach [8], Appendix I)

Aus diesen frühesten Dokumenten der energetisch-synergetischen Geometrie geht klar hervor, wie hochfliegend Fullers Projekt einer modellierbaren Alternative zum kartesischen Koordinatensystem mit dem orthogonalen Winkelmodul von Anfang an konzipiert war, aber auch wie der historische Kontext fieberhafter Arbeit der Atomphysiker am „Manhattan-Projekt" Spuren in Fullers Denken und Modellieren hinterlassen hat.

Tatsächlich hatte Fuller während seiner Tätigkeit für den Board of Economic Warfare in Washington persönliche Kontakte zu einer Reihe führender Wissenschaftler, unter ihnen Einsteins Mitarbeiter Leo Szilard, der Metallurge Cyrill Stanley Smith, in dessen Labor die entscheidenden Experimente Enrico Fermis durchgeführt wurden, oder der Chemiker Sir John Wolfenden, Leiter der British Science Mission in

Washington, Charles Kettering, Leiter der Forschungsabteilung von General Motors, Lyman Chalkley, Chemiker und Kollege Fullers im Board of Economic Warfare. Chalkley veranstaltete eine Reihe von Treffen im Washingtoner Cosmos Club, die dem interdiziplinären Austausch zwischen den Forschern und den Wissenschaftlern in der Administration dienten. Hier begegnete Fuller Caryl Haskins, Carroll Wilson und Vannevar Bush, der das Office of Scientific Research and Development leitete [18].

Anläßlich solcher Treffen im Cosmos Club hatte Fuller selbst Vorträge vor Ingenieuren und Wissenschaftlern gehalten und auf diese Weise die Tragfähigkeit seiner Konzepte mit Experten getestet. Für einen dieser Vorträge hatte Fuller 1943 eine Schautafel zur Geschichte der Entdeckung bzw. Isolierung der 92 chemischen Elemente des Periodensystems entworfen. Fuller gab dieser Tafel den Titel „Profile of the Industrial Revolution" und zeichnete damit ein ganz anderes Bild als wir es aus den üblichen Darstellungen der Geschichte der Industrialisierung gewohnt sind: Keine Dampfmaschinen, keine Fabrikation, keine PS, keine Kwh, sondern Moleküle und ihre Erforschung – ein einziger Indikator für eine äußerst komplexe Langzeitentwicklung. Fullers Philosophie der Industrialisierung ist hier auf den Punkt gebracht: Wissenschaftliche Forschung ist der Kern aller Industrialisierung, und ihre Entwicklung vollzieht sich in einem Bereich, der den Sinnen nicht mehr unmittelbar zugänglich ist. Die verlorene Sinnfälligkeit solcher Entdeckungen und ihrer nachfolgenden Anwendungen wird aber eine zunehmende Herausforderung für das Vorstellungsvermögen und die Begreifbarkeit der Phänomene. Dieser Herausforderung entziehen sich die Spezialisten, Fuller will sie annehmen und zum Ausgangspunkt seiner Modellierung machen.

Vom Großkreisraster zum Jitterbug

1947 wurde die Fuller Research Foundation gegründet, eine private winzige Stiftung mit minimaler Ausstattung, finanziert aus Fullers Ersparnissen und Zuwendungen von einigen Freunden, die Fuller die Ausarbeitung seiner Geometrie, die Erfahrung von Anwendungsmöglichkeiten sowie die Vorbereitung von Patenten ermöglichen sollte. Fuller nahm seine Studien über Großkreismuster und das Verhältnis von ebener und sphärischer Triangulation wieder auf – Studien, die mit der Dymaxion-Weltkarte begonnen hatten, aber 1944 unterbrochen wurden zugunsten der Entwicklung eines mit der Flugzeugindustrie herzustellenden Hauses, der Wichita-Wohnmaschine. Sie war Fullers letzte Version des Hauses an einem zentralen Mast, also des Dymaxion-Hauses. Schon bevor er mit einem Team die Arbeit am Prototyp in den Beech-Aicraft-Werken in Wichita, Kansas, aufnahm, war der Gedanke an ein Haus ohne Mast, eine Konstruktion als reine freitragende Kuppelhülle ohne Stütze, entstanden.

„Als ich meinen Dreiwege-Großkreisraster aus Dreiecken für die Karte ausgearbeitet hatte, bemerkte ich, daß man daraus möglicherweise eine sphärische Struktur machen könnte, bzw. eine Kuppel aus der Halbkugel, geformt aus 31 Großkreisen auf der Kugeloberfläche, deren gegenseitige Überschneidungen ein perfektes Muster aus Dreiecken variierender Größe ergeben. Die Dreiecke auf der Oberfläche einer Kugel sind jeweils die äußeren Teile eines Tetraeders. So hatte ich alle diese Tetraeder, und alle gehen zum Zentrum der Kugel; sie können nicht auseinandergehen. Wenn ich nur die Dreiecke übrig lasse und Zugbänder an der Außenseite habe, können sie weder einfallen noch nach außen gehen, sie sind wie dreieckige Korken. Zylinder haben parallele Linien, die einander nicht helfen; sie lassen Unendlichkeit herein, und ich hatte mit meiner Karte gelernt, daß man mit Unendlichkeit nichts anfangen kann. Die Dreiecke bilden ein geschlossenes, stabiles System, in das die Verzerrung, dieses Unendlichkeitsding, nicht hinein kann." (zit. nach [16], S.187)

Fullers Erinnerung an die Entstehung der geodätischen Kuppeln charakterisiert die mühevollen Versuche in den Jahren 1948/49, aus den Großkreismodellen, die aus Pappstreifen gefertigt waren, kleine Versuchsbauten mit Studenten zu entwickeln, die wirklich standen und nicht in sich zusammenfielen. Aber mochte die Idee zur Kuppelkonstruktion aus Großkreisen auch durch die symmetrische Einteilung der Kugeloberfläche mit einer Polyederprojektion entstanden sein, gehörten die 31 Großkreise nicht zu einem Kuboktaeder oder Vektorequilibrium, das Fuller 1943 für die Dymaxion-Weltkarte verwendete, und das durch 25 Großkreise charakterisiert ist, sondern zu einem Ikosaeder, dessen Oberfläche aus 20 gleichseitigen Dreiecken besteht.

Wie verhält sich nun – in Anbetracht der energetisch-synergetischen

Explorationen – jenes Vektorequilibrium zu dem Ikosaeder, wenn das Ikosaeder der wichtigste geometrische Ausgangstyp für geodätische Kuppelkonstruktionen wird? Um diese Frage zu beantworten, empfiehlt es sich, noch einmal auf die dichteste Packung von Kugeln zurückzukommen: Das Vektorequilibrium entsteht durch dichteste Packung *um ein Zentrum*. Was entsteht aber, wenn dieses Zentrum fehlt oder verschwindet? Fuller machte folgende signifikante Entdeckung: Wenn Kugeln dicht gepackt sind, und die Kugel im Zentrum entfernt oder zusammengedrückt wird, schließen sich die verbleibenden Kugeln zusammen und formen den regelmäßigen Zwanzigflächner, das *Ikosaeder* (Bild 1.10). Das Vektorequilibrium, das wir bisher nur als heuristisches Modell kennengelernt haben, kann durch Abzug eines Energiequantums (eine Kugel) in ein Ikosaeder übersetzt werden. Der Prozeß ist jedoch auch umkehrbar. Zwischen beiden Polyedern besteht ein Verwandtschaftsverhältnis: Jedes hat 12 Scheitel und dieselbe Anzahl von Kugeln, die die Oberfläche definieren. Jedes ist ein Modell symmetrischer Regelmäßigkeit.

Der kleine Unterschied des einen Quantums verändert aber die Symmetrieeigenschaften entscheidend. Die kleinste Verschiebung der Kugeln in der Konstruktionsbewegung ist der Übergang zwischen zwei fundamentalen Symmetriegruppen: von der vierfältigen Symmetrie des Vektroequilibriums zur fünffältigen des Ikosaeders. Das Vektroequilibrium mit seinen Winkeln von 60° und 90° umfaßt die Gruppe von Tetraeder, Oktaeder und Kubus. Atomgitter von Kristallen, die auf diesen Winkeln aufgebaut sind, zeigen keine Veränderung, wenn sie um die Hälfte, ein Drittel, ein Viertel oder ein Sechstel von 360° um eine Symmetrieachse gedreht werden. Das Ikosaeder jedoch – zusammen mit dem

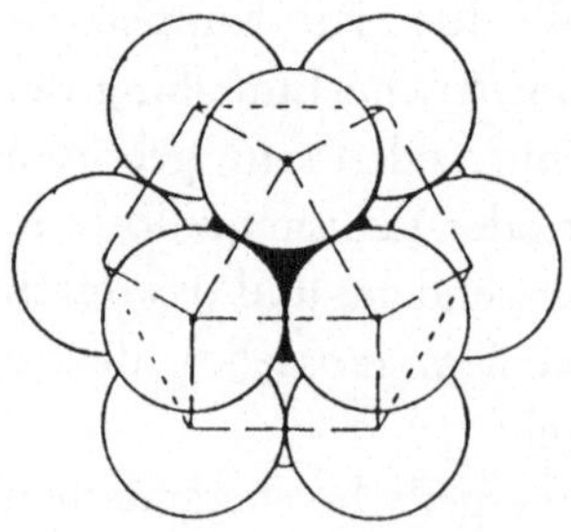 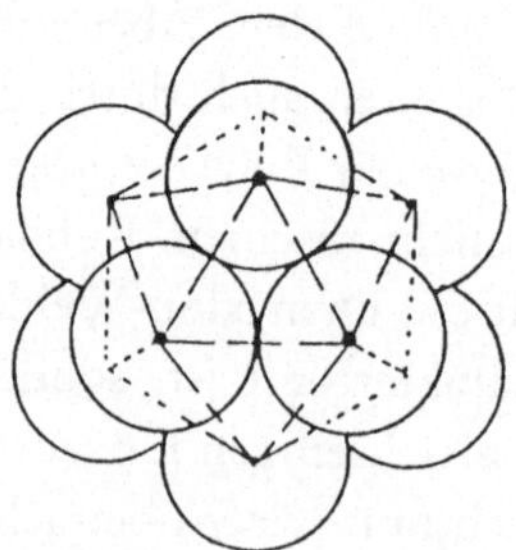

Bild 1.10: Dichteste Packung von Kugeln: links mit Kern (Kuboktaeder), rechts ohne Kern (Ikosaeder)

Pentagondodekaeder – hat Winkel von 72°, aus denen das regelmäßige Fünfeck aufgebaut ist; es ist daher durch das Fünftel einer Kreisdrehung rotationssymmetrisch. Diese fünffältige Symmetrie des Ikosaeders hat sich durch die Entdeckung der Quasikristalle für die anorganische Materie ebenfalls als wichtig herausgestellt [19].

Fuller ging es bei der Erforschung der Polyedereigenschaften nur in zweiter Linie um Klassifikationen, die in seinem Hauptwerk *Synergetics* auch festgehalten sind. Die Polyeder sind für ihn nur Konfigurationen in einem Prozeß von Verwandlungen. Diese Verwandlungen konnte er modellieren.So konstruierte er ein Modell, das die Verwandlung eines Kuboktaeders (Vektorequilibrium) in ein Ikosaeder und weiter in ein Oktaeder und schließlich ein Tetraeder demonstrierte (Bild 1.11). Er nanne es – nach einem Tanz – „Jitterbug": Eine Kräftekonfiguration durchläuft in einem Zyklus eine Folge von verschiedenen Phasen, die insgesamt den Prozeß einer symmetrischen Konstruktion oder deren Umkehrung zeigen [8]. Das Jitterbug-Modell ist nicht nur eines der charakteristischsten und schönsten Beispiele für seine Art, modellierend zu denken, es zeigt auch, wie der von Fuller entwickelte „intuitive dy-

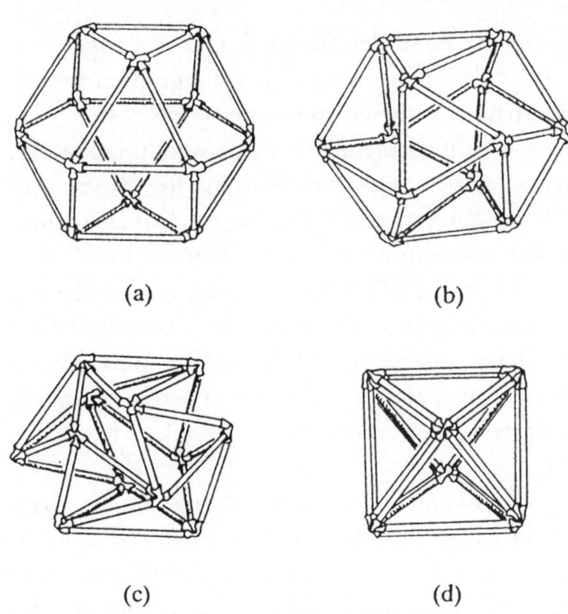

(a)   (b)

(c)   (d)

Bild 1.11:
Jitterbug-Transfor-
mation: Vom Kubo-
kateder (a) über das
Ikosaeder (b) zum
Oktaeder (d)

namische Sinn", der dem kategorialen oder taxonomischen Denken so sehr abgeht, die Grundlage von Entdeckungen und innovativen Konstruktionen bildet.

Modelle für die Mustererkennung

Elementare Forschungen der beschriebenen Art bilden den Hintergrund der Konstruktion geodätischer Kuppeln. Sie sind für Fuller Artefakte, die sich aus den energetisch-synergetischen Forschungen ergeben und als Kristallisationen eines gedanklichen Zusammenhangs „auftauchen". So wichtig die Erfindungen in technischer Hinsicht auch sein mögen, die Fuller in seinen 28 mustergültigen Patentschriften festgehalten hat [4], sie verweisen doch immer auf seine Entdeckungen hinter den Erfindungen und den Diskurs eines Designers und Architekten, der zum Mathematiker und Naturforscher werden müßte, um eine alternative baulich-räumliche Ordnung zu finden. Weil diese bauliche-räumliche Ordnung unser Auffassungs- und Denkvermögen so sehr durch die Macht prägt, die die Architektur auf jeden alltäglich ausübt, ist die *Demonstration* einer Alternative durch ein Bauwerk auch immer eine Herausforderung für das Denken.

Die geodätischen Kuppeln, die in den fünfziger und sechsziger Jahren zu Tausenden gebaut worden sind, unter ihnen die größten freitragenden Kuppelbauten überhaupt, verlieren trotz ihrer Größe, ihrer variierenden Konstruktion und unterschiedlichster Verwendungszwecke, niemals ihren Modellcharakter oder, in Fullers Worten, ihre „Konzeptualität". Um den eigentlich verwandten englischen Begriff (conceptuality) richtig zu übersetzen, müßte man ihn anstelle von „Begrifflichkeit" eher als „Begreiflichkeit" verstehen. Fuller ist überzeugt davon, daß weder das Verbalisieren noch das Formalisieren hinreichen, um „Conceptuality" herzustellen.. Gebaute Modelle – im Extremfall Gebäude – können dies leisten, weil hier Gedanken in „Patterns" übersetzt worden sind, die wahrgenommen und wiedererkannt werden, ehe sie zu einem bewußten Verstehen hinführen [20].

Genau dieser Prozeß scheint sich bei der Entdeckung von C_{60} abgespielt zu haben, den Harold Kroto detailliert und anschaulich im nächsten Kapitel beschreibt. „Mustererkennung" reguliert ja nicht nur unser Alltagsverhalten, sondern wird zum entscheidenden Faktor bei der Begegnung mit dem Unbekannten, durch die sich jede Forschung von der wissenschaftlichen Routine unterscheidet. Fullers Artefakte sind in solchen Zusammenhängen schon zu seinen Lebzeiten außerordentlich stimulierend gewesen. So erinnerten sich 1959 die Virologen der geodätischen Kuppeln, als sie die Struktur der Proteinschalen des Polio-Virus und später anderer Virenarten zu identifizieren versuchten. Es kam zu Beratungen zwischen Aaron Klug, J.T. Fink vom Birbeck College London und Buckminster Fuller, der die ikosa-geodätische Struktur bestätigte und den Forschern bei der Identifizierung einer ganzen Familie von Virusproteinschalen mit seiner energetisch-synergetischen Geometrie half [3]. Als drei Jahre später Robert Horne in Cambridge die ersten mit dem Elektronenmikroskop hergestellten Bilder solcher Proteinschalen veröffentlichte, stellte sich die Richtigkeit der vorausgegangenen Modellierung heraus.[7] Horne sagte damals: „Wir waren gerade dabei, die Mathematik dieser Virusschalen zu erarbeiten, als uns jemand auf Fullers Buch hinwies. Wir machten es auf und sahen, daß alles ausgearbeitet war. Es scheint, daß sowohl Fuller wie auch die Natur die Geometrie der größten Festigkeit herausgepickt haben [21]." A. Klug hatte Fullers Formel ($n = 10f^2 + 2$), bestätigt, aber eine abgewandelte Formel von Caspar und Klug ging in die Fachliteratur ein, ohne auf Fullers Grundlegung hinzuweisen [19]. Eine verpaßte Gelegenheit, die Modellierungsarbeit Buckminster Fullers zu würdigen.

Die Würden und Ehrenbezeugungen, die Medaillen und Ehrendoktorhüte (46), die Fullers „Basic Biography" auflistet [22], und mit denen er in den sechziger und siebziger Jahren überhäuft wurde, können den Eindruck nicht verhindern, man habe ihn, den eingefleischten Anti-Akademiker und provozierend unabhängigen Denker, auf diese Weise am bequemsten loswerden können. Die erste, wirklich angemessene Ehrung, die die Fullerene-Entdecker ihm zuteil werden ließen, ist ein hoffnungsvolles Zeichen für die Wiederentdeckung eines ebenso sperrigen wie poetischen Werkes, dessen Anregungspotential bei weitem nicht ausgeschöpft ist.

---

[7] Eine detaillierte Beschreibung der Struktur und der Funktion ikosaedrischer Viren findet sich im Kapitel 12 dieses Buches.

Kapitel 2
Die Entdeckung der Fullerene
Harold W. Kroto

Anfang der siebziger Jahre konzentrierten sich die Forschungsinteressen meiner Arbeitsgruppe an der Universität von Sussex vor allem auf die Chemie des Kohlenstoffs in ungesättigten Verbindungen [1]. Unser Hauptziel war es, neue Verbindungen zu erschaffen, in denen Kohlenstoff mehrfach zu Schwefel, Phosphor, Silizium oder auch zu einem anderen Kohlenstoffatom gebunden war. Wir stellten unter anderem die ersten doppelt gebundenen Kohlenstoff-Phosphor-Moleküle $CH_2=PH$ mitsamt zahlreicher Derivate her, wie auch $CH_3C≡P$, das erste Derivat von $H–C≡P$ [1-3]. Wir experimentierten aber auch mit Molekülen, in denen der Kohlenstoff in langen Polyin-Ketten mehrfach zu sich selbst gebunden war. David Walton, mein enger Freund und Kollege in Sussex, hatte Anfang der siebziger Jahre durch seine Arbeit mit solchen Polyinen mein Interesse am Kohlenstoff wiedererweckt. Er hatte eine elegante Methode zur Synthese langer Polyin-Ketten entwickelt, durch die er und seine Studenten in der Lage waren, Ketten von 24 und gar 32 Kohlenstoffatomen herzustellen [4-6].

Diese Ketten waren genau das, was wir für eine Untersuchung der Schwingungs- und Rotations-Dynamik brauchten – ein Thema, das mich zu dieser Zeit immer mehr fesselte. Mir erschienen solche Kettenmoleküle als das Ebenbild einer mikroskopischen Cheerleaderin, die ihren sehr biegsamen quantenmechanischen Taktstock hoch in die Luft wirft und versucht, ihn wieder aufzufangen, während sich dieser gewaltig biegt und gleichzeitig dreht. Aufgrund seines großen Dipolmomentes bot sich das Cyanopolyin HC_5N für erste Mikrowellenuntersuchungen besonders an. Walton entwarf die Synthese und sein Student Andrew Alexander meisterte 1974 die knifflige Aufgabe, das Molekül herzustellen und sein Mikrowellenspektrum zu messen [7].

Etwa zur gleichen Zeit wurden in der molekularen Radioastronomie spektakuläre Erfolge erzielt. Man fand heraus, daß die schwarzen Wolken, die über die Milchstraße verteilt sind, langverborgene, dunkle Geheimnisse besitzen. Townes und seine Mitarbeiter [8] öffneten 1968 die Büchse der Pandora und enthüllten, daß diese Wolken voll von identifizierbaren Molekülen waren. Der Weltraum war nun nicht mehr ausschließlich für die Astronomen als Betätigungsfeld reserviert, sondern bot sich auch den Chemikern als ganz neuartige Apparatur an: als ein gigantischer Probenraum, der eine Fülle exotischer Moleküle unter einer ganzen Spannbreite physikalischer und chemischer Bedingungen beherbergte [9].

Warum sollten in diesem riesigen „Musterkoffer" nicht auch die uns interessierenden Kohlenstoffketten verborgen sein. Ich schrieb also an meinen Freund und früheren Kollegen Takeshi Oka am National Research Counsil (NRC) in Ottawa, um mit ihm die Signale von HC_5N im Weltraum zu suchen. Im November 1975 endete diese radioastronomische Suche (mit den kanadischen Astronomen Lorne Avery, Norm Broten und John Mc Leod) in der erfolgreichen Entdeckung eines Signals aus Sgr B_2, einer riesigen molekularen Wolke nahe dem galaktischen Zentrum [10]. Dies war eine Überraschung, da zur damaligen Zeit allgemein angenommen wurde, daß Moleküle mit mehr als drei oder vier schweren Atomen (wie C, N oder O) viel zu selten seien, um überhaupt aufgespürt zu werden.

Wenn wir aber nun schon HC_5N gefunden hatten, sollte es vielleicht auch gelingen, HC_7N nachzuweisen. Doch ohne das charakteristische Erkennungszeichen dieses Moleküls — sein Spektrum — zu kennen, gab es keine Chance, es zu finden. Also entwarf Walton die Synthese von HC_7N, und dem Doktorand Colin Kirby gelang die Herstellung und Messung seines Spektrums [11]. Der uns zugewiesesene Beobachtungszeitraum am Radiotelekop hatte bereits begonnen, als Kirby in seinem Labor in England endlich die für uns so wichtige Frequenz messen konnte. Er übermittelte sie sofort telefonisch an meine Frau, die ihrerseits Fokke Creutzberg, einen Freund in Ottawa anrief . Über diesen Weg gelangten die sorgfältig notierten Daten zu uns ans Teleskop im Algonquin Park in Ottawa (Bild 2.1).

Die nächsten Stunden waren das reinste Drama! Wir stürzten sofort

Bild 2.1: Das 46 m Radioteleskop in Algonquin Park, Ontario, mit dem die langen Kettenmoleküle im Weltraum detektiert wurden.

ans Teleskop und stellten den Empfänger auf die vorhergesagte Frequenz ein, als in einem perfekten Timing genau in diesem Moment Taurus am Horizont aufging. Den ganzen Abend über verfolgten wir die ultraschwachen Signale, die uns aus der kalten dunklen Wolke erreichten. Unsere Augen hingen am Oszilloskopen, um das kleinste Anzeichen des erwarteten Signals im Hauptkanal des Empfängers nicht zu verpassen. Um 1.00 Uhr am nächsten Morgen hielten wir es nicht länger aus. Kurz bevor die Wolke endgültig verschwand, brach Avery die Messung ab und ließ den Computer die Daten auswerten.

Der Moment, als das Signal im Bild 2.2 auf dem Bildschirm erschien, war einer, von dem Wissenschaftler träumen und der sie auf einen Schlag für die ganzen Jahre der Anstrengungen und ständigen Enttäuschungen entschädigt, die so sehr mit der wissenschaftlichen Arbeit verwoben sind. Die Erkenntnis, ein solch großes Molekül im Raum entdeckt zu haben [12], war mehr als aufregend. Der nächste Kandidat war natürlich HC_9N, doch seine Synthese war eine zu entmutigende Angelegenheit. Glücklicherweise entwickelte Oka ein wunderbar einfaches Verfahren, um die Radiofrequenzen von HC_9N aus den uns bekannten Frequenzen zu extrapolieren. Wir konnten es kaum glauben, aber wir entdeckten auch diese Kette [13].

Im Gegensatz zu heute waren in den Jahren 1975 – 78 solch lange Ketten eine vollkommen neue und unerwartete Komponente des interstellaren Mediums, und sie lieferten ein gewaltiges Rätsel, weil es überhaupt nicht klar war, woher sie kamen. Die Quelle dieser langen Molekülen aufzudecken, wurde zu einem meiner Hauptanliegen (wenn nicht sogar zu einer Besessenheit), und zu Beginn der achtziger Jahre war ich davon überzeugt, daß die Kohlenstoffsterne mit dem so charismatischen Namen „Rote Riesen" den Schlüssel zur Erkenntnis verbargen. Besonders interessant erschien das spektakuläre infrarote Objekt IRC+10216, das unermeßliche Mengen an Ketten und Staubkörnern in den Weltraum pumpt. Vielleicht war hier eine Kohlenstoffchemie auf der Grundlage einer Symbiose von Ketten und Staub am Werk [1,9].

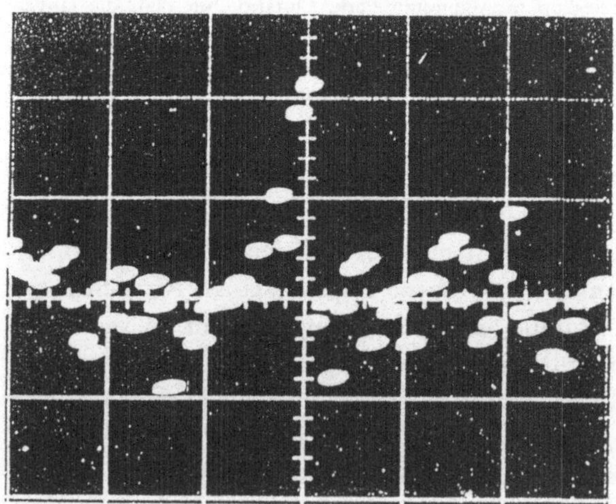

Bild 2.2: Das erste ausgegebene Radiosignal des interstellaren HC_7N in Heiles Wolke 2 im Sternbild Taurus.

Von den Sternen zu C_{60}

Mit all diesen Ideen um die Rolle des Kohlenstoffs im Weltraum im Kopf trat ich Ostern 1984 einen Besuch bei Bob Curl an der Rice Universität in Texas an. Während dieses Besuches wurde mir ein bemerkenswerter Apparat vorgestellt, ein Laserverdampfer, den Rick Smalley und seine Mitarbeiter kürzlich entwickelt hatten. Durch dieses leistungsstarke Verfahren können selbst hochschmelzende Materialien verdampft werden. Der Dampf rekondensiert sich in einem Heliumstrom zu Clustern, die dann massenspektrometrisch untersucht werden können. Diese Technik war ein großer Durchbruch in der Clusterforschung, da sie zum ersten Mal solche Cluster aus hochschmelzenden Materialien einer detaillierten Analyse zugänglich machte.

Es war für mich ziemlich faszinierend, diesen Apparat tatsächlich in Funktion zu sehen. Schon während meines Besuches überkam mich der Gedanke, daß es möglich sein müßte, durch die Benutzung von Graphit als Zielobjekt der Laservedampfung die Chemie in der Atmosphäre eines Kohlenstoffsterns zu simulieren. Vielleicht könnten wir Ketten wie Waltons Polyine von gar 24 oder 32 Kohlenstoffatomen erzeugen oder andere interessante Kohlenstoffarten wie C_{33}, das von Hintenberger und seinen Kollegen in den frühen 60ern in einer massenspektrometrischen Untersuchung von Kohlenstoffclustern in einem Lichtbogen beobachtet wurde [15]. Es lockte auch die Aussicht, die faszinierende Idee des bereits verstorbenen Alec Douglas [16] zu überprüfen, ob nicht Kohlenstoffketten die Träger der „Diffusen Interstellaren Bänder" sein könnten – einer Reihe von Absorptionsstrukturen [17], die den Astronomen und Spektroskopen seit mehr als sechzig Jahren Rätsel aufgaben.

Dies ganze Projekt stand damals nicht auf der Prioritätenliste der Cluster-Gruppe von Rice, und es mußte warten, bis sich eine geeignete Lücke dafür in ihrem Programm auftat. In der Zwischenzeit hatte eine Gruppe von Forschern der Firma Exxon grundlegende Experimente zur Graphitverdampfung durchgeführt. Im Sommer dieses Jahres (1984) veröffentlichten sie faszinierende Ergebnisse, in denen sie eine völlig neue Familie von Kohlenstoffclustern, $C_{30} - C_{190}$, vorstellten [18]. Diese aufregende Entdeckung war auch deshalb ungewöhnlich, weil nur geradzahlige Cluster entdeckt wurden. Man sollte beachten, daß zu diesem

Zeitpunkt kein spezifischer Cluster als besonders herausstechend erkannt wurde [18].

Im späten August 1985 (siebzehn Monate nach meinem Besuch an der Rice-Universität), teilte mir Curl am Telefon mit, daß schließlich und endlich meine Untersuchung der Kohlenstoffketten im Zeitplan Platz gefunden hatte und jeden Moment starten konnte. Da ich meine Experimente unbedingt persönlich anleiten wollte, packte ich meinen Koffer und flog so schnell wie möglich nach Texas. Als ich in Rice ankam, standen gerade Untersuchungen zu Silizium- und Germanium-Clustern – die als Halbleiter bedeutungsvoll sind – auf der Tagesordnung. Das Kohlenstoffprojekt mußte schnell abgeschlossen werden, um dem (angewandten!) Halbleiter-Programm so wenig Verzögerung wie möglich zuzufügen. Vorbereitende Messungen an Kohlenstoff waren bereits durchgeführt, ohne daß man etwas Außergewöhnliches bemerkt hatte – obwohl es, im Rückblick gesehen, einige Unterschiede zu den veröffentlichten Resultaten der Exxon-Gruppe gab.

Meine Experimente begannen am Samstag, den 1. September 1985. Ich arbeitete im Labor zusammen mit den Studenten Jim Heath, Yuan Liu und Sean O'Brien. Die Experimente bestätigten beinahe sofort meine

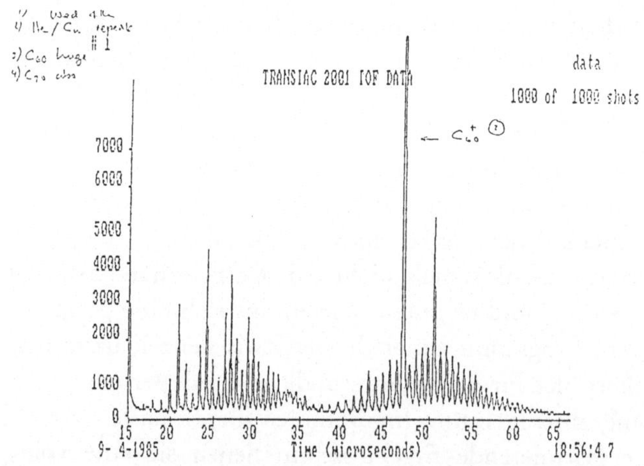

Bild 2.3: Flugzeit-Massenspektrum der Kohlenstoffcluster, die am Mittwoch, den 4. September 1985 produziert wurden – dem Tag, an dem das dominierende C_{60}-Signal erstmalig aufgezeichnet wurde (s. Bild 2.4a).

Vermutung [1,9], daß sich lange Ketten in einem Kohlenstoffplasma ähnlich zu dem in Roten Riesen bilden können. Als die Experimente jedoch immer weiter voranschritten, dämmerte es mir allmählich, daß hier etwas ziemlich Erstaunliches passierte: Wenn wir die Bedingungen von einer Messung zur nächsten veränderten, bemerkten wir einen Ausschlag der Meßinstrumente bei 720 amu[1] (was einem Kohlenstoffcluster mit 60 Atomen entspricht). Dieser „Peak" benahm sich höchst seltsam, manchmal lag er außerhalb jeder Skala, dann wieder erschien er ziemlich schwach. Das am Mittwoch, den 4. September aufgezeichnete Massenspektrum war erstaunlich, ich hielt unsere Reaktion auf meiner Kopie des Ausdrucks fest (Bild 2.3), während Heath, Liu und O'Brien sie in ihrer Laborkladde notierten (Bild 2.4). Den ganzen Samstag und Sonntag über verfeinerte Heath die Bedingungen, bis er schließlich das endgültige Spektrum erhielt (Bild 2.5), in dem C_{60} fast vierzig mal stärker war als C_{62}. Auch C_{70} war deutlich zu sehen!

Was ist C_{60} ?

Was, um alles in der Welt, konnte C_{60}(?) sein? Während der nächsten Tage setzte das Rätsel um eine schlüssige Erklärung der Struktur unserer Beobachtung eine ständige Diskussion in Gang. Am Montag, den 9. September wurde sie besonders intensiv, und wir kamen alle zu dem Schluß, daß C_{60} so etwas wie ein sphärischer Käfig sein müsse. Als eine Möglichkeit zogen wir in Betracht, daß der Laser Fetzen hexagonalen Kohlenstoffs von der Graphitoberfläche gelöst hatte und es diese heißen graphitischen Netzwerke irgendwie geschafft hatten, sich in Form eines geschlossenen Käfigs ineinander zu verwickeln – auf diese Art könnten sie die sonst für eine Bindung freiliegenden Kanten vermeiden und den ganzen Käfig zu einem nicht-reaktiven Objekt machen. In mir weckte diese Idee lebhafte Erinnerungen an Buckminster Fullers geodätische Kuppel auf der Weltausstellung 1967 in Montreal (Bild 4, Seite 10).

---

[1] „amu" bezeichnet die Atommasse eines Moleküls (**atomic mass unit**) und ist im Sprachgebrauch der Chemie so definiert, daß das Kohlenstoff 12-Isotop (^{12}C) die Atommasse 12 hat.

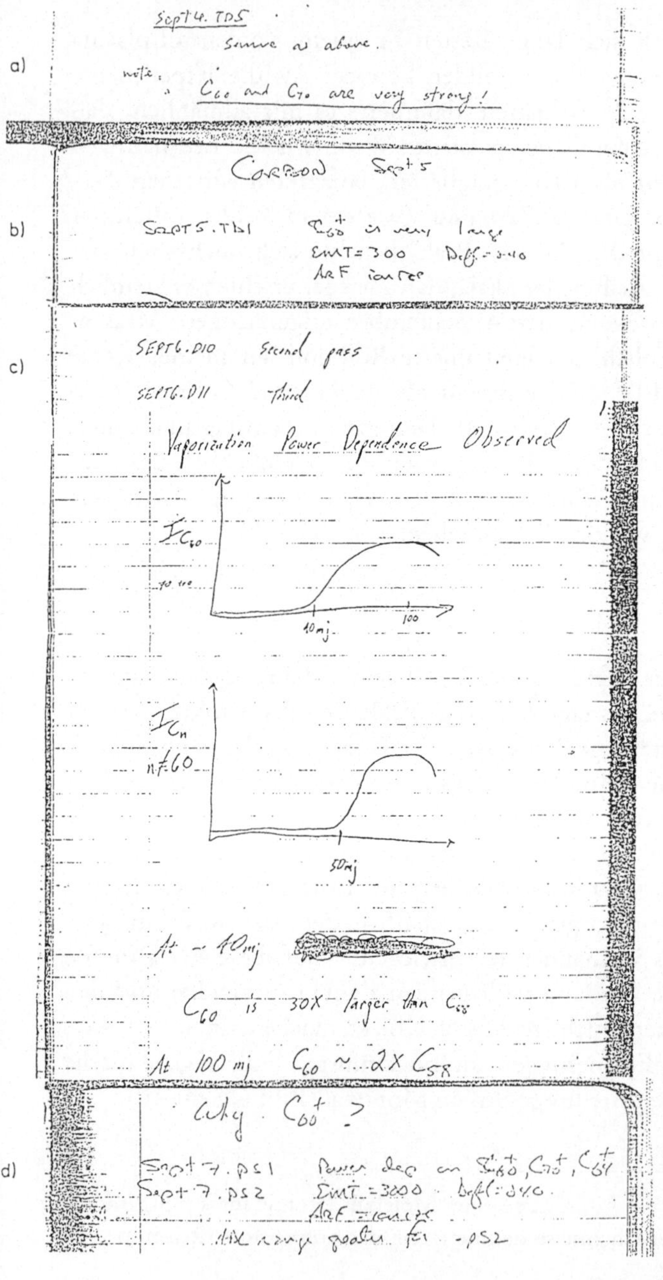

Bild 2.4:
Einträge in das Rice Laborbuch von Heath, Liu und O'Brien im Zeitraum vom 4. bis 7. September, als die Schlüsselexperimente durchgeführt wurden. a) 4.9: erste aufgezeichnete Notiz, daß C_{60} und C_{70} sehr stark sind; b) 5.9.: das C_{60}-Signal wird wieder als sehr satrk notiert; c) 6.9.: die Aufzeichnung des ersten Experiments, das speziell auf eine Optimierung der Bedingungen für die Herstellung eines dominanten C_{60}-Signals abzielte – „C_{60} ist 30mal stärker als C_{58}". d) 7.9.: Bemerkungen zu den sorgfältigen und intensiven Untersuchungen, die die schlüssigen Hinweise auf die besondere Natur von C_{60} brachten.

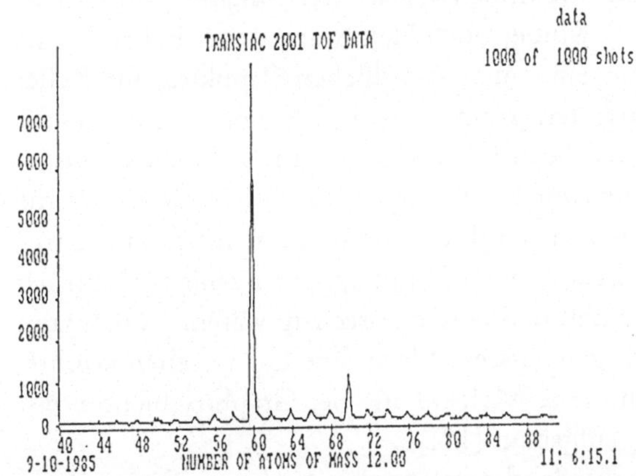

Bild 2.5: Flugzeit-Massenspektrum der Kohlenstoffcluster unter den für ie Beobachtung des dominanten C_{60}- (und C_{70}-)Signals optimierten Bedingungen.

Ich wußte noch genau, wie ich 18 Jahre zuvor im Innern dieser unglaublichen Konstruktion herumgelaufen war. Ich schob damals meinen kleinen Sohn im Kinderwagen über die Rampen und Rolltreppen bis hoch hinauf über die Ausstellungsstände, ganz nahe an dieses filigrane *hexagonale* Netzwerk aus Streben, aus denen das ganze Gefüge scheinbar ausschließlich zusammengesetzt war. Diese Erfahrung hatte in mir einen Eindruck hinterlassen, der mich nie wieder loslassen sollte. Über die Jahre hinweg sammelte ich etliche Fotografien der Kuppel, besonders beeindruckend waren die aus meinem meistgeliebten Magazin über grafische Kunst und Design *Graphics*.

Wie ich die Bilder aus *Graphics* in Erinnerung hatte, bestand die Kuppel aus einer Unzahl von Streben, die zu Sechsecken miteinander verbunden waren. Mir kam der Gedanke, daß Buckminster Fullers Kuppel vielleicht einen entscheidenden Hinweis zur Lösung unseres Rätsels um C_{60} enthalten könne. Als ich dies Smalley gegenüber erwähnte, der selbst eine Art von Maschendraht-Käfig im Sinn hatte, schlug er vor, uns ein Buch über Fuller aus der Bibliothek zu besorgen.

Mein zweiter Gedanke, der mich vor allem am Montag nicht mehr losließ, hing mit einem polyedrischen Pappmodell des Sternenhimmels zusammen. Ich hatte diese dreidimensionale Sternenkarte Jahre zuvor zusammengebaut, als meine Kinder noch klein waren. Inzwischen lag sie irgendwo tief verborgen in einer unergründlichen Pappkiste im Keller meines Hauses in England. Ich konnte mich aber noch erinnern, für mein Pappmodell nicht nur Sechsecke, sondern auch Fünfecke ausgeschnitten zu haben. Als wir zum Essen gingen, beschrieb ich Curl seine wesentlichen Eigenschaften und war drauf und dran, meine Frau anzurufen und sie zu bitten, die Ecken dieser Pappkuppel zu zählen. Denn ich hatte das unbestimmte Gefühl, daß es genau sechzig waren. Es gab zum damaligen Zeitpunkt noch ganz andere Ideen, wie C_{60} aussehen könnte. Meine dritte Idee etwa sah dieses Molekül aus vier Graphitschichten mit jeweils 6/24/24/6 Atomen aufgebaut [19].

Mein Rückflug nach England war für den nächsten Tag geplant. Um unsere außergewöhnliche Entdeckung zu feiern, lud ich die ganze Gruppe daher an diesem Montagabend in das von uns allen geliebte mexikanische Restaurant ein. Während des Essens gab es natürlich nur ein Gesprächsthema: C_{60}. Wieder und wieder kauten wir alle möglichen Strukturen durch, die während unserer Beratungen in den letzten Tagen aufgetaucht waren. Wir tendierten einmütig immer mehr zu einem *geschlossenen Käfig*. Wir redeten über Buckminster Fullers Kuppeln, Smalley über seine Maschendraht-Käfige, ich wiederholte alle Einzelheiten meines Papphimmels – seine sphärische Form ebenso wie die Tatsache, daß er neben sechseckigen auch fünfeckige Flächen besaß. Nach dem Essen gingen alle übrigen Mitglieder der Gruppe nach Hause, mich jedoch zog es noch einmal ins Labor. Ich wollte Marks' Buch über Buckminster Fuller noch einmal durchsehen, doch konnte es nirgends finden. Wieder dachte ich daran, daheim anzurufen, um Gewißheit über die Ecken der Sternenkuppel zu bekommen. Doch inzwischen war es in England bereits früher Morgen.

Auch die anderen Mitglieder der Gruppe waren in der Nacht nicht untätig gewesen. Früh am nächsten Morgen rief mich Curl an und erzählte mir, daß Smalley mit einem geodätischen Papiermodell herumexperimentiert hatte, das aus Sechsecken *und Fünfecken* zusammengebaut war, so wie ich es in der Nacht zuvor beschrieben hatte. Ich sollte so schnell wie möglich ins Labor kommen. Dort angelangt, mußte ich nur

a)

b)

Bild 2.6: Die zwei Modelle, die eine Schlüsselrolle in der Entdeckung der Struktur von C_{60} als ein gekapptes Ikosaeder (s. Text) spielten. a) Modell des Sternendoms (von Buckminster Fuller patentierte t-ikosaedrische und andere polyedrische Weltkarten-Projektionen); b) der von Smalley konstruierte Prototyp eines Modells.

einen Blick auf Smalleys Papiermodell (Bild 2.6b) werfen, um sofort begeistert zu sein. Es sah genauso aus, wie ich die Sternenkuppel in Erinnerung hatte. Ich war überwältigt von seiner Schönheit und nicht zuletzt zufrieden, daß sich zwei meiner drei Vermutungen als richtig herausgestellt hatten. Heath und seine Frau Carmen hatten ebenfalls mit einer geodätischen Struktur experimentiert. Sie war aus kleinen Bonbons und Zahnstochern zusammengebaut und nicht ganz so überzeugend [20]. Die Aufhellung der Struktur von C_{60} war, ebenso wie das entscheidende Experiment zu seiner Entdeckung die gelungene Leistung eines gesamten Teams.

Dann fanden wir heraus, daß die C_{60}-Struktur, die wir im Kopf hatten, genau die Form eines Fußballs hat. Wir kauften uns also sofort einen Fußball und stellten unsere Fünfer-Mannschaft zum Foto auf (Bild 2.7). In dem Moment, als wir den Titel des Artikels über unsere Entdeckung in den PC tippen wollten, fiel mir aus heiterem Himmel der Name *Buckminsterfullerene* ein. Mir schwirrte dabei die Erinnerung an all die Monthy-Python-Skripte im Kopf herum, die wir über Jahrzehnte für unser fakultätseigenes Kabarett in Sussex plagiert hatten. Doch der Name schien mehr als angemessen zu sein, da das Konzept der geodätischen Kuppel eine so wichtige Rolle für das Zustandekommen unserer strukturellen Lösung gespielt hatte – zumindest soweit es mich betraf. Es war eher ein zufälliges und glückliches Zusammentreffen, daß die Endung -*ene* den Namen mit der richtigen wissenschaftlichen Terminologie enden ließ und einem außerdem flüssig über die Lippen ging – zumindest in der englischen Sprache. Smalley und Curl waren zunächst alles andere als begeistert von meinem eigenwilligen Vorschlag, und es kostete etwas Überzeugungskraft, bis sie ihm schließlich zustimmten. Nachdem heute einige Zeit vergangen ist, ist es für mich immer noch erfreulich zu sehen, wie dieser anfangs doch sehr kontroverse Namen erst dafür gesorgt hat, daß sich unzählige Laien nicht nur für dieses Molekül im speziellen, sondern auch für die Chemie im allgemeinen zu interessieren begannen. Es zeigte sich später, daß der Name auch deshalb so treffend war, weil

Bild 2.7: Die fünfköpfige Rice/Sussex-Fußballmannschaft: O'Brien, Smalley, Curl, Kroto und Heath.

mit ihm die ganze Familie der geschlossenen Käfige in der Chemie benannt werden konnte – als *Fullerene* [22].

Den zehnstündigen Rückflug nach England durchlebte ich in einem physischen und psychischen Hoch. Kaum daheim angekommen, zog es mich als erstes zu dem Pappmodell meines Sternenhimmels, das uns in unserer Suche nach der Struktur von C_{60} so sehr beflügelt hatte [23]. Es hatte immer schon schön ausgesehen, doch jetzt erstrahlte es für mich in einem ganz besonderen Glanz (Bild 2.6a).

Als sich die Neuigkeiten unserer sensationellen Entdeckung verbreiteten, erfuhr ich, wie viele Forscher sich schon zuvor mit den Möglichkeiten einer solchen Struktur beschäftigt hatten. Martin Poliakoff aus Nottingham schrieb mir in einem Brief, daß sein Freund David Jones bereits an einen hohlen Kohlenstoffkäfig gedacht hatte. Jones hatte 1966 unter dem Pseudonym Daedalus einen großartigen Artikel im *New Scientist* geschrieben, in dem er anregte, die Herstellung von Graphit unter hohen Temperaturen so zu modifizieren, daß Graphitballons entstehen [24,25]. Ich stieß auf D'Arcy Thompsons elegantes Buch [26] und bemerkte, daß man alle möglichen Kohlenstoffkäfige mit einer geradzahligen Anzahl von Sechsecken schließen kann (außer einer einzigen Ausnahme, wie ich später lernte), vorausgesetzt es sind noch 12 Fünfecke an der Struktur beteiligt. Dies war, wie ich erfuhr, nichts anderes als die Aussage des Eulerschen Gesetzes, nach dem 12 Fünfecke nötig sind, um ein solches Netzwerk zu schließen – es mit Sechsecken alleine also nicht geht. Wir hörten auch davon, daß Osawa und Yoshida schon 1970 über C_{60} nachgedacht hatten und bereits damals die Idee aufbrachten, es könne „superaromatisch" sein [27,28]. Bochvar und Gal'pern [29] hatten zwei Jahre später ebenfalls einen Artikel über dieses Molekül veröffentlicht. Tatsächlich hatte bereits Orville Chapman an der Universität von Kalifornien in Los Angeles (UCLA) ein Programm in Angriff genommen, um das Molekül zu synthetisieren [30]. Obwohl es etliche hochkreative und phantasievolle Wissenschaftler gab, hatte offensichtlich niemand zuvor diese pionierhaften Höhenflüge der Imagination bemerkt.

Die Suche nach dem schlüssigen Beweis

Sollten wir tatsächlich recht haben und eine „dritte" Form des Kohlenstoffs als eine hohle, käfigähnliche Struktur entdeckt haben, gab es sofort eine naheliegende experimentelle Frage zu klären: War es möglich, ein Atom im Innern dieses Käfig einzuschließen? Heath gelang hierbei der entscheidende Durchbruch, als er einen stabilen C_{60}La-Komplexes nachweisen konnte [31]. Dieses Ergebnis lieferte das erste wirkliche Indizienstück zur Unterstützung unserer Idee eines Käfigs.

Ich war schon in den späten siebziger und frühen achtziger Jahren der Überzeugung, daß es einfach nicht genug sei, Kohlenstoffketten im Weltraum zu entdecken. Ich suchte auch Möglichkeiten, ihren kosmischen Entstehungsweg durch Experimente zu bestätigen – es war ja gerade diese mich nicht loslassende Besessenheit, die zu den entscheidenden Experimenten und der Entdeckung von C_{60} führte. Nach 1985 übertrug ich diese Einstellung auf C_{60} selbst. Die Entdeckung, daß es *wahrscheinlich* ein abgestumpfter Ikosaeder war, genügte mir nicht und im Laufe der Zeit wurde die Bestätigung dieser Struktur und ihrer Identifikation im Weltraum zu einer neuerlichen Besessenheit. Wir (die Rice-Gruppe und ich) waren von der Richtigkeit unserer Vermutung überzeugt – es war einfach zu schön, um falsch zu sein. Doch für den Fall, daß uns unser ästhetischer Sinn auf eine falsche Fährte lockte, wollten wir lieber selbst diejenigen sein, die diese Hypothese als richtig oder falsch entlarvten. Obwohl viele von C_{60} begeistert und von unserer Idee überzeugt waren, gab es etliche, die unserem Vorschlag mit viel Skepsis begegneten.

Von dem Moment an, als wir entdeckten, daß C_{60} ein stabiles Molekül ist, hatte ich nur noch einen Traum – das Rätsel um seine Struktur durch Kernresonanzspektroskopie (NMR) zu lösen. Da in einem Buckminsterfulleren alle 60 Positionen der Kohlenstoffatome zueinander äquivalent sind, sollte das ^{13}C NMR-Signal nur aus einer einzigen Linie bestehen. Doch ein so einfacher Beweis unserer gewagten Hypothese schien – fast wie der heilige Gral – weit entfernt außerhalb jeder Reichweite und sollte tatsächlich fünf Jahre auf sich warten lassen.

Im Laufe der Zeit wurden aber mehr und mehr Fortschritte gemacht. Zwischen 1985 und 1990 untersuchte ich das Problem sowohl unabhängig als auch in Zusammenarbeit mit der Rice-Gruppe, die ihre eigenen Serien von Untersuchungen anstellte. All diese Anstrengungen mündeten in einer Vielzahl überzeugender Argumente für unseren Vorschlag [32,33]. Die Idee eines Käfigs warf außerdem an vielen Stellen ein ganz neues und erhellendes Licht auf frühere Beobachtungen. Gerade dies war für mich ein ganz wichtiges Kriterium. Mir war immer noch eine Bemerkung Richard Feynmans aus einer seiner BBC-Sendungen im Ohr, daß wenn eine radikal neue Theorie richtig ist, sie einige vorher bekannte Rätsel erhellen wird. Ich leitete daraus meinen eigenen Maßstab ab: Falls eine Idee zu 80–90 % der bekannten rätselhaften Beobachtungen paßt, ist sie wahrscheinlich richtig. Muß man sie jedoch verbiegen, um mehr als 10–20 % dieser Beobachtungen zu entsprechen, ist sie mit großer Sicherheit falsch. Buckminsterfullerene lebten eindeutig auf der sicheren Seite der ersten Kategorie.

Ich erinnere mich noch lebhaft an den Tag, als sich alle meine Zweifel in Luft auflösten. Ich saß an meinem Schreibtisch und grübelte darüber nach, warum C_{60} stabil sein könnte. Das letzte und entscheidende Stück meines ganz persönlichen Puzzles stellte sich als so einfach heraus, daß es fast einem Kinderspiel glich. Tatsächlich entwickelte es sich aus dem Herumspielen mit molekularen Modellen verschiedener möglicher Käfige. Die Lösung hing letztendlich mit dem C_{70}-Signal zusammen, das immer auch dort auftauchte, wo C_{60} sichtbar war. Ich nannte die beiden für mich schon „Lone Ranger und Toto", nach zwei Kinohelden meiner Kindheit, weil sie so unzertrennlich waren und sich C_{60} immer als der Stärkere gegenüber dem schwächeren C_{70} wies (Bilder 2.3 und 2.5).

Es konnte kein Zufall sein, daß der Fußball dasselbe Design hatte wie C_{60}. Vielleicht enthielt der Fußball selbst einen entscheidenden Hinweis auf die Besonderheiten dieser Form? Als ich ihn mir genauer anschaute, stach mir sofort eine Eigentümlichkeit ins Auge: Alle (schwarzen) Fünfecke des Fußballs sind voneinander isoliert, wohingegen die (weißen) Sechsecke zusammenhingen. Nun ist es eine wohlbekannte Tatsache, daß chemische Verbindungen mit aneinandergrenzenden Fünfecken (die Pentalenkonfigurationen) ohne besondere Kunstgriffe, etwa zusätzliche Substituenten, zur Instabilität neigen. Außerdem hatte ich ja (von Daedalus und Thompson [24–26]) gelernt, daß – egal wie viele Sechsecke präsent sind – Eulers Gesetz zeigt, daß 12 Fünfecke für eine geschlossene Form absolut notwendig sind. Da an jedem Fünfeck eines Kohlenstoffkäfigs ein Atom hängt, war es also offensichtlich, daß C_{60} der kleinste geschlossene Käfig sein müßte, in dem alle Fünfecke isoliert sind – denn $5 \times 12 = 60$. Mir erschien diese Rechnung im Zusammenhang mit C_{60} als das logische Gegenstück der Gleichung $2 + 2 = 4$. Die vor allem von O'Brien durchgeführten Reaktivitätsexperimente [31] hatten uns davon überzeugt, daß es möglich und sogar wahrscheinlich war, daß alle geradzahligen Cluster geschlossen sind. Ich vermutete also, daß die Stabilität von C_{60} durch ein solch einfaches Prinzip von *isolierten Fünfecken* erklärt werden könne.

Dies warf natürlich sofort die Frage auf, welcher Käfig der nächste Kandidat mit isolierten Fünfecken sei. Die Bastelei mit den Modellen überzeugte mich, daß es nicht C_{62} war, und auch für C_{64}, C_{66} und C_{68} konnte ich beim besten Willen keine geschlossene Form mit isolierten Fünfecken finden. Eine Struktur für C_{70} hatten wir uns bereits vorgestellt, nachdem Smalley gezeigt hatte, daß man C_{60} in zwei Halbkugeln zerlegen kann, in die haargenau ein Ring von zehn Kohlenstoffatomen paßt, wodurch eine elegante symmetrische Eiform entsteht (Bild 2.8b). Mir kam der Gedanke, daß vielleicht C_{70} dieser *zweite* Käfig mit isolierten Fünfecken sein könne. Dies überraschte mich im ersten Moment, und dann dämmerte es mir, daß meine Vermutung – wäre sie richtig – auf wunderbare Weise erklären würde, warum stets auch C_{70} in den Signalen erkennbar war (Bild 2.3 und 2.5). Meine Aufregung stieg, als mir klar wurde, daß meine Hypothese – sollte sie sich tatsächlich bestätigen – das bis dahin eleganteste und überzeugendste Argument für das gesamte

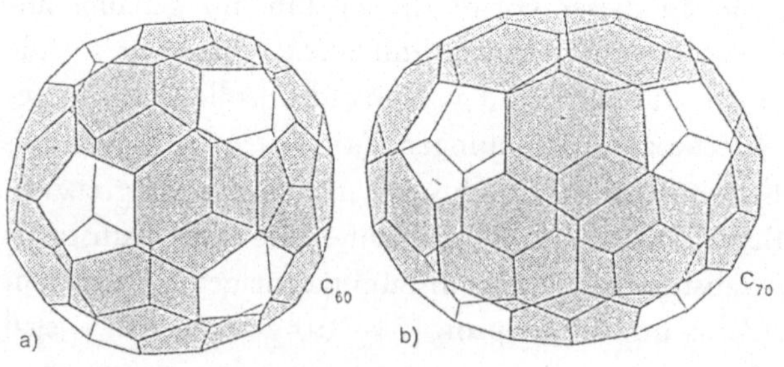

Bild 2.8:
Für Strukturen mit weniger als 72 Atomen sind diese beiden die einzig möglichen, in denen keine Fünfecke aneinander grenzen.

Konzept der geschlossenen Form im allgemeinen und der Strukur von C_{60} als Buckminsterfulleren im speziellen darstellen würde.

Wir hatten uns mit unseren Ideen zu C_{60} weit aus dem Fenster gehängt – und das nur auf der Grundlage eines einzigen massenspektrometrischen Peaks. Doch nun schien es, als ob unsere Vermutung eines geschlossenen Käfigs zwangsläufig erforderte, das C_{60} *und* C_{70} etwas Besonderes sind [34] – dies wäre einfach großartig. Eine andere Lösung, die diesen *beiden* magischen Zahlen eine solche Schlüsselrolle zuwies, erschien undenkbar, vor allem weil die Zahl 70 alles andere als magisch erscheint. Ich war mir sicher, daß die Natur nicht so pervers sein würde, und zum allerersten Mal war ich von unserer Struktur felsenfest überzeugt und davon, daß wir eines Tages bestätigt werden würden. In meinen Augen waren wir bereits über den Berg. Um meine Vermutung abzusichern, bat ich Tom Schmalz und dessen Kollegen Klein, Hite und andere in Galveston um Hilfe, die sich aus graphentheoretischer Sicht mit den Fullerenen beschäftigten. Sie waren bereits von ganz anderer Seite auf dieselbe Schlußfolgerung gekommen, daß C_{70} tatsächlich der nächstgrößere Käfig (nach C_{60}) mit isolierten Fünfecken ist.

Eines Sonntagnachmittags, als daheim der Couchtisch mal wieder mit Molekülmodellen übersät war, beschloß ich, andere mögliche Fulleren-Strukturen zu untersuchen. Insbesondere suchte ich nach einer Struktur für das interessante C_{32}, das nach den Arbeiten von O'Brien und seinen Kollegen [31] als der kleinstmögliche Käfig erschien, der überhaupt existieren konnte. Als ich meinte, ich hätte die Struktur gefunden, zählte ich die Ecken meines Modells zusammen und kam auf 28 Atome – vier zu wenig. Tatsächlich hatte ich einen wunderbaren, symmetrischen C_{28}-Käfig zusammengebaut (Bild 2.9) und fragte mich sofort, ob dieser nicht die Erklärung eines starken C_{28}-Signals sein könnte, das wir gelegentlich beobachteten. Weitere Modellbaukünste eröffneten eine mögliche Erklärung dafür, daß unter bestimmten Bedingungen die ganze Gruppe C_{24}, C_{28}, C_{32}, C_{50}, C_{60} und C_{70} allesamt „magisch" waren. C_{28} wurde zu meinem eigenen persönlichen Favoriten dieser Serie, da es – egal entlang welcher seiner vier dreizähligen Achsen man dieses tetraedrische Molekül auch betrachtete – in einer schon unheimlichen Weise wie Gombergs berühmte freies Radikal Triphenylmethyl aussah, es mußte

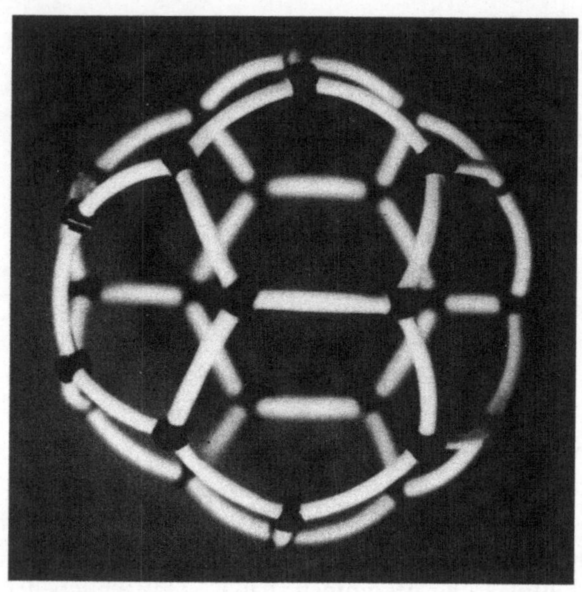

Bild 2.9:
Das molekulare Modell von C_{28} – einem der vielen Fullerene (mit 24, 28, 32, 50, 70 Atomen), die auf der Basis geodätischer und chemischer Überlegungen als stabil vorhergesagt wurden [34].

also einfach richtig sein. (Mich hatte immer schon die Vorstellung amüsiert, wie Gomberg in seinem Versuch, das eher profane Molekül Hexaphenylethan herzustellen, (kläglich) scheiterte, statt dessen das Radikal Triphenylmethyl erzeugte und sich damit trösten mußte, als Vater der Chemie der freien Radikale in die Geschichte einzugehen. Diese Art von Scheitern gefiel mir.) Neben dieser bizarren Form hatte der C_{28}-Käfig außerdem einzelne Elektronen vom Typ sp^3 an seinen vier tetraedrischen Ecken. Dies bedeutete, daß $C_{28}H_4$ ein ziemlich stabiles Hydrofulleren sein sollte, fast ein tetraedrisches Cluster-Ebenbild des sp^3-Kohlenstoffatoms selbst – eine Art „Kohlenstoff-Überatom".

Etwa zu dieser Zeit führte ich ein Telefongespräch mit Alex Nickson über Fragen der Nomenklatur, in dem wir zu dem Schluß kamen, daß der Name „Fullerene" gut für die ganze Familie der Kohlenstoffkäfige passen würde [22]. Mir gefiel diese Verfeinerung unserer Idee – der Name erschien auch deshalb so angebracht, weil Buckminster Fuller Konstruktionen aller Form und Größe hatte patentieren lassen, die auf dem 5/6-Ring-Prinzip basierten [36]; einige dieser Formen zeigten eine erstaunliche Ähnlichkeit zu dem langgestreckten C_{70}.

Eines Tages beschloß ich 300 £ in Zehntausende von kleinen Modellen des sp^2-Kohlenstoffatoms zu investieren, nur weil ich wissen wollte, wie ein riesiges Fulleren wie C_{6000} (zehnmal größer als C_{60}) aussieht. Der Doktorand Ken McKay bekam Coxeters Buch [37] und Goldbergs Artikel [38] in die Hand gedrückt und machte sich an die Arbeit. Als er in mein Büro kam mit einem Modell von C_{540} in den Händen (Bild 2.10), war ich begeistert von seiner Schönheit und gleichzeitig verdutzt über die Tatsache, daß es nicht die perfekte runde Form von Buckminster Fullers Kuppeln hatte. Es war tatsächlich auf eine ganz interessante Art verschieden. Im Grunde genommen war es eine geschlossene Oberfläche mit sichtbaren Ausbuchtungen in der Nähe der Fünfecke, es hatte eine ikosaedrische Symmetrie – war aber kein Ikosaeder [39]. Dann bemerkten wir, daß diese Form einige wundervolle Muster aus elektronenmikroskopischen Aufnahmen von Graphitmikropartikeln erklären konnte [39], die Iijima publiziert hatte [40]. Als konzentrische graphitische Schalen in der Form von Riesenfullerenen ließen sich diese Mikropartikel wunderbar verstehen. Wenige unserer Entdeckungen haben mir eine größere persönliche Befriedigung bereitet als diese For-

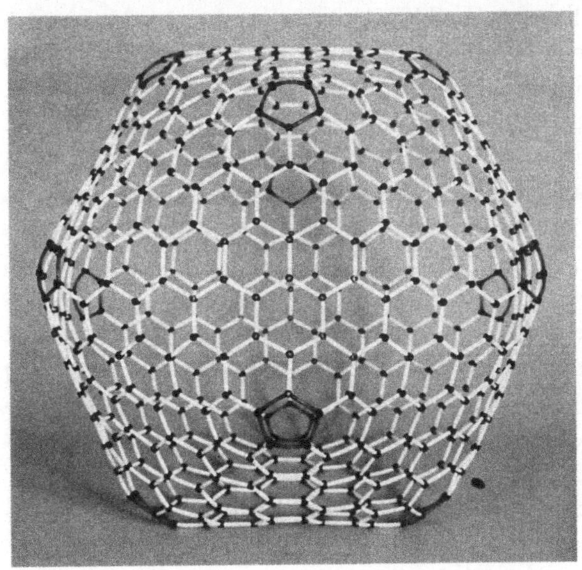

Bild 2.10:
Modellstruktur des
Riesenfullerens C_{540}.

men, teilweise weil sie so elegante Objekte waren, aber auch weil wir den ganzen Versuch ihrer Konstruktion aus reinem Vergnügen, ohne ein ernsthaftes Ziel gestartet hatten und dennoch zu einem so wichtigen Resultat gelangten.

Das Rennen um C_{60}

Gegen Ende des Jahres 1989 schien es mir, daß wir genügend Argumente in der Hand hatten, um unseren Strukturvorschlag zu bestätigen, dennoch brauchten wir allmählich eine wirkliche Probe von C_{60} – nicht nur einen Hauch in einem Heliumwind. In einem Projekt, das ich mit Ken McKay begonnen hatte, untersuchten wir elektronenmikroskopisch Filme, die durch einen Kohlelichtbogen unter Helium in einer alten Vakuumpumpe erzeugt wurden. Wir fanden heraus, daß sich bei einem höheren Heliumdruck die Mikrostruktur des Films veränderte. Das Quadrupol-Massenspektromenter, mit dem ich aufzeichnen wollte, ob C_{60} im Experiment entsteht oder nicht, war der wesentliche Bestandteil eines bescheidenen Forschungsantrages zu diesem Projekt, das aber keinerlei Unterstützung eines Geldgebers fand. Dann schickte mir Michael Jura (von der Astronomie-Fakultät der UCLA) im September 1989 eine mich nachdenklich stimmende Arbeit [41], die Krätschmer, Fostiropoulos und Huffman auf einem Symposium zu Interstellarem Staub vorgestellt hatten. Sie hatten bei der Analyse eines unter einem Kohlelichtbogen erzeugten Graphitfilms vier schwache, aber deutlich wahrnehmbare Infrarot(IR)-Absorptionslinien beobachtet, die mit den Buckminsterfullerenen verführerisch gut übereinstimmten. Aus theoretischen Untersuchungen [42] wußte man, daß C_{60} vier solche Linien zeigen sollte. Noch wichtiger war, daß auch die beobachteten Frequenzen ziemlich gut mit der Theorie zusammenpaßten. Ich war skeptisch gegenüber ihren Ergebnissen und gleichzeitig etwas verärgert, denn hatten nicht McKay und ich auf genau die gleiche Weise zwei, drei Jahre zuvor eine Asche in einer Glasglocke hergestellt, als ich das Projekt initiierte, für das ich *immer noch* eine Förderung suchte?

Dennoch faszinierte mich die Arbeit und ich beschloß, die betagte und halbverfallene Glasglocke wieder zum Leben zu erwecken. Zusammen mit Jonathan Hare versuchte ich, die IR-Linien zu reproduzieren.

Dies war gerade zu einer Zeit, als ein neues Projekt für ein Fortgeschrittenenpraktikum benötigt wurde. Es macht nichts, wie ich finde, ob solche Praktika zu konkreten Ergebnissen führen; sie sollen den Studenten ein Gefühl von dem Geschmack und der Aufregung echter Forschung vermitteln, also der Erfahrung, im Dunkeln zu arbeiten und nicht – wie es allzu oft passiert – verzweifelt um jeden Preis nach Ergebnissen zu suchen! Ich hatte auf diese Weise schon häufig die spekulativsten Projekte auf die Beine gestellt und immer wieder die Erfahrung gemacht, daß sich wichtige und aufregende Untersuchungen aus solch unheilverheißenden Anfängen entwickelt hatten. Dies Projekt schien daher ideal für Amit Sakars Fortgeschrittenenpraktikum zu sein, und er ließ sich gemeinsam mit Hare auf diese hochgradig spekulativen Untersuchungen ein.

Schon bald gelang es Hare und Sakar, die IR-Banden zu bekommen (Bild 2.11). Die veraltete Apparatur löste sich prompt in ihre Einzelteile auf. Nachdem Hare sie sorgfältig wieder zusammengesetzt hatte, variierte er jeden nur möglichen experimentellen Parameter und entwickelte schließlich das notwendige Geschick, um Filme herzustellen, die die vielsagenden IR-Absorptionen konsistent reproduzierten. Wir mußten wirklich einen anderen Weg finden, um unsere Proben zu untersuchen, daher versuchten wir es mit Massenspektroskopie. Ala'a Abdul-Sada half uns dabei, und wir erhielten schließlich das in Bild 2.12 gezeigte Massenspektrum.

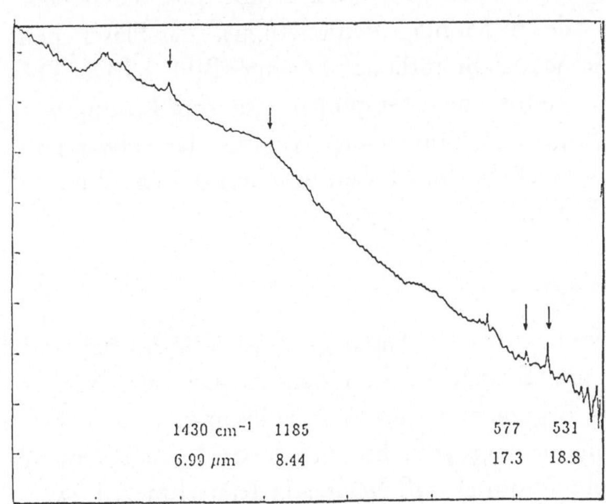

Bild 2.11:
Infrarotspektrum eines Kohlenstoffilms, den Hare und Sarkar aus einem Lichtbogenexperiment gewannen und der einen schwachen, aber deutlichen (und bestätigenden) Hinweis auf die Merkmale lieferte, die Krätschmer et al. [44] beobachtet und in vorsichtiger Weise in Zusammenhang mit C_{60} gebracht hatten.

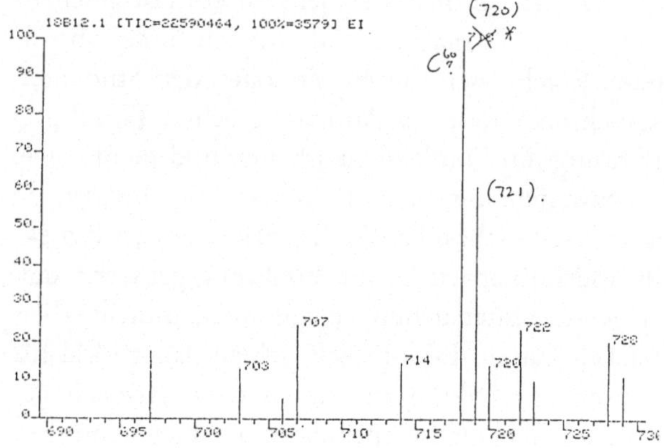

Bild 2.12: Von Abdul-Sada am 23. Juli in Sussex gewonnenes Massenspektrum einer Rußablagerung aus einem Lichtbogen-Experiment.

Zum ersten Mal hatten wir einen überzeugenden Nachweis für die Präsenz von C_{60}. Während dieser Zeit hatten wir oft darüber diskutiert, von welcher Form C_{60} sein könne: Würde es ein hochschmelzender Festkörper oder eine Flüssigkeit sein? Wäre es löslich? Benzol war ein wahrscheinlicher Kandidat für ein Lösungsmittel von C_{60}, da es von fast allen Seiten (oder zumindest von 20) wie C_{60} aussah. Glücklicherweise war Hare, ein unverbesserlicher Optimist, davon überzeugt, C_{60} gefunden zu haben und stellte am Freitag, den 3. August eine Mischung aus Ruß und Benzol in einem kleinen Glasfläschchen her, das er über das Wochenende beiseite stellte. Als er mir am Montag (den 6. August) das Fläschchen überreichte, enthielt es eine „leicht rötliche" Lösung (Bild 2.13c). Die Verwandlung von absolut unlöslichem Graphit in eine rote Lösung war kaum zu glauben. Am folgenden Donnerstag dampfte Hare etwas von der Lösung ein, um zu versuchen, das Massenspektrum des extrahierten Materials zu gewinnen (Bild 2.13d).

Der dramatische Endspurt

Am nächsten Morgen (Freitag, den 10. August) rief mich Philip Ball von der Zeitschrift *Nature* an. Er bat mich, einen Artikel der Heidelberg/Tuscon-Gruppe zu begutachten. Ich war vollkommen unvorbereitet auf das Fax, das mich mittags erreichte und dessen Botschaft mich wie ein Blitz aus heiterem Himmel traf. Wolfgang Krätschmer, Lowell

possible issue of FAB Mass Spect.   26/7/90.

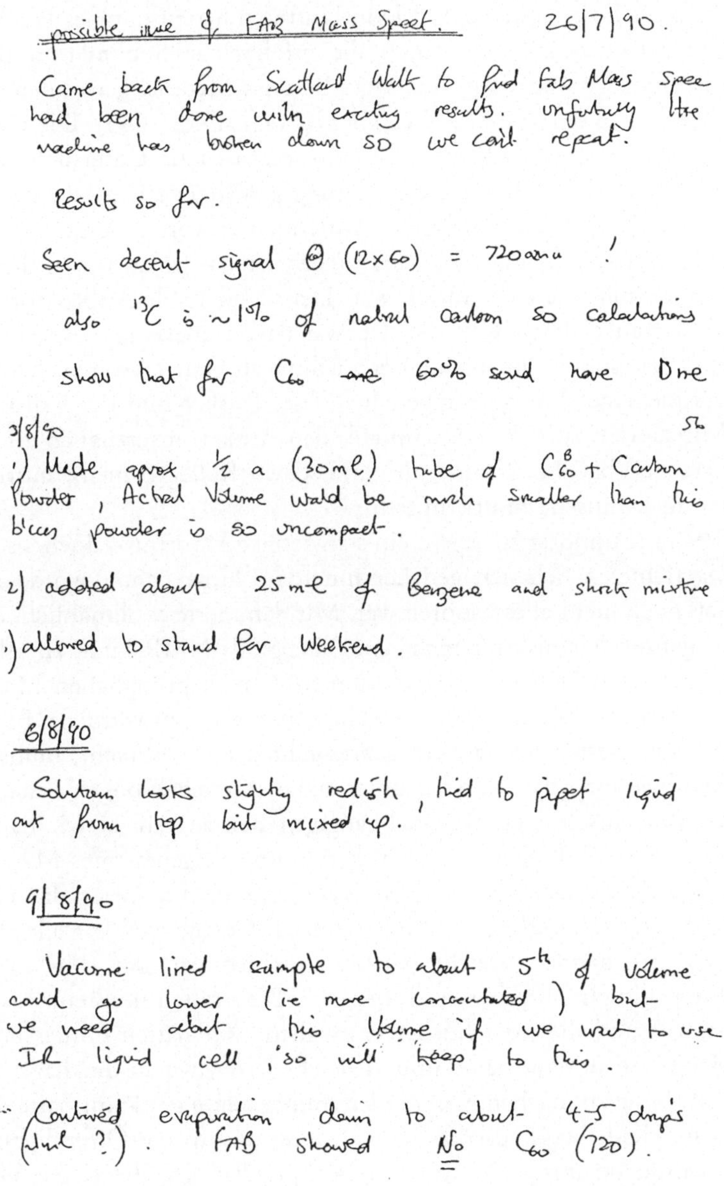

Came back from Scotland Walk to find Fab Mass Spec
had been done with exciting results. unfortully the
machine has broken down so we can't repeat.

Results so far.

Seen decent signal @ (12 × 60) = 720 amu !

also ^{13}C is ~1% of natural carbon so calculations

show that for C_{60} one 60% should have one

3/8/90 S_6
1) Made aprox ½ a (30 ml) tube of C_{60}^{B} + Carbon
Powder , Actual Volume would be much smaller than this
b'cos powder is so uncompact.

2) added about 25 ml of Benzene and shook mixture

3) allowed to stand for weekend.

6/8/90

Solution looks slightly reddish , tried to pipet liquid
out from top but mixed up.

9/ 8/90

Vacume lined sample to about 5th of Volume
could go lower (ie more concentrated) but
we need about this Volume if we want to use
IR liquid cell , so will keep to this .

Continued evapuration down to about 4-5 drops
(3 ml ?) .   FAB showed No C_{60} (720).

Bild 2.13: Einträge von Hare in sein Laborbuch vom 26.7., 3.8., 6.8. und 9.8.1990.

Lamb, Kostas Fostiropoulos und Don Huffman hatten in einer Fortführung ihrer früheren Arbeit durch die erfolgreiche Sublimation ihrer Kohlenstoffablagerungen ein flüchtiges braunes Material gewonnen, das sich in Benzol zu einer ROTEN LÖSUNG (!!!!) auflöste [43]. Die Daten von Röntgen- und elektronendiffraktrometrischen Untersuchungen sprachen dafür, daß sich aus dieser Lösung gewonnene Kristalle aus kugelförmigen Molekülen mit einem Durchmesser von 7 Å und einem Abstand von untereinander 3 Å zusammensetzten – genau wie es für die Buckminsterfullerene zu erwarten war. Der wundervolle Artikel enthielt sogar Fotografien dieser Kristalle. Ich war davon überzeugt, daß sie C_{60} isoliert hatten und wir knapp auf der Ziellinie abgefangen waren. Ich war ziemlich niedergeschmettert angesichts dieses Fiaskos und rief Ball nach dem Mittagessen zurück. Ich empfahl, den Artikel unverzüglich zu akzeptieren, und bat ihn, Krätschmer und seinen Kollegen meine aufrichtigsten Glückwünsche zu übermitteln.

Dies war, unnötig zu sagen, ein schwieriger Moment – doch als ich den angerichteten Schaden genauer unter die Lupe nahm, wurde mir klar, daß noch nicht alles verloren war. Mir dämmerte es allmählich, daß in dem ganzen Manuskript nicht eine einzige (!) NMR-Linie zu sehen war (es gab auch kein Massenspektrum in dem ursprünglichen Manuskript – obwohl massenspektrometrische Daten erwähnt wurden). Bis zu diesem Punkt hatten wir fast ein ganzes Jahr damit verbracht, mühsam zu lernen, wie man das Material unter einem Kohlelichtbogen herstellt, und ich wog unsere eigenen, unabhängigen Beiträge ab: a) wir hatten unseren eigenen Ruß erzeugt und b) hatten unser eigenes rotes Material durch Lösungsmittelextraktion gewonnen; und all dies bevor das Heidelberg/Tuscon-Manuskript in Sussex eintraf. Gerade weil wir alles unabhängig voneinander erreicht hatten, entschied ich, daß wir unsere Bemühungen nicht aufgeben und um jeden Preis retten mußten, was zu retten war – und dies so schnell wie möglich. Wir hatten immer noch eine Menge auf unserer Seite, und vielleicht waren wir in der Lage, die NMR-Messung zu machen, von der ich immer schon geträumt hatte. Da jedoch die Heidelberg/Tuscon-Untersuchung nun in die Öffentlichkeit drang, würde sie innerhalb von Stunden per Fax um die ganze Welt reisen. Ich hatte mich immer bemüht, solche Situationen schieren Wettbewerbs zu vermeiden, meine Philosophie war es stets, in einem solchen Gebiet zu forschen, in dem nur wenig andere, am liebsten niemand sonst arbeitet. Dies bot, wie mir schien, die größte Wahrscheinlichkeit für unerwartete Entdeckungen.

Doch damit unsere fünfjährigen Anstrengungen nicht umsonst blieben, mußten wir schnell reagieren. Jetzt mußte ein dramatischer Schlußspurt einsetzen, da das Material leicht herzustellen war und es nicht mehr lange dauern konnte, bis andere Gruppen – weit besser ausgerüstet als wir – erkannten, daß NMR-Messungen den letzten großen Preis darstellten, den es in der Geschichte der Entdeckung um C_{60} noch zu erringen gab. Unser einziger, unschätzbarer Vorteil war, daß Hare das Material bereits in einer vernünftigen Größenordnung hergestellt hatte und daß zu diesem Zeitpunkt niemand außer der Heidelberg/Tuscon-Gruppe sonst etwas davon hatte.

Wir brauchten Hilfe, und zwar schnell; Roger Taylor, ein Kollege in Sussex, lieferte das verzweifelt benötigte Fachwissen – Taylor trennte das Material schnell und effizient, und wir erhielten ein Massenspektrum. Neben C_{60} zeigte sich hierin auch deutlich C_{70}. Taylor fand heraus, daß das Extrakt in Hexan löslich war und sah sich in der Lage, die Fullerene vielleicht chromatographisch zu trennen. Zu seiner Freude entdeckte er, daß die Lösung sich auf einer Aluminiumsäule in zwei Bänder auftrennte: ein rotes und ein fuchsinrotes Band. In der Zartheit ihrer Farbe war die fuchsinrote Fraktion ein Genuß für das Auge. Sie zeigte ein massenspektrometrisches Signal von 720 amu und wir schickten sie zur NMR-Analyse an Tony Avent. Er rief uns herbei, um unsere einzelne Linie (Bild 2.14) zu sehen, die, wie er uns versicherte, unzweifelhaft vorhanden war. Da war sie also, eine Linie so klein, daß wir ein Mikroskop brauchten, um sie zu sehen! Konnte dieser unscheinbare kleine Zacken wirklich die Linie sein, von der ich fünf Jahre lang geträumt hatte? Weitere Arbeit bestätigte sie auf wundervolle Weise als das Ergebnis, nach dem wir die ganzen Jahre so vergeblich gesucht hatten [45]. Die Freude darüber verdrängte fast alle Verzweiflung, die ich beim ersten Lesen des Artikels von Krätschmer und seinen Coautoren [41] gefühlt hatte. C_{70} stellte sich als das Sahnehäubchen auf dem Kuchen heraus. Die weinrote Fraktion, die das blasse Fuchsinrot des C_{60} maskiert hatte, führte zu einem massen-

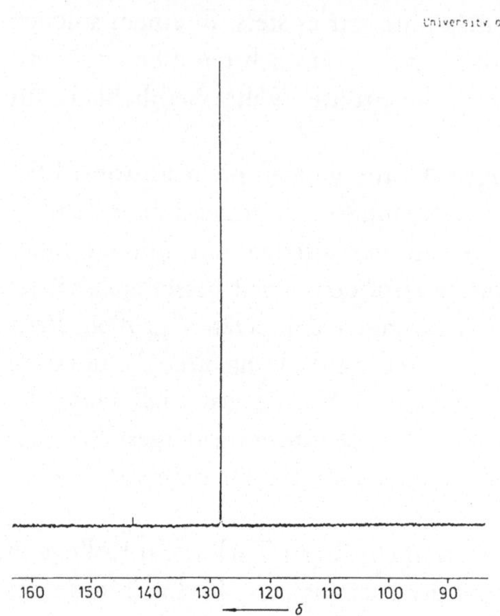

160   150   140   130   120   110   100   90
$\longrightarrow \delta$

Bild 2.14:
Das erste NMR-Signal, in dem die C_{60}-Resonanz (bei 143 ppm) zuerst identifiziert wurde Die deutliche Linie bei 128 ppm stammt (wie passend) von einer Resonanz des Benzols.

spektrometrischen Peak bei 840 amu. Dieser war eindeutig C_{70} zuzuordnen, das entsprechend der erwarteten Struktur (Bild 2.8) ein aus fünf Linien bestehendes ^{13}C NMR-Spektrum zeigen sollte. Noch wichtiger war die Tatsache, daß das Spektrum die Fullerenkäfige als ein Substanzklasse allgemein bestätigte. Wie wir schon lange vermutet hatten, war es nun klar, daß eine ganze Heerschar stabiler Fullerene darauf wartete, entdeckt zu werden [45].

Epilog

Seit Graphitballons und C_{60} selbst in den Köpfen von Jones, Osawa, Yoshida, Bochvar, Gal'pern und Chapman herumgeisterten [24,25,27–30], hat es viele wichtige – experimentelle und theoretische – Beiträge zu diesem ersten Kapitel der Buckminsterfulleren-Story gegeben. Diese wurden kürzlich in einem ausführlichen Überblick dargestellt [45]. Bild 2.8 zeigt ein Foto des Rice/Sussex-Teams. Dieses Team, wie auch eines der „Sussex Buccaneers"[2] sowie das aus Heidelberg/Tuscon, haben viele Tore in einem Fußballspiel erzielt, das gerade abgepfiffen wurde. Zahlreiche neue Teams beginnen nun mit einem aufregenden, aber anderen Spiel [45]. In Sussex wird eine ganze Bandbreite von chemischen und Materialeigenschaften der Fullerene untersucht [46].

Neben dem Erfolg, der in der Beobachtung der „einsamen" NMR-Linie lag, bereiteten mir zwei Dinge eine tiefe Freude: Erstens die Tatsache, daß C_{60} von solch wundervoller Farbe war und es außerdem zuerst in Sussex gesehen wurde. Das zweite ist, daß wir das Material unabhängig in Sussex extrahiert hatten. Offensichtlich schien niemand außer uns und Meijer und Bethune von IBM [47] die frühen Heidelberg/Tuscon-IR-Beobachtungen (vom September 1989) verfolgt zu haben. Im Rückblick finde ich dies erstaunlich; vielleicht lag es daran, daß die Arbeit in der Astronomie-Literatur veröffentlicht wurde, doch wahrscheinlich liegt der Grund darin, daß Forschung heutzutage unter einem „Anwendungsdruck" betrieben wird und durchdrungen ist von der Angst des Scheiterns. Für viele Forscher sind dies dem Erfolg der Wissenschaft abträgliche Faktoren. Diese Situation wird noch durch die geldgebenden Institutionen verstärkt, die mit monotoner Beharrlichkeit auf die sogenannte „Wertschöpfung" hinweisen, so daß sich nur wenige Forscher den Luxus leisten können, im Dunkeln zu arbeiten. Nur für denjenigen, der keine Idee hat, wo der Weg hinführt, verkörpert Forschung noch den wahren Geist des wissenschaftlichen Abenteuers, und erst diese Sichtweise hat – historisch gesehen – die wirklichen Geheimnisse aufgedeckt und letztlich den großen Reichtum fundamentaler Fortschritte geschaffen. Eine neue „Postbuckminsterfulleren"-Welt der runden Organischen Chemie und Materialwissenschaften wurde über Nacht entdeckt. Fast jeden Tag erscheinen zwei oder mehr Artikel über einen neuen Aspekt der Fullerene.

Das ganze Programm entstand aus einem Interesse für die grundlegenden Aspekte molekularer Dynamik, verbunden mit der Suche, den Ursprung der Kohlenstoffketten im Weltraum und ihre möglichen Beziehungen zu zirkumstellaren und interstellaren Staubpartikeln wie auch

---

[2] "Buccaneers" bezeichnen im Englischen Piraten und Freibeuter [Anm. d. Red.]

Ruß zu verstehen [1,9]. Auch Krätschmer, Huffman und ihre Mitarbeiter fanden ihre ursprüngliche Motivation in der Faszination des interstellaren Staubs. Abschließend sei noch bemerkt, daß C_{60} schon vor 30 bis 50 Jahre hätte entdeckt werden können, hätten angewandte Wissenschaftler den Ruß einer Flamme genauer untersucht! Die Entdeckung der Fullerene ist also ein strahlendes Zeugnis für die Stärke der *reinen Grundlagenforschung* und sollte als rechtzeitige Warnung dafür dienen, daß die Grundlagenforschung dort Ergebnisse erzielen kann, wo die angewandte Wissenschaft offensichtlich gescheitert ist.

Danksagung

Bedeutende Beiträge entstanden in den Forschungsprogrammen der Universität von Sussex (Brighton, Großbritannien), dem National Research Counsil (Ottawa, Kanada), der Rice Universität (Houston, Texas, USA), dem Max-Planck-Institut für Kernphysik (Heidelberg) und der Universität von Arizona (Tuscon, USA). Die Entdeckung von C_{60} ist ein Tribut nicht nur an den internationalen Geist der Wissenschaft, sondern auch an die Notwendigkeit interdisziplinärer Kooperation. Der Beitrag, den Sussex zu dieser Geschichte leistete, begann als eine Folge des „Chemistry by Thesis"-Studiengangs, der von Colin Eaborn ins Leben gerufen wurde und es Studenten (wie Anthony Alexander) ermöglichte, Forschung unter der Betreuung mehrerer Fachgebiete zu betreiben. Der Beitrag von Sussex wäre nie möglich gewesen, wäre die Chemie dort streng in die traditionellen Teilgebiete Organische, Anorganische und Physikalische Chemie aufgeteilt. Ich bekam ebenfalls hilfreiche Unterstützung von den Astronomen in Sussex – insbesondere Bill McCrea und Robert Smith. Die Kohlenstoffentdeckungen resultieren aus einem Forschungsprogramm, das in der Synthesechemie begonnen hat (mit David Walton, Anthony Alexander und Colin Kirby) und sich über die Spektroskopie und Quantenmechanik zur Radioastronomie entwickelte (mit Takesi Oka, Lorne Avery, Norm Broten und John McLeod vom NRC). Es kehrte zurück zur Erde und zur chemischen Physik (mit Jim Heath, Sean O'Brien, Yuan Liu, Bob Curl und Rick Smalley von der Rice Universität). In der letzten Phase kam der entscheidende Hinweis von Michael Jura (Astronom an der UCLA), und ich nahm ein Projekt wieder auf (mit Jonathan Hare, Amit Sakar, Ala'a Abdul Sada, Roger Taylor und David Walton), das ich ursprünglich mit Ken McKay begonnen hatte. Meinen großen Dank möchte ich auch an viele andere richten, die mir geholfen haben, vor allem Steve Wood von der British Gas, der uns in den kritischsten Momenten ebenso zur Seite stand wie etliche andere, die eine indirekte Rolle gespielt haben, wie insbesondere Roger Suffolk, Doktoranden und Post-Docs.

Kapitel 3

Fullerene und die Erforschung des interstellaren Staubs
Wolfgang Krätschmer

„What else could it be other than C_{60}?"
Donald R. Huffman, 1988

C_{60}, das interessanteste und faszinierendste Molekül in der Familie der Fullerene, wurde 1985 von Harold Kroto entdeckt, als er zusammen mit Richard Smalley und dessen Arbeitsgruppe den Dampf von Graphit massenspektrometrisch untersuchte. Wie Harold Kroto im vorherigen Kapitel beschreibt, fand das englisch-amerikanische Forscherteam sodann, daß das C_{60}-Molekül außerordentlich stabil ist und schlug deshalb eine entsprechend robuste Struktur vor, nämlich die eines Fußballs [1]. Diese griffige Form ist sicherlich einer der vielen Gründe, warum C_{60} und die Fullerene so unglaublich populär geworden sind. Die von Kroto und Smalley betriebene Massenspektrometrie ist so empfindlich, daß einige tausend Moleküle zum Nachweis ausreichen – das sind unwägbar kleine Mengen. Um den Beweis für die Fußballstruktur von C_{60} zu erbringen, sind dagegen präparative, wägbare Mengen der C_{60}-Substanz erforderlich.

Es erschien zunächst unmöglich, diese Quantitäten zu erhalten. Einige sehr kompetente organische Chemiker haben seither (und hatten auch schon vorher) vergeblich versucht, Fußball-C_{60} zu synthetisieren. Es entbehrt nicht einer gewissen Ironie, daß es uns, einer Gruppe von Physikern, schließlich gelungen ist. Aus dieser Tatsache kann man schon erahnen, daß das Syntheseverfahren nicht sehr kompliziert sein kann – es ist tatsächlich sehr simpel und in Schulversuchen leicht nachvollziehbar. Daß aufregende Ergebnisse in der Grundlagenforschung mit so einfachen Mitteln gewonnen werden konnten, hat auch uns sehr überrascht.

Es drängt sich die Frage auf, warum diese Art Kohlenstoff nicht schon längst entdeckt wurde. Bereits um die Jahrhundertwende haben einige Forscher erfolglos versucht, Kohlenstoff bei Atmosphärendruck in der Hitze eines Lichtbogens zu verflüssigen und dabei Bedingungen geschaffen, unter denen mit Sicherheit Fullerene entstanden sind [2]. Bei diesen und ähnlichen Gelegenheiten in jüngerer Zeit hat man die C_{60} Entdeckung versäumt – zu unserem Glück! Wie so oft, war bei alledem – dem Versäumen und dem schließlichen Entdecken – der Zufall im Spiel. Der Zufall wird meist unterschätzt. Er ist sogar unerwünscht, weil er dem Bedürfnis der Geldgeber- und Forschungsbürokratie nach Planung zuwiderläuft. Der Zufall ist aber eine der Einrichtungen, die nicht nur in der biologischen, sondern auch der wissenschaftlichen Evolution zu wirklich neuen, unerwarteten Lösungen führt. Die Geschichten, die sich um die Entdeckung und Synthese der Fullerene ranken, enthalten eine solche Kette von glücklichen Zufällen, daß Wissenschaftstheoretiker, Buchautoren und Journalisten, gleichermaßen davon fasziniert, Artikel und sogar Bücher darüber geschrieben haben. Der Leser möge mir daher nachsehen, daß ich dazu nicht mehr als nötig bemerke und auf die Literatur verweise [3].

Wichtig erscheint mir allerdings festzustellen, daß beides, nämlich die Entdeckung der Fullerene als Moleküle und die Entdeckung ihrer Synthese, die Frucht von Bemühungen war, interstellare Materie im Labor nachzumachen. Harold Kroto interessierte eigentlich die Entstehung von interstellaren Kohlenstoffmolekülen und uns die Zusammensetzung des interstellaren Staubs. Diesmal war es sicherlich kein Zufall, daß beide Wege der Bemühungen am Ende zu den Fullerenen führten. Die Methoden, mit der man diese exotische Materie herstellt, sind eben auch entsprechend außergewöhnlich.

Interstellarer Staub im Labor

Im September 1982 saßen Donald R. Huffman und ich in meinem Büro im Max-Planck-Institut für Kernphysik zusammen, blickten durch das Fenster in die spätsommerliche Waldlandschaft am Heidelberger Königstuhl und überlegten, was wir forschen sollten. Huffman, Professor für Physik an der Universität von Arizona in Tucson, hatte den „Alexander von Humboldt"-Preis erhalten, welcher ihm einen einjährigen Forschungsaufenthalt in Deutschland ermöglichte. Er plante die meiste Zeit an unserem Institut zu verbringen. Diese Absicht kam nicht von ungefähr. Ich kannte Huffman bereits seit 1977 von einem eigenen Forschungsaufenthalt in Arizona. Damals sollte ich mich am Heidelberger Max-Planck-Institut mit der Erforschung interstellaren Staubs befassen und – da Huffman sich bereits auf diesem Gebiet einen Namen gemacht hatte – ging ich bei ihm sozusagen in die Lehre.

Als Festkörperphysiker hatte sich Huffman ganz der Erforschung kleiner Teilchen verschrieben. Er betrachtete den interstellaren Raum als ein ideales Großlabor, in dem die Natur optische Experimente an Systemen solcher kleinen Teilchen durchführt, deren Resultate von Astronomen beobachtet werden können [4]. Die klare Wüstenluft in der Umgebung von Tucson und die zahlreichen nahen Observatorien, wie etwa das auf dem Kitt-Peak, bieten natürlich zu solchen Studien die richtige Anregung. Wer einmal den faszinierenden Sternenhimmel in einer Wüste erlebt hat, wird mir sicher zustimmen.

Huffman war voller Tatendrang. Er schrieb flugs eine Liste von möglichen Projekten an die Tafel. Wir diskutierten die Vorschläge durch, bis einige wenige übrigblieben, die – wie uns damals schien – in einem Jahr abgearbeitet werden konnten. Diese Liste blieb für lange Zeit auf der Tafel unausgelöscht stehen, gewissermaßen zur mahnenden Erinnerung. Das Thema, daß schließlich die höchste Forschungspriorität bekam, hieß „220 nm feature". Der folgende Abschnitt soll erklären, was es damit auf sich hat.

Die interstellaren Absorptionen

Ungefähr seit der Jahrhundertwende weiß man, daß der Weltraum nicht absolut leer ist, sondern Materie in Form von Gas und Staub enthält. Sehr verdünnte Materie zwar, die nach Maßstäben der Labors einem Super-Ultra-Hochvakuum entspricht, doch genügend, um sich bei den sprichwörtlichen astronomischen Entfernungen deutlich bemerkbar zu machen. Eines der bekanntesten „staubigen" Objekte am Himmel ist in Bild 3.1 abgebildet. Es ist der sogenannte „Pferdekopfnebel" im Sternbild Orion. Das Objekt befindet sich in der Nähe der Sternengruppe, die

Bild 3.1: Der sogenannte Pferdekopfnebel im Sternbild Orion. Man erkennt eine interstellare Staubwolke, die das Licht der dahinterliegenden Sterne abschwächt. Im Mittel befinden sich in einem Kubikkilometer des interstellaren Mediums einige Hundert Staubteilchen von ungefähr 0,1 µm Durchmesser. Der diffuse Lichtfleck ist ein sogenannter Reflexionsnebel. Hier wird das Licht eines helleren Sterns von den Staubteilchen in der Wolke zurückgestreut.

man als „Gürtel des Orion" bezeichnet. In der Abbildung erkennt man die Front einer interstellaren Staubwolke mit einem pferdekopfförmigen Filament, das in den staubfreien Bereich hineinragt.

In der interstellaren Materie sind insgesamt etwa zehn Prozent der Sternenmasse unserer Galaxis enthalten. Sie ist – wie auch die Sterne selbst – innerhalb der schüsselförmigen Mittelebene unseres Milchstraßensystems konzentriert. Ihre räumliche Verteilung in diesem Gebiet ist nicht sehr gleichmäßig – es gibt alle Zwischenstufen von dichten Wolken (in denen neue Sterne entstehen) und von Supernova-Schockwellen (die das Vergehen von Sternen begleiten) leergefegten Bereichen. Das interstellare Gas besteht vornehmlich aus Wasserstoff und Helium. Auf die Staubteilchen entfällt ein Anteil von etwa ein Prozent der Gasmasse. Staub und Gas kommen stets zusammen vor: Wo im Weltraum viel Gas ist, das heißt etwa in dichten Wolken, da ist auch die Staubkonzentration groß. Der Staub stammt hauptsächlich von den Sternen. In den relativ kühlen Atmosphären einiger Sterne können nämlich Staubteilchen (etwa als Oxide oder Silizide) auskondensieren und durch Sternenwinde und Strahlungsdruck in den Weltraum abgeblasen werden. Auch mehr dramatische Ereignisse, wie Sternexplosionen, liefern Staub in Hülle und Fülle. Der Sternenstaub enthält auch die von den Sternen erbrüteten schweren Elemente wie etwa Kohlenstoff, Sauerstoff, Eisen, Magnesium, Silizium usw., die bei der Entstehung des Kosmos im Urknall zunächst nicht vorhanden waren. Unsere Sonne, unsere Erde und wir selbst bestehen aus Elementen, die im Innern der Sterne einer früheren Generation entstanden sind und danach im Weltraum verteilt wurden.

Beobachtet man Sterne, die innerhalb der galaktischen Ebene liegen und wie die in Bild 3.1 vom interstellaren Medium abgedunkelt sind, so stellt man fest, daß deren Licht nicht bei allen Wellenlängen gleichmäßig, sondern in ganz charakteristischer Weise abgeschwächt wird. Der blaue Spektralanteil der Sterne wird stärker absorbiert als der rote oder, mit anderen Worten ausgedrückt, die abgedunkelten Sterne erscheinen auch gerötet. Dieser Effekt stammt von interstellaren Staubteilchen. Partikel mit Durchmessern im Bereich kleiner oder maximal gleich etwa 0,1 µm (die Wellenlänge sichtbaren Lichts beträgt etwa 0,5 µm) streuen nämlich das blaue Licht stärker als das rote. Das Rötungsphänomen ist im Alltag bekannt: Der Sonnenauf- bzw. Untergang kann rot erscheinen, wenn Dunstteilchen in der Atmosphäre den blauen Anteil des Sonnenlichts aus dem Sehstrahl herausstreuen. Zigarettenrauch ist deswegen „blauer Dunst", weil der blaue Anteil im Streulicht der Rauchteilchen überwiegt. Hindernisse im Luftraum, wie hohe Türme oder Schornsteine haben rote Warnlampen, weil diese Farbe Nebel und Dunst weiter durchdringt als das Blaue. Schließlich beruht die blaue Himmelsfarbe auf Streuung von Sonnenlicht an sehr kleinen Teilchen, nämlich an Luftmolekülen.

Das interstellare Medium kann man detailliert spektroskopieren, indem man die darin befindlichen Sterne als Lichtquellen benutzt. Im Idealfall betrachtet man zwei Sterne mit gleichen Spektren, die aber in verschiedenen Himmelsgegenden stehen, dergestalt, daß das Licht von dem einen Stern („Probenstern") durch viel, das Licht des anderen („Referenzstern") durch wenig oder gar keine interstellare Materie strahlt. Man kann dazu auch Sterne in unterschiedlicher, aber bekannter Entfernung verwenden und die Lichtabnahme aufgrund der unterschiedlichen Distanz berücksichtigen. Das Verhältnis der spektralen Intensitäten von Proben- zu Referenzstern liefert das Absorptionsspektrum der interstellaren Materie. Spektroskopiert man so entlang der verschiedensten Raumrichtungen in der Umgebung unserer Sonne, erhält man ein gemitteltes Spektrum, das in Bild 3.2 gezeigt ist. Es stellt das Absorptionspektrum der interstellaren Materie bezogen auf eine Schichtdicke von 3 260 Lichtjahren (1 kpc) dar. Um die Dichte des interstellaren Mediums zu verdeutlichen: Diese Schicht entspricht einer etwa 5 cm langen Säule aus Wasserstoffgas (gerechnet auf Normaldruck und Zimmertemperatur) und enthält so viel interstellaren Staub, daß er in abgesetzter Form einer etwa 0,5 µm dicken Lage entspräche. Das interstellare Medium ist daher so sehr voller Smog, daß in ihm die Sichtweite – bezogen auf die Verhältnisse in unserer Atmosphäre – nur wenige Zentimeter betragen würde!

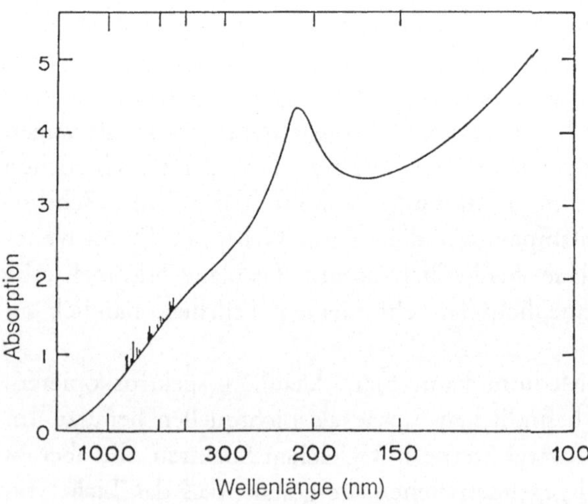

Bild 3.2:
Das mittlere Absorptionsspektrum des interstellaren Mediums im UV-VIS-Bereich. Als Schichtdicke wurde eine Entfernung von 3 200 Lichtjahren zugrunde gelegt.

Aus Bild 3.2 erkennt man, daß das interstellare Absorptionsspektrum aus einem Kontinuum und aus diskreten Absorptionsstrukturen (engl. „features") besteht. Die kontinuierliche Absorption, die mit abnehmender Wellenlänge wächst, stammt vom interstellaren Staub. Leider ist der Anstieg zu unspezifisch und man erfährt dadurch nicht, woraus der Staub besteht. Dagegen enthalten die „features", die dem Kontinuum aufgesetzt sind, sehr konkrete Aussagen über die chemische Zusammensetzung der interstellaren Materie. Man erkennt zum Beispiel eine breite Absorption bei 220 nm und im Bereich des sichtbaren Lichts (400-800 nm) viele schmale linienartige Absorptionen. Letztere sind die sogenannten „diffusen interstellaren Bänder". Dies sind die Absorptionen, die es zu interpretieren gilt.

Das „220 nm feature" ist die intensivste interstellare Absorption. Ihr Maximum liegt nicht genau bei 220, sondern bei 217 Nanometern Wellenlänge, aber aus historischen Gründen beläßt man es bei der Bezeichnung. Diese Absorption wurde in den sechziger Jahren entdeckt, als man erstmalig mit hochfliegenden Raketen oberhalb der die ultraviolette Strahlung absorbierenden Erdatmosphäre Beobachtungen von Sternen durchführte [5]. Der Stoff, welcher diese Absorption verursacht, ist bis heute nicht mit Sicherheit bekannt; aber schon die Entdecker der 220 nm Absorption vermuteten Staubteilchen aus Graphit – eine Hypothese, die sich bis heute gehalten hat. Die Astronomen haben gefunden, daß die Wellenlängenposition dieser Absorption außerordentlich konstant ist, während die Breiten der Absoptionsprofile zwischen 35 und 50 nm variieren können, je nachdem welche der verschiedenen interstellaren Wolken man betrachtet [6]. In den Augen vieler Astrophysiker spricht die Konstanz der Position mehr für molekulare Absorber als für Staubteilchen. Wie dem auch immer sei, die 220 nm Absorption ist außerordentlich stark. Aus diesem Grunde können nur die kosmisch häufigsten Elemente daran beteiligt sein: Wasserstoff, Kohlenstoff und Sauerstoff.

Die diffusen interstellaren Bänder stellen ein gesondertes Problem dar. Deren Erzeugermaterial und das der 220 nm Struktur sind wahrscheinlich verschieden. Die stärksten diffusen interstellaren Absorptionen wurden bereits in den zwanziger Jahren entdeckt. Sie sind alle viel breiter (daher der Beiname „diffus") als die interstellaren Absorptionslinien von bekannten Atomen oder Molekülen. Inzwischen hat man etwa 100 der diffusen Linien gefunden und weiß immer noch nicht, was diese Absorptionen verursacht: Moleküle oder Staubteilchen – beides ist möglich. In letzter Zeit favorisiert man molekulare Träger in Form von größeren Kohlenstoff- oder Kohlenwasserstoffmolekülen, etwa lineare Ketten [7], mono- bzw. polycyclische Ringe [8] oder Fullerene [9]. Die diffusen Bändern stellen das älteste ungelöste Rätsel der astrophysikalischen Spektroskopie dar, und deren Deutung ist für die Laborforscher natürlich eine entsprechende Herausforderung.

Optik kleiner Teilchen

Die Spektroskopie von kleinen Teilchen hat – gegenüber der von einzelnen, isolierten Atomen oder Molekülen – einige Besonderheiten, die mit kollektiven Erscheinungen zusammenhängen, an denen alle Atome bzw. Moleküle im Teilchen gemeinsam mitwirken. Ein Festkörper (etwa ein Stück Glas) ist in der Lage, einen Lichtstrahl aus seiner ursprünglichen Richtung abzulenken. Dieses Phänomen nennt man Brechung. Außerdem kann der Lichtstrahl beim Durchgang durch den Festkörper an Intensität verlieren, er wird absorbiert. Brechung und Absorption bzw. Brechungsindex (n) und Absorptionskoeffizient (k) zusammen beschreiben die optischen Eigenschaften das Festkörpers vollständig.

In der physikalischen Praxis hat es sich als hilfreich erwiesen, statt des Größenpaares n und k die beiden sogenannten dielektrischen Funktionen ε_1 und ε_2 einzuführen, die mit den Polarisierbarkeiten der Elektronen und Atome im Molekül in Zusammenhang stehen. Grob kann man sagen, daß ε_1 so etwas wie der Brechungsindex, ε_2 so etwas wie der Absorptionskoeffizient ist. Die dadurch beschriebenen Phänomene lassen sich mikroskopisch deuten. Durch die einfallende Lichtwelle werden Schwingungen von geladenen Teilchen innerhalb der Moleküle des Festkörpers angeregt, die dadurch ihrerseits Streu- bzw. Sekundärwellen aussenden. Die Überlagerung der vielen Sekundär- oder Streuwellen im Festkörper mit der Welle des einfallenden Lichts bewirkt die Lichtbrechung. Brechung und auch Absorption stellen somit kollektive Phänomene dar, die durch das Zusammenwirken vieler Atome oder Moleküle bzw. deren Elektronen zustande kommen.

Diese Größen sind nicht konstant, sondern von der Frequenz bzw. Wellenlänge des Strahlung abhängig. In verschiedenen Frequenzbereichen wirken unterschiedliche Arten der Anregung. Im ultravioletten Bereich sind es die Atomelektronen, die vom Licht zu Schwingungen in ihren Bahnen angeregt werden, und im infraroten vibrieren einzelne Atome oder Atomgruppen der Moleküle. Wie in jedem schwingungsfähigen System treten auch bei Atomen bzw. Molekülen Resonanzen auf, in denen sich die elektromagnetischen Wellen anfachen. In der Umgebung dieser Frequenzen bzw. Wellenlängen zeigen sich charakteristische Änderungen im Brechungsindex und Absorptionskoeffizient bzw. von ε_1 und ε_2. In Abhängigkeit von der Frequenz durchläuft ε_2 ein Maximum, und ε_1 macht einen charakteristischen S-förmigen „Schlenker", d.h. verläuft mit steigender Frequenz von höheren zu niedrigeren Werten. Bild 3.3 zeigt den typischen Verlauf von ε_1 und ε_2 in der Umgebung einer Resonanz. Man achte auf den Frequenzbereich, in dem ε_1 negativ ist. Es stellt sich nämlich heraus, daß Festkörper in diesem Bereich infolge kollektiver Resonanzen besonders stark absorbieren können. Wie schon erwähnt, sind starke Absorber gefragt, wenn man zum Beispiel die interstellaren Spektren deuten will. Deswegen ist genau dieser Frequenz- oder Wellenlängenbereich für die Staubspektroskopie wichtig.

Die Absorptionen im Festkörper sind natürlich mit denen der Atome oder Moleküle verwandt, aus denen er sich zusammensetzt. So liegen die IR-Absorptionen von beispielsweise gasförmigem CO_2 dicht bei den Absorptionen von Trockeneis, also festem CO_2. Man kann aber spektroskopisch zwischen beiden Zuständen unterscheiden, denn die Absorptionslinien eines freien Moleküls sind üblicherweise enger, die eines Festkörpers, bestehend aus denselben Molekülen, sind sehr viel breiter. Dies kommt durch die Wechselwirkung der Moleküle untereinander zustande. In der Optik kleiner Teilchen gibt es aber den überraschenden Effekt, daß die Wellenlänge des Absorptionsmaximums nicht immer konstant zu sein braucht, sondern entscheidend von der Form des Teilchens abhängen kann. Hier kommen nun die erwähnten dielektrischen Funktionen ins Spiel. Die Verhältnisse sind in Bild 3.3 skizziert [10]. Es stellt sich heraus, daß je nach Teilchenform eines oder sogar mehrere Asorptionsmaxima existieren können, die aber alle in dem Bereich liegen, in

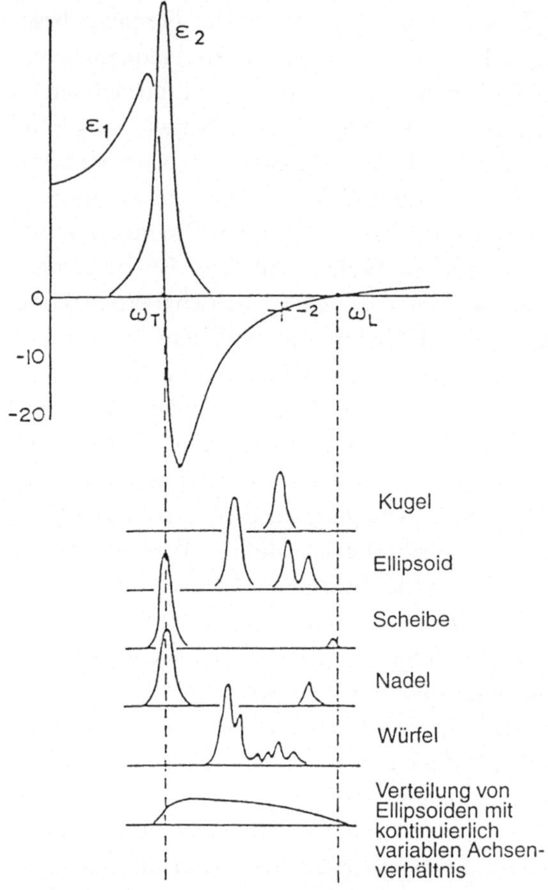

Bild 3.3:
Der ungefähre Verlauf der dielektrischen Funktionen ε_1 und ε_2 in einer Festkörper-Absorption als Funktion der Lichtwellenfrequenz bzw. Wellenlänge.

dem ε_1 negativ ist. Bei einer Kugelform liegt das Maximum etwa in der Mitte des Bereichs. Im Extremfall einer Population platten- oder nadelförmiger Teilchen liegen die Maxima näher an den Bereichsenden. Man beachte, daß verglichen mit den anderen Formen, kugelförmige Teilchen ein relativ enges Linienprofil haben.

Der Wellenlängenbereich, innerhalb dessen Formeffekte die Teilchenabsorption verschieben, kann recht groß sein. Im astrophysikalisch interessanten Falle von Graphit liegt er zwischen 350 bis 200 nm. Das ist

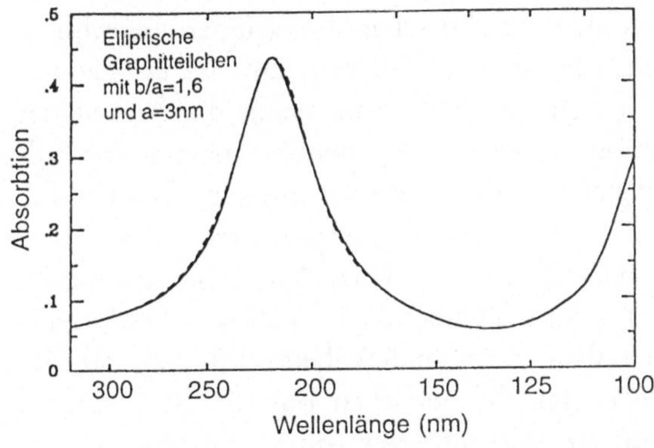

Bild 3.4:
Die interstellare 220 nm Absorption im Vergleich zu der theoretisch berechneten Absorption von kleinen Modellteilchen aus einkristallinem Graphit.

ein extrem weites Wellenlängengebiet! Will man das interstellare 220 nm feature mit Graphitteilchen erklären, müssen diese Teilchen alle fast kugelrund sein, andernfalls würde die Absorptionstruktur zu breit werden und nicht mit den Beobachtungen zusammenpassen. Das Resultat von theoretisch berechneten Staubteilchenabsorption für Graphit ist in Bild 3.4 dargestellt und mit dem Profil des interstellaren 220 nm features verglichen [11]. Die Teilchen können bestenfalls leicht elliptisch sein, wie in Bild 3.4 gezeigt.

Die Gegner der interstellaren Graphitteilchen-Hypothese haben solchen Rechnungen stets mißtraut. Sie fragten zu Recht, wie der wunderbar feine Schichten bildende Graphit ausgerechnet Kugeln formen soll – ebene Plättchen wären doch viel wahrscheinlicher. Dieser Einwand kann im Lichte der neuen Erkenntnis, daß es runden „Graphit" in Form der Fullerene gibt, nicht mehr gelten. Daher wurde gleich nach der Entdeckung der Fullerene spekuliert, daß diese die Träger der 220 nm Absorption seien. Leider haben sich diese Annahmen bisher nicht bestätigt. Die Fullerene C_{60} und C_{70} zeigen im Absorptionsspektrum zwar tatsächlich ein starkes Maximum bei 220 nm, aber es gibt ebenfalls intensive Nebenmaxima im Spektrum, die nicht zu der interstellaren Absorption passen (vgl. Bild 3.6). Für die Fulleren-Anhänger ist damit der Fall aber noch lange nicht verloren: Die von Daniel Ugarte entdeckten Zwiebel-Fullerene (die in er Kapitel 5 beschreibt) könnten genau die Teilchen sein, die interstellaren Graphitteilchen entsprechen.

Die optischen Eigenschaften von Staubteilchen lassen sich aus deren

Materialeigenschaften, also den dielektrischen Funktionen berechnen. Jedoch wird man bei den sehr kleinen Teilchen, auf die es hier ankommt, an eine Grenze stoßen, nämlich dann, wenn die Anzahl der Atome an der Oberfläche des Teilchens vergleichbar mit der im Teilcheninneren ist. Bei Kohlenstoffpartikeln mit 10 nm Durchmesser befinden sich bereits etwa 10 % der Atome des Teilchens auf dessen Oberfläche. Bei so kleinen Partikeln können deren Materialeigenschaften nicht mehr denen des – im Idealfall unendlich großen – Festkörpers gleichen. Bei vielen Materialien, insbesondere beim Schichtgitter des Graphit kommt noch hinzu, daß die optischen Eigenschaften entlang verschiedener Kristallrichtungen stark unterschiedlich sein können. Sowohl diese wie auch die Teilchengrößeneffekte sind nicht leicht in Rechnungen zu berücksichtigen.

Um daher verläßliche Aussagen über das Absorptionsverhalten nanometergroßer Partikel zu machen, ist man auf Laborversuche angewiesen, bei denen man solche kleinen Teilchen erzeugt und spektroskopiert. Allerdings bieten Laborversuche kein Allheilmittel zur Problemlösung. Im Gegenteil, sie haben ebenfalls ihre Tücken: Die im Labor produzierten Teilchen neigen zum Zusammenklumpen – es bilden sich Teilchencluster verschiedenster Struktur. Infolge der oben beschriebenen Formeffekte produzieren solche Aggregate von kleinen Teilchen andere Absorptionsspektren als es die voneinander isolierten Einzelteilchen zeigen würden. Die Interpretation von Laborspektren ist daher auch oft problematisch.

Laborspektren von Rußteilchen

Erste Spektren von Aggregaten graphitischer Teilchen wurden Mitte der sechziger Jahre von Bertram Donn [5] und dann später von Donald R. Huffman gewonnen [12]. Sie zeigten, daß die Graphitteilchen-Hypothese für die interstellare 220 nm Absorption stimmen könnte. Das Hauptproblem bestand in der viel zu großen Breite der Laborteilchenabsorption. Huffman und ich erhofften uns durch einen neuen, systematischeren experimentellen Anlauf detaillierte Aussagen.

Zur Erzeugung der kleinen graphitischen Teilchen bedienten wir uns der alten Methode, Kohlenstoff in einer Edelgasatmosphäre zu ver-

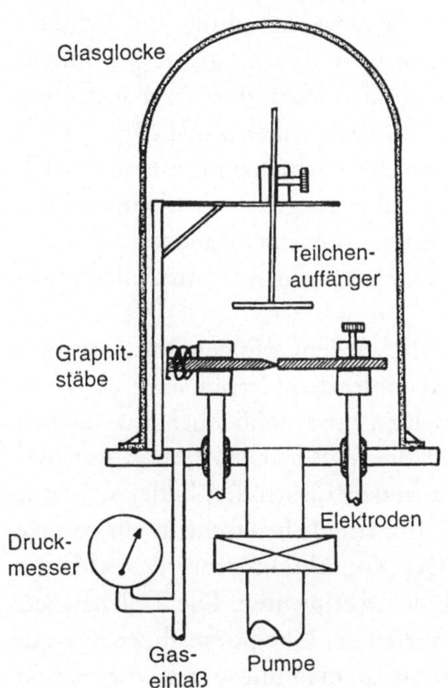

Bild 3.5:
Schema einer Kohlenstoff-Auf-
dampfanlage.

dampfen. Wir benutzten dazu eine kommerzielle Aufdampfanlage, wie sie in vielen physikalischen Instituten verwendet wird, um dünne Filme oder Schichten herzustellen. Das Gerät bestand aus einer Grundplatte mit elektrischen Durchführungen zu einem aufmontierten Verdampfer, sowie einem Rezipienten in Form einer Glasglocke, die über das Ganze gestülpt werden konnte. Der Rezipient konnte evakuiert und/oder mit Gas gefüllt werden. Die Apparatur ist in Bild 3.5 skizziert.

Die Kohleverdampfung erfolgte durch einen starken elektrischen Strom, der durch zwei, in Berührungskontakt stehende Elektroden aus Graphit geschickt wurde. Dadurch erwärmt sich das Elektrodenmaterial so stark (Temperaturen zwischen 2 500 und 3 000 °C), daß es verdampft. Man weiß, daß der Graphitdampf aus atomarem und molekularem Kohlenstoff besteht. Bei den verwendeten Temperaturen um 3 000 °C sind atomarer Kohlenstoff, sowie die Moleküle C_2 und C_3 die häufigsten Spezies in der Dampfphase. Noch größere Moleküle kommen praktisch nicht vor. Führt man die Kohleverdampfung im Vakuum durch, fliegen die Kohlenstoffatome bzw. -moleküle gegen die Innenwände des Vakuumrezipienten und kondensieren dort in Form eines Aufdampffilms. Füllt man hingegen den Rezipienten mit Edelgas (etwa mit Helium), so stoßen die Dampfmoleküle sehr häufig mit den Edelgasatomen zusammen und kühlen sich dabei ab, gehen aber keine chemische Verbindung ein. Wenn sie hingegen mit einem anderen Kohlenstoffmolekül kollidieren, verbinden sie sich miteinander und bilden größere Einheiten, etwa C_4, C_5, C_6 usw.

Dieses Molekülwachstum kann sehr effizient erfolgen und dazu führen, daß bereits in der Nähe der verdampfenden Graphitstäbe die Kohlenstoffmoleküle lawinenartig anwachsen und schließlich zu kleinen Teilchen auskondensieren. Man sieht diesen Effekt sehr schön mit bloßem Auge: In der Nähe der hell glühenden Elektroden bildet sich eine Wolke aus diesen kleinen Teilchen. Im Streulicht erscheint die Wolke blau, ähnlich wie Zigarettenrauch. Der Konvektionsstrom des erhitzten Heliumgases treibt die Wolke durch den Rezipienten. Die Teilchen setzen sich danach als Rußschicht im Inneren der Glasglocke ab, ebenso auf Glasscheiben oder anderen optisch transparenten Substraten, die man in den Rezipienten einbringt, um die Staubschicht zu spektroskopieren oder anderweitig zu untersuchen.

Elektronenmikroskopische Aufnahmen von Rußproben zeigen lokkere Aggregate runder, etwa 10 nm großer Teilchen. Die UV-Spektren der Staubschichten haben üblicherweise einen einzigen Peak, der in der Nähe von 230 nm sein Maximum hat. Er ist allerdings viel breiter als die interstellare Absorption (siehe Bild 3.6). Wir haben in unseren Experimentreihen den Grund dafür nicht genau herausfinden können. Sicherlich trägt die Verklumpung der Teilchen einiges zur der exzessiven Breite der Absorption bei. Andere Beobachtungen deuten an, daß Lage und Form des Absorptionprofils auch wesentlich von der Struktur der Teichen (d.h. den Grad der Graphitisierung) abhängt. Verringert man etwa den Kühlgasdruck, erhält man Spektren, die ihr Maximum bei 200 bis 210 nm, d.h. bei kürzeren Wellenlängen zeigen. Alle Indizien sprechen dafür, daß diese „Niederdruck"-Teilchen sehr wenig graphitisiert sind. Tempert man dagegen die Rußteilchen bei Temperaturen von mehr als

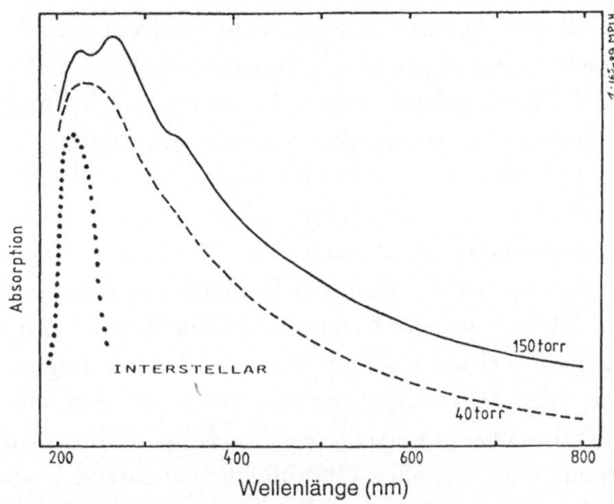

Bild 3.6:
Das Spektrum der auf einem Träger aufgefangenen Rußteilchen in UV-VIS-Bereich. Man beachte, wie schmal die interstellare 220 nm Absorption im Vergleich zum Rußspektrum ist.

2 000 °C – wie es Daniel Ugarte und seine Mitarbeiter in neuster Zeit gemacht haben – erhält man stärker graphitisierte Partikel, die allerdings polyedrisch eckige und nicht runde Form haben [13]. Deren Absorptionsmaxima liegt bei etwa 230 nm, und sie zeigen trotz der irregulären Formen wesentlich engere Absorptionprofile. Diese Teilchen reproduzieren die interstellare Absorption besser, allerdings immer noch nicht perfekt. Es deutet sich an, daß noch einige wesentliche Veränderungen in der Teilchenpräparation notwendig sind, um den Staubträger der interstellaren 220 nm Absorption zu identifizieren.

Die Fulleren-Synthese

In Hinblick auf die Simulation interstellaren Staubs waren unsere damaligen Versuche nicht besonders aussagekräftig. Zu der enttäuschenden Tatsache, daß die Staubspektren notorisch zu breit ausfielen, gesellte sich eine weitere Merkwürdigkeit: Gelegentlich zeigte sich nicht die übliche einzelne, breite Absorption, sondern es erschienen zusätzlich drei kleinere, schmalere Peaks, die sich im Bereich zwischen 220 und 340 nm der breiten Struktur überlagerten. Diese sind ebenfalls in Bild 3.6 dargestellt. Als Spitznamen für diese Strukturen erfanden wir die Bezeichnung „Kamelhöcker", denn wir konnten diese Absorptionen damals (1983) nicht erklären. Das ist kein Wunder, denn die Absorptionen stammten von C_{60} – einem Molekül, das damals noch gar nicht entdeckt war. Es war unser Glück, daß wir in die folgenden Jahren die rätselhaften Absorptionen nicht „zu den Akten gelegt" haben. Insbesondere Huffman hat nach seiner Rückkehr nach Tucson darüber intensiv nachgedacht.

Im Herbst 1987, zwei Jahre nach der Entdeckung der Fullerene, überraschte mich Huffman mit der Vermutung, daß er C_{60} für den Träger der mysteriösen Absorptionen hält. In seiner zupackenden Art hatte er sogar bereits die Herstellung von C_{60} nach der Verdampfungsmethode zum Patent angemeldet! Ich war weniger begeistert von dieser Idee, denn ich hielt andere Absorber für viel wahrscheinlicher, etwa Verunreinigungen, die aus der Kohle oder dem Vakuumsystem stammen. Ein Jahr später auf einer Konferenz über interstellaren Staub in Kalifornien brachte er die Idee erneut vor – in aller Öffentlichkeit während einer Podiumsdiskussion. Während dieser Tagung überredete er mich schließlich, den „Kamelhöckerruß" erneut zu produzieren und seine Idee zu prüfen. Mit dem neu angeschafften, sehr empfindlichen Spektrometer unseres Instituts wollte ich aber diesmal nicht in den ultravioletten Bereich vordringen, sondern die Absorption im infraroten Wellenlängenbereich untersuchen. Im Infraroten kann man die Vibrationen von einzelnen Atomen oder Atomgruppen in einem Molekül studieren; das Infrarotspektrum eines Moleküls bzw. einer Substanz ist charakteristisch wie ein Fingerabdruck. Nach der Theorie sollte der „Fingerabdruck" des fußballförmigen C_{60}-Moleküls aus vier Absorptionen bestehen, zwei im Bereich 6 µm (etwa 1 600 cm^{-1}) und zwei bei 17 µm Wellenlänge (etwa 600 cm^{-1}). Das erste Linienpaar wird von Eigenschwingungen an der Balloberfläche verursacht, das zweite von radialen Oszillationen. Nach diesen Linien galt es zu suchen.

So starteten wir die Suche im Herbst 1988, einige Monate nach der Konferenz in Kalifornien. Ich überredete Bernd Wagner, einen Werkstudenten, der sich in unserem Institut nach einer praktischen Beschäftigung umsah, mit der alten Aufdampfanlage Ruß zu erzeugen. In den drei Wochen, die Wagner bei uns blieb, arbeitete er mit großer Hingabe und Geschick. Schon nach ein paar Tagen hatte er genügend Erfahrung gesammelt und konnte selbständig Rußproben herstellen, die wir dann im Infraroten spektroskopierten.

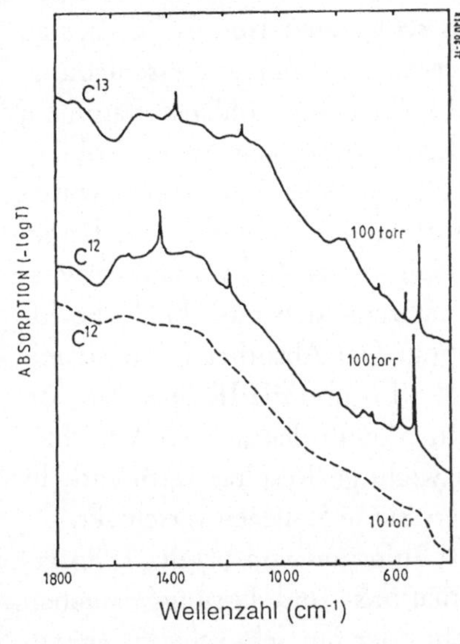

Bild 3.7:
Das Infrarot-Spektrum des Rußes aus Bild 3.6. Es zeigt ein Kontinuum, das von regulärem Ruß stammt, und vier stärkere schmale Linien, die von C$_{60}$ herrühren.

Eines Tages brachte Wagner Proben, die er bei vergleichsweise hohem Edelgasdruck (200 anstelle von üblichen 1-10 torr Helium) erzeugt hatte. Zu meiner Überraschung fanden sich im Ruß vier recht deutliche Absorptionslinien, fast genau in der vorhergesagten Gruppierung (vgl. Bild 3.7). Da gab es große Aufregung! Unter denselben Druckbedingungen stellte sich auch im Ultravioletten die Kamelhöckerstruktur ein, diesmal allerdings reproduzierbar und nicht, wie damals, sporadisch. Konnte es möglich sein, daß Huffman recht hat? Soll das Molekül, das die fähigsten Chemiker bisher nicht synthetisieren konnten, so einfach herzustellen sein? Weitere Untersuchungen waren angesagt, um hier absolute Klarheit zu schaffen.

Anfang 1989 habe ich Konstantinos Fostiropoulos den Nachweis von C$_{60}$ in unserem Ruß als Thema für seine Doktorarbeit gegeben. Ich schlug ihm einige Strategien vor, unter anderem auch als entscheidenden Test eine ^{12}C/^{13}C Isotopensubstitution. Diese Methode geht von den Atomschwingungen aus, die man im Infraroten studieren kann. Deren Frequenz ändert sich in bestimmter vorhersagbarer Weise, wenn man in einem Molekül alle Kohlenstoffatome, die normalerweise fast nur aus dem Isotop ^{12}C bestehen, durch die des schwereren Isotops ^{13}C ersetzt. Zeigen die Infrarotabsorptionen die erwartete Frequenzverschiebung, besteht das schwingende Molekül ausschließlich aus Kohlenstoffatomen; stimmt die Verschiebung nicht, kann der Absorber kein reines Kohlenstoffmolekül (d.h. in diesem Fall kein C_{60}) sein. Die Substitution wurde erreicht, indem aus käuflichem, pulverförmigen ^{13}C Graphitstäbe hergestellt und in der Aufdampfanlage mit Helium zu Ruß verdampft wurden. Wie wir Anfang 1990 herausfanden, zeigt sich tatsächlich die für reinen Kohlenstoff erwartete Verschiebung: Der Absorber ist somit reiner Kohlenstoff. In Bild 3.7 sind die UV-VIS- und die IR-Spektren von Ruß aus ^{12}C und aus ^{13}C dargestellt. Man erkennt deutlich die Verschiebung der IR-Linien. Wir haben dieses wichtige Resultat veröffentlicht [14] und Vorabdrucke der Arbeit an interessierte Kollegen verschickt.

Eigentlich gingen Huffman und ich aufgrund von bereits 1983 erfolglos am Ruß durchgeführten Sublimations- und Lösungsversuchen davon aus, daß C_{60} als Reinsubstanz nicht oder nur sehr schwer zugänglich ist. Der Chemiker Werner Schmidt, einer der Kollegen, der unser Papier erhalten hatte, teilte mir in einem Brief mit, daß er aufgrund seiner Erfahrung mit großen polyzyklischen Aromaten vermutet, daß C_{60} in nichtpolaren Lösungsmitteln löslich und bei etwa 400 °C sublimierbar sein sollte. Beide von Schmidt vorgeschlagenen Methoden führten zum Ziel! Da wir in unseren alten Versuchen nur Aceton als Lösungsmittel getestet und die Sublimation bei viel zu geringen Temperaturen und auch noch an Luft durchgeführt hatten, war nun auch klar, warum wir damals keinen Erfolg hatten. In kurzer Zeit hatten wir die ersten C_{60}-Aufdampffilme bzw. kleinen Kristalle (versetzt mit etwas C_{70} und Spuren des Lösungsmittels Benzol) vor Augen (siehe Bild 3.8). Das Massenspektrum der Substanz bewies das ganz eindeutig.

Von den beiden Verfahren ist die Rußextraktion mit Lösungsmitteln besonders einfach durchzuführen: Der Ruß kommt in einen Papierfilter, in den Toluol gegossen wird, und aus dem Filter tropft die reine Fulleren-Lösung aus C_{60} und etwas (10 - 20 %) C_{70}, sowie Spuren noch größerer Fullerene, wie C_{76} und C_{84}. Zusammen mit den Ergebnissen von Strukturuntersuchungen mittels Röntgen- und Elektronenbeugung haben wir dann unsere Arbeit in der Zeitschrift *Nature* ver-

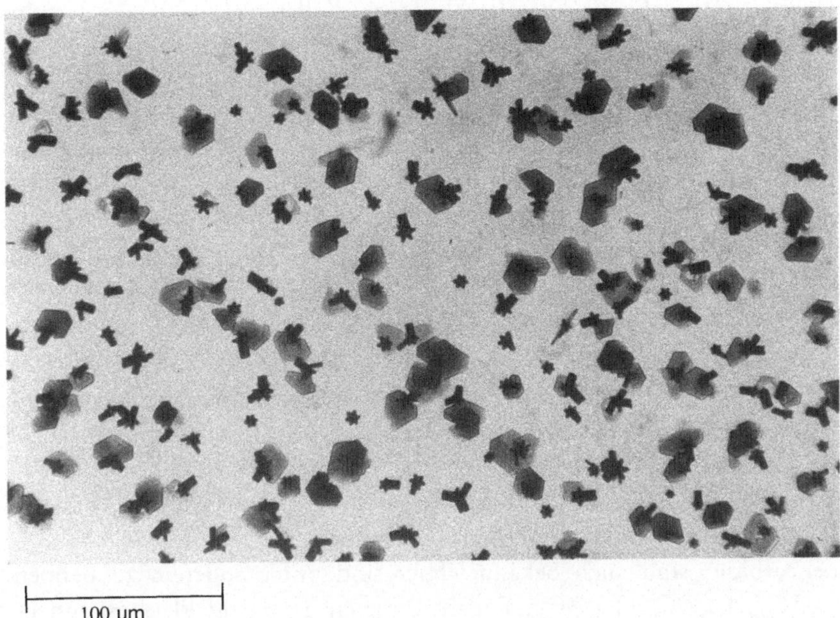

Bild 3.8: Die ersten, aus einer Benzollösung gezüchteten Kristalle von C_{60}. Sie formen dünne Plättchen, und in die Struktur sind noch Lösungsmittel-Moleküle eingebaut. In dem C_{60}-Molekülgitter befinden sich außerdem noch etwa 10 % des mitproduzierten Fullerens C_{70} und Spuren noch größerer Fullerene.

öffentlicht [15] – gerade noch rechtzeitig, denn Harry Kroto mit seinen Kollegen aus Sussex und Donald Bethune und Mitarbeiter von den IBM Forschungslaboratorien in Kalifornien waren uns schon sehr dicht auf den Fersen: Die C_{60}-Synthese lag förmlich in der Luft!

Neue Formen des Kohlenstoffs

Neben Diamant und Graphit ist somit eine neue, dritte Form von Kohlenstoff gefunden, die Fullerene. Sie liegen in ihrer thermischen Stabilität zwischen der von Graphit, der stabilsten Kohlenstoffart, und dem Diamant. Im Unterschied zu den beiden klassischen Formen sind Fullerene löslich. Sie werden deswegen ohne Schwierigkeiten zum chemischen

Untersuchungsobjekt. Die geschlossenen Fullerenkäfige erlauben nun interessanterweise drei verschiedene Arten von Chemie, nämlich die an der Außenseite, die an der Innenseite und die an der Oberfläche. Die Chemie an der Fullerenaußenseite ist Gegenstand eines Artikels in diesem Buch und braucht daher keinerlei Erläuterung. Die Chemie der Fullerenoberfläche besteht im Austausch von Atomen, z.B. Kohlenstoff durch Bor oder Stickstoff, oder im Austausch von Strukturelementen, etwa einzelner oder mehrerer der 5- oder 6-eckigen Kohlenstoffringe durch andere Heterozyklen.

Der Fulleren-Innenraum ist leider nicht leicht von außen zugänglich – das kontrollierte Öffnen und wieder Schließen des Käfigs ist bisher nicht möglich. Einige Verbindungen hat man aber dennoch herstellen können, etwa den Helium-C_{60}-Komplex $He@C_{60}$ (das Zeichen @ heißt „im Inneren von"). Dabei handelt es sich um keine echte chemische Bindung. Vielmehr ist das Edelgasatom in den Kohlenstoffkäfig buchstäblich eingeschlossen. Wirkliche chemische Verbindungen, d.h. „Innencarbide" sind auch bekannt. Hier sind unter anderem zu nennen $La@C_{82}$, $La_2@C_{82}$, $La_3@C_{82}$. Fullerene bieten genügend Platz im Innenraum, daß man im Prinzip alle Elemente des Periodensystems darin unterbringen kann, daß mit anderen Worten ein neues „Fullerenverpacktes" Elementsystem denkbar scheint. Interessante Aussichten für die Suche nach neuen Materialien!

Nach alledem sollte man meinen, daß das System Kohlenstoff nun erschöpfend erforscht wäre. Dem scheint aber nicht so zu sein! Neues kommt aus Bereichen wie Kosmochemie oder Meteoritenforschung zu Tage, die sich auch mit interplanetarer und interstellarer Materie beschäftigen. Von Zeit zu Zeit wird die Erde von einem Meteoriten getroffen, der einen Einschlagskrater ausbildet. Das Nördlinger Becken ist ein solcher Einschlagskrater, den ein größerer Meteorit vor etwa 15 Millionen Jahren verursachte. Es ist verständlich, daß beim Einschlag sehr extreme Bedingungen (Druck, Temperatur) herrschen. In der Umgebung von Einschlagskratern hat man tatsächlich noch weitere Formen von Kohlenstoff gefunden. Da ist zunächst Londsdaleite, eine Hochdruckform von Diamant, und Chaoit, eine bisher unvollkommen charakterisierte Form von Graphit [16]. Chaoit – benannt nach dem Riesforscher E.T.C. Chao – wurde unlängst auch in Meteoritenproben entdeckt, wo es zusammen mit nanometergroßen (möglicherweise interstellaren) Diamanten vorkommt. Vielleicht stehen wir, was den Kohlenstoff betrifft, vor einem neuen Erkenntnisschub. Wie dem auch immer sei, eines ist sicher: Die Grundlagenforschung in Astrophysik und Kosmochemie hat daran wesentlichen Anteil.

Danksagung

Ich danke der Deutschen Forschungsgemeinschaft für die großzügige Unterstützung.

Kapitel 4
Buckyröhren, Buckyzwiebeln und andere Verwandte der Fullerene
Daniel Ugarte

Reine Kohlenstoffmaterialien wie Graphit und Diamant besitzen ein breites Spektrum interessanter physikalischer Eigenschaften. Kein Wunder also, daß sie die Aufmerksamkeit vieler Forscher und Ingenieure magisch anziehen, die in ihnen vielversprechende Forschungen und Anwendungen wittern. Mikropartikel des Kohlenstoffs („schwarzer Kohlenstoff") und Kohlenstoff-Fasern finden sich in den unterschiedlichsten praktischen Anwendungen wieder, in ganz alltäglichen Dingen wie Farben, Tinte, Kunststoffe und vielem mehr bis hin zu hochentwickelten technologischen Materialien, die etwa aufgrund ihres niedrigen Gewichts und ihrer hohen Widerstandskraft besonders in der Flug- und Raumfahrttechnik geschätzt werden.

Kohlenstoffatome zeigen ein bemerkenswert reiches und komplexes chemisches Verhalten, was sich nicht nur durch ihre drei möglichen Hybridorbitale (sp^1, sp^2 und sp^3) dokumentiert. Die kovalente Kohlenstoff-Kohlenstoff-Bindung ist eine der stärksten in der Natur, sie ist für die hohen Schmelztemperaturen (von mehr als 4000° C) in reinen Kohlenstoffmaterialien verantwortlich. Die ungewöhnlich hohen Werte von Temperatur und Druck, die zu einem Phasenübergang des Kohlenstoffs führen und die Tatsache, daß der Festkörper bei niedrigen Drucken vor dem Schmelzen sublimiert [1], bereiten in der Untersuchung der Eigenschaften des Kohlenstoffs bei hohen Temperaturen viele Schwierigkeiten. Die hier möglichen Experimente müssen sich auf eine schnelle und kurzzeitige Erhitzung stützen, wie es etwa bei der Laser-Verdampfung und der elektrischen Bogenentladung der Fall ist. Da die Fullerene und andere damit zusammenhängende graphitische Strukturen fast immer in einer solch schwierigen experimentellen Umgebung erzeugt werden, versteht man zu einem gewissen Maße, warum sie erst vor wenigen Jahren entdeckt wurden [2,3].

Die Entdeckung der Fullerene hat uns ganz neue Wege aufgezeigt, wie sich Kohlenstoffatome aneinander binden können. Die Krümmung und die geschlossene Form graphitischer Schichten hat sich zu einem Standardkonzept in der Kohlenstoffchemie entwickelt und ist nicht nur auf kleine Kohlenstoffmoleküle wie C_{60} und C_{70} beschränkt. Auch größere Strukturen haben die Tendenz, den Energieüberschuß durch die freien, ungesättigten Bindungen an den Kanten der Graphitschichten zu vermeiden. Dies kann durch ein Verbiegen des wabenförmigen Gitters und/oder durch den Einbau von Ringen mit weniger oder mehr als sechs Atomen (Fünfecke, Siebenecke usw.) erreicht werden. In diesem Artikel stellen wir Ihnen solche größeren Strukturen vor, von denen graphitische Nanoröhrchen (Buckyröhren) und zwiebelähnliche Partikel (Buckyzwiebeln) die typischen Beispiele darstellen. Viele Experten prophezeien, daß diese neuartigen Nanosysteme bemerkenswerte elektrische und mechanische Eigenschaften besitzen werden. Auf diese Hoffnung gründet sich auch das große Interesse an diesen Strukturen, sowohl aus der Grundlagen- als auch aus der technologischen Forschung.

Die Wiederentdeckung der elektrischen Bogenentladung

Die elektrische Bogenentladung mit Kohlenstoffelektroden wird schon seit langem genutzt, um Kohlenstoffdampf (etwa zur Erzeugung amorpher Kohlenstofffilme) herzustellen. Doch erst 1990 – als Krätschmer und seine Coautoren in ihrer schon Geschichte schreibenden Arbeit über die erfolgreiche Herstellung und Präparation makroskopischer Mengen an C_{60} und C_{70} berichteten – lösten diese Experimente eine Revolution in der Kohlenstoffchemie und -physik aus.

Wie schon H. Kroto im Kapitel 2 zur Entdeckung der Fullerene bemerkte, waren Krätschmer und seine Kollegen nicht die ersten, die seltsame Beobachtungen in solchen Experimenten gemacht hatten. Bereits zehn Jahre zuvor hatte S. Iijima [4] davon berichtet, daß unter einem Kohlelichtbogen erzeugte Filme scheinbar gekrümmte und geschlossene graphitähnliche Strukturen enthielten. Mit der Hilfe eines hochauflösenden Elektronenmikroskops beobachtete er Bilder einer scheinbar konzentrischen, kugelförmigen Kohlenstoffoberfläche, die sich aus mehreren Schichten mit einem Abstand von etwa 3,4 Å zusammensetzten (ungefähr dem gleichen Abstand wie im massiven Graphit selbst). Die Arbeit enthielt bereits einige experimentelle Hinweise für geschlossene graphitähnliche Schalen; ihre ganze Bedeutung kam aber erst ans Licht, als ein Vorschlag für die Struktur von C_{60} unterbreitet wurde [5,6]. Trotz der scheinbar direkten Beziehung zwischen nanometrisch gekrümmten graphitähnlichen Strukturen und dem elektrischen Bogen wurde die Notwendigkeit der Analyse der Kohlenstoffprodukte aus der Bogenentladung von der wissenschaftlichen Gemeinschaft nicht sofort erkannt. Die Wissenschaftler, die sich für C_{60} interessierten, mußten fünf Jahre (von 1985 bis 1990) auf diese einfache Herstellungsmethode warten.

Zylindrische Fullerene: graphitähnliche Nanoröhrchen

Ein Jahr nachdem Krätschmer und seine Kollegen die Herstellung der Fullerene unter einem Lichtbogen publik gemacht hatten [3], berichtete Iijima von graphitischen, zylinderförmigen Nanostrukturen (Buckyröhren), die sich auf der Oberfläche der Elektroden des Lichtbogens spontan ausbildeten [7]. Diese Nadeln sind im Verhältnis zu ihrer „Dicke" erstaunlich lang: Bei einem Durchmesser von weniger als einem Nanometer haben sie eine Länge von einigen Mikrometern (1 Mikrometer sind 100 Nanometer).

Im Grunde ist ein solches Nanoröhrchen nichts anderes als eine aufgerollte Graphitscheibe (die aus einer oder auch mehreren Schichten bestehen kann, wobei die Enden der Röhre durch halbkugelförmige oder polyedrische Graphitkuppeln geschlossen sind. Es gibt viele Wege, eine Graphitscheibe zu einem Zylinder aufzurollen (vgl. Bild 4.1): Falls die Hauptsymmetrieachse der Sechsecke einzelner Schichten parallel zu der Längsachse der Röhre liegt, können wir eine solche Röhre auf zwei Arten erzeugen, indem wir entweder die gegenüberliegenden Sechsecke an ihren lateralen Kanten aneinanderfügen (was zu der mit A bezeichneten sogenannten „Lehnstuhl"-Struktur führt) oder längs ihrer „Zickzack-Kante" (wodurch wir die mit Z gekennzeichnete „Zickzack"-Röhre bekommen). Darüber hinaus können wir die Scheibe aber auch noch auf

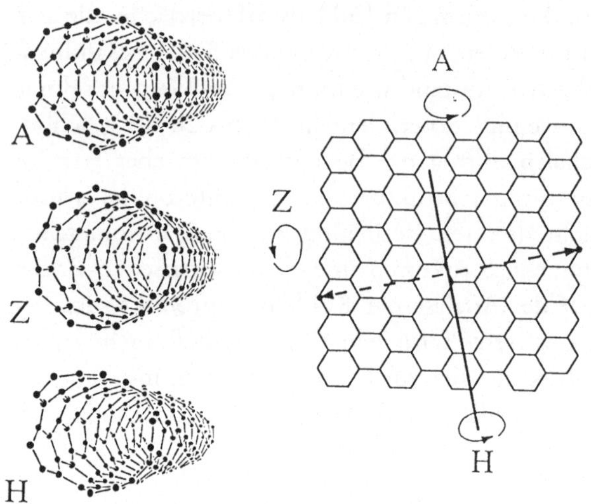

Bild 4.1:
Eine Graphitscheibe läßt sich auf unterschiedliche Weise zu einem Nanoröhrchen zusammenfalten: zu der sogenannten „Lehnstuhl-Struktur" (A), einer Zickzack-Röhre (Z) und einer helixartig verdrehten Röhre (H).

eine andere Weise zusammenfalten und damit helixartige Röhren erzeugen; in Bild 4.1 ist ein Beispiel dafür dargestellt (H). Hier sind nicht die gegenüberliegenden Ecken miteinander verklebt, sondern zueinander versetzte Ecken, die im Bild durch die gestrichelte Linie verbunden sind. Die Längsachse der daraus entandenen Röhre liegt senkrecht zu dieser „Verklebungslinie" und ist im Bild als schwarze Linie dargestellt. Röhren mit mehreren Graphitschichten zeigen in ihren einzelnen Schichten gewöhnlich eine unterschiedliche Art der helixartigen Verdrehung (dies kann durch elektronische Diffraktion nachgewiesen werden). Wie schon zuvor erwähnt, ist der Abstand verschiedener Schichten solcher Nanoröhrchen etwa genauso groß wie im gewöhnlichen planaren Graphit (nämlich ca. 3,4 Å). Man kann daher die Ausbildung der helixförmigen Gestalt als einen Mechanismus ansehen, durch den das Röhrensystem seinen Radius so genau wie möglich einstellt, um den typischen Schichtabstand aufrechtzuhalten [8,9].

Einige Monate nach der Entdeckung der Nanoröhrchen verfeinerten T. Ebbesen und P.M. Ajayan die Lichtbogen-Experimente mit dem Ziel, makroskopische Mengen solcher Nanoröhrchen herzustellen [10]. Unter den verbesserten Bedingungen – die Bogenentladung läuft hier unter Gleichstrom in einer Edelgasatmosphäre (Helium oder Argon) von 500 mbar ab – bildet sich eine Ablagerung an der negativen Elektrode. Diese Ablagerung setzt sich aus zwei wohlunterscheidbaren Regionen zusammen: einer harten und grauen Oberflächenschale, die aus ungeordnetem graphitischen Material gebildet ist, und einem schwarzen inneren Kern. Dieser schwarze Kern sieht aus wie eine Säule, die sich in die Wachstumsrichtung der Ablagerung erstreckt – tatsächlich sind diese Säulen ganze Bündel von Nanoröhrchen [11,12]. Bild 4.2 zeigt eine typische elektronenmikroskopische Aufnahme der Rußüberreste dieser säulenförmigen Ablagerungen. (Neben den Nanoröhrchen erkennt man in Bild 4.2a) auch polyedrische Partikel, auf die wir später noch eingehen werden.) Wie auch im Fall von C_{60} ist die Herstellung dieser Buckyröhren ungeheuer einfach – so einfach, daß sie sich in vielen verschiedenen Labors in der ganzen Welt leicht und schnell reproduzieren ließen und so eine Welle des Interesses auslösten.

Theoretische Berechnungen deckten hochinteressante elektrische Eigenschaften auf: Je nach ihrem Radius und dem Grad ihrer helixartigen Verdrehung können die Nanoröhrchen Isolatoren, Halbleiter oder

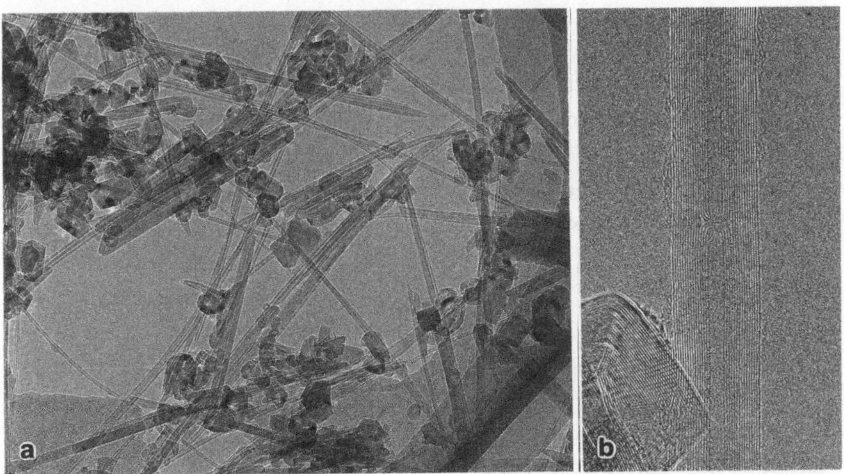

Bild 4.2: a) Elektronenmikroskopische Aufnahme des Kohlenstoffrußes aus der Ablagerung an einer Elektrode, in dem man eine große Anzahl von Nanoröhrchen erkennen kann. b) Ein Nanoröhrchen aus 15 konzentrischen Schichten in hoher Auflösung.

metallische Leiter sein [13–15]. Die elektrischen Eigenschaften stehen also in einer direkten Beziehung zu den geometrischen Parametern, was in der Physik eine außergewöhnliche Situation ist. Üblicherweise erreicht man solche Veränderungen durch andere Techniken, in der Material-wissenschaft verfolgt man seit neuester Zeit beispielsweise das sogenante Dotieren. Hierbei werden die elektrischen Eigenschaften eines Materials durch das Hinzufügen fremder Atome verändert. In den Nanoröhrchen wird kein anderes chemisches Element hinzugefügt, die Veränderungen ergeben sich in einem Material, das von ein- und demselben Elementen in ähnlicher chemischer Umgebung (jedes Kohlenstoffatom hat drei Nachbarn) gebildet wird. Dies ist ein hervorragendes Beispiel dafür, daß neuartige physikalische Eigenschaften aufgrund der Quantennatur der Materie in nanometrischen Objekten entdeckt werden können. Mit größerem Radius der Röhren nähern sich ihre Eigenschaften übrigens immer mehr denen des makroskopischen planaren Graphits.

Betrachtet man die Nanoröhrchen unter dem Gesichtspunkt ihrer mechanischen Eigenschaften, so zeigen sie im Vergleich zu gewöhnlichen Kohlenstoff-Fasern einen hohen Kristallisationsgrad. Als Konsequenz davon bilden sie die perfektesten Fasern, die jemals hergestellt wurden [16]. Bedenkt man, daß die ganze Struktur durch die starken Kohlen-stoff-Kohlenstoff-Bindungen zusammengehalten wird, versprechen vor-läufige Rechnungen eine Steifheit, die jedem bekannten Material überle-gen ist [17].

Es ist überraschend, daß ein einzelnes Experiment wie die Bo-genentladung zur gleichen Zeit ein hochgradig symmetrisches Kugel-molekül wie C_{60} und die extrem langen graphitischen Nanoröhrchen erzeugen kann. Das Fußballmolekül C_{60} bildet sich in dem Gas um die Elektroden herum. Im Gegensatz dazu entstehen die Buckyröhren direkt auf der Oberfläche der Elektroden, wo das elektrische Feld extrem hohe Werte ($10^6 - 10^8$ V/cm) annehmen kann. Dieser Wert wird als groß genug angesehen, um die Spitzen der Röhre offen zu halten und so ein ständiges und gerichtetes Wachstum zu erlauben [18]. Die Bogenentla-dung ist gewöhnlich ein Prozeß, in dem der Bereich der Elektrode, der den Bogen erzeugt, ständig über die Oberfläche wandert. Als Folge da von erzeugt dieses Experiment eine ganze Spannbreite von Temperatu-

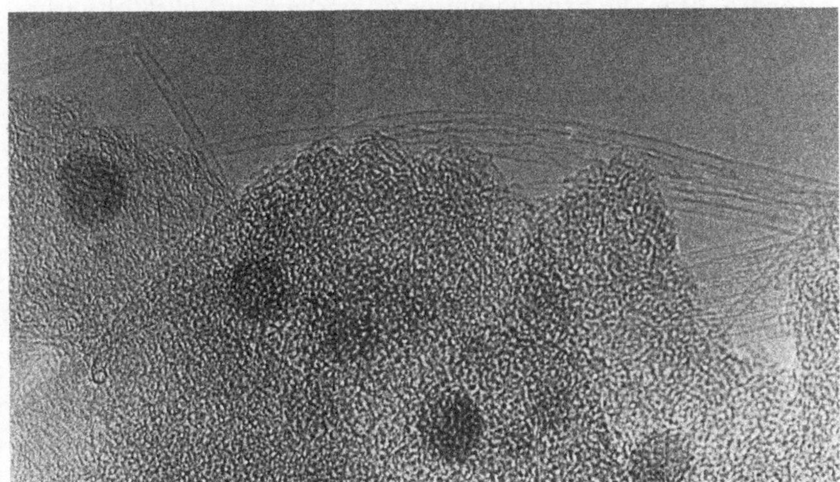

Bild 4.3: Elektronenmikroskopische Aufnahme eines einschichtigen Nanoröhrchens (mit freundlicher Genehmigung von W.S. Bacsa). Die dunklen Flecken sind auf andere ungeordnete Phasen von Kohlenstoff und Metall- oder Carbidteilchen zurückzuführen.

ren auf der Elektrodenoberfläche und führt zu einer entsprechenden Größenverteilung der entstehenden Nanoröhrchen und aller sonst noch produzierten Teilchen.

Die theoretischen Berechnungen, die so interessante Eigenschaften der Nanoröhrchen erahnen lassen, basieren auf der Grundlage einschichtiger Röhren. Es war daher auch für die Experimentatoren eine große Herausforderung, die Synthese einschichtiger Röhren zu verfolgen. Solche Röhren (mit einem typischen Durchmesser von 1–2 nm, siehe auch Bild 4.3) können tatsächlich durch eine einfache Modifikation des elektrischen Bogens erzeugt werden: Man benutzt „gefüllte" Elektroden, die eine Mischung aus Graphitpulver und einem Übergangsmetall (Eisen, Kobalt oder Nickel) enthalten [21–24]. Der Wachstumsmechanismus von einschichtigen Röhren scheint sich von dem der mehrschichtigen zu unterscheiden, und das Metall muß eine katalytische Rolle in diesem Prozeß spielen. Diese neuere Entwicklung ist sehr bedeutsam, um die wichtigen theoretischen Berechnungen wirklich testen zu können, denn die Experimente zuvor brachten ausschließlich mehrschichtige Röhren hervor. Wir hoffen daher, daß es bald möglich sein wird, die vorausgesagten faszinierenden Eigenschaften der Nanoröhrchen experimentell zu überprüfen.

Zwiebelähnliche Graphitpartikel

Das wachsende Interesse an den Nanoröhrchen ist Auslöser für zahlreiche elektronenmikroskopische Untersuchungen, die zeigen, daß eine ganze Familie graphitischer Strukturen unter der elektrischen Bogenentladung erzeugt werden. Neben den Fullerenen und Nanoröhrchen entstehen auch größere Mengen polyedrischer mehrschichtiger Graphitpartikel, die wir bereits in Bild 4.2 erkennen konnten. Ihre Struktur (vgl. Bild 4.4) zeigt eine deutlich kantige Gestalt, die wie geschliffen wirkt, und eine breite Verteilung in Form und Größe zeigt (zwischen 8 und

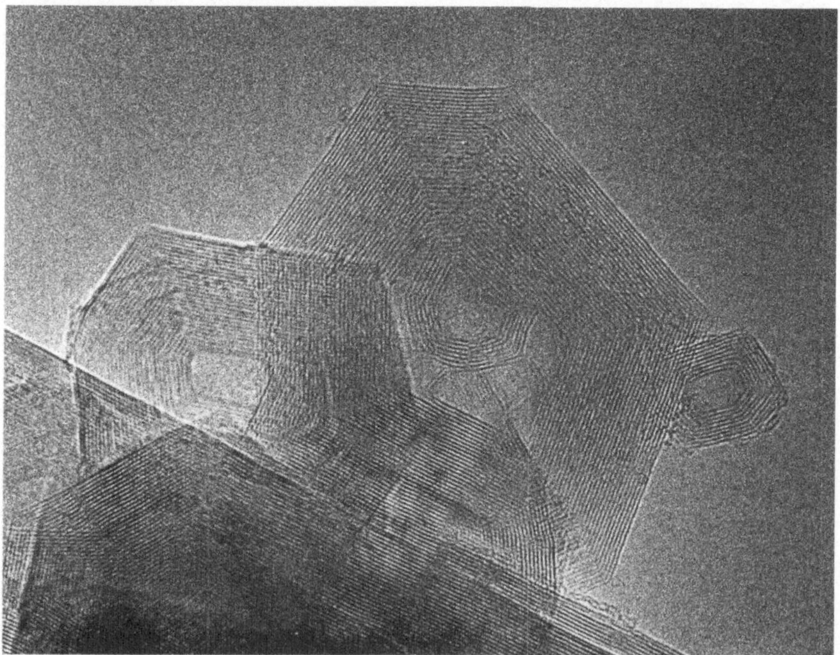

Bild 4.4: Graphitische Partikel aus einem Kohlelichtbogen-Experiment.

60 nm) [4,18,25]. Die einzelnen Graphitschichten sind im Bild 4.4 durch die dunklen Linien dargestellt. Die Partikel besitzen einen großen zentralen Hohlraum in ihrem Innern (von etwa 3–5 nm). In den Ecken, wo mehrere Flächen zusammenstoßen, befinden sich die für das Schließen der Graphitschichten notwendigen Fünfecke von Kohlenstoffatomen. Diese Partikel ähneln den graphitischen Strukturen, die Iijima in den frühen 80ern in Kohlenstoffilmen beobachtet hatte [4].

Eine ganz andere Art konzentrisch geschichteter Graphitpartikel wurde – wie auch die anderen Strukturen im Zusammenhang der Fullerene – eher zufällig und mit viel Glück in einer standardmäßigen und langbekannten Apparatur entdeckt. Nanoröhrchen und Graphitpartikel waren in einem Elektronenmikroskop einem sehr intensiven Elektronenstrahl ausgesetzt. Die benutzten Werte der Elektronenstrahldichte waren mindestens zehn- bis zwanzigmal so hoch, wie sie gewöhnlich für hochaufgelöste Bilder eingestellt werden (unter normalen Bedingungen liegt die Elektronenstrahldichte bei 10 A/cm², die einfallende Elektronenenergie bei 300 kV). Man erwartete, daß diese Bestrahlung zu einem eher ungeordneten graphitischen Material führen würde, doch statt dessen verwandelten sich die Kohlenstoffpartikel spontan in eine konzentrische Anordnung graphitischer Schalen von einer bemerkenswert kugelförmigen Gestalt (Bild 4.5a) [26].

Vergleichen wir die unter dem Kohlelichtbogen erzeugten Teilchen (Bild 4.4), mit denen, die durch die Bestrahlung entstehen (Bild 4.5a), erkennen wir auf den ersten Blick deutliche Unterschiede. Ihre Morphologie hat sich vollkommen verändert – von einer kantigen und hohlen Form zu einem fast kugelförmigen Teilchen. Diese zwiebelähnlichen Partikel sind sehr kompakt (sie besitzen nur einen sehr kleinen inneren Hohlraum), und die ganz innenliegende Schale hat stets einen Durchmesser, der sehr nahe an dem von C_{60} liegt (ca. 1 nm). Ähnliche Resultate können auch mit anderen Kohlenstoffmaterialien als Graphit erreicht werden [26–28]. Die vorgeschlagene Modellstruktur dieser kugelförmigen Partikel (s. Bild 4.5b) stellt sie sich als eine konzentrische Anordnung ineinander verschachtelter, sphärischer Fullerene vor, die jeweils aus $60\,n^2$ Kohlenstoffschalen gebildet sind (mit n = 1, 2, 3, ... sind dies entsprechend die Fullerene C_{60}, C_{240}, C_{540}, C_{960} etc.) [29]. Diese Struktur

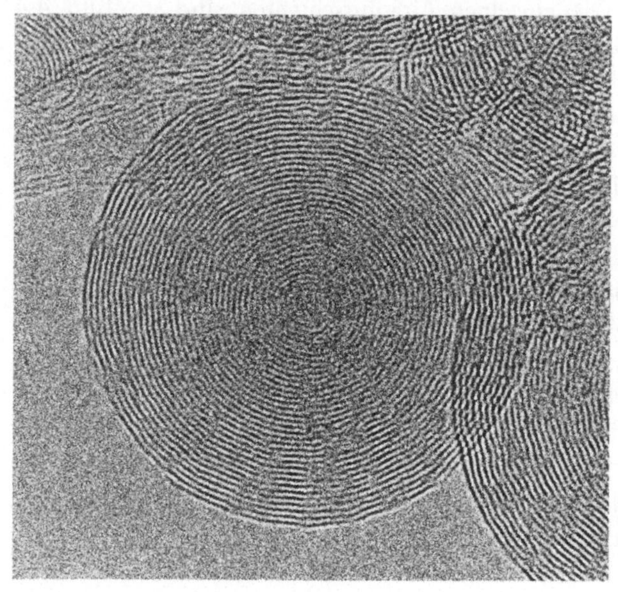

Bild 4.5:
a) Elektronenmikroskopische Aufnahme eines quasikugeligen, zwiebelähnlichen Partikels.

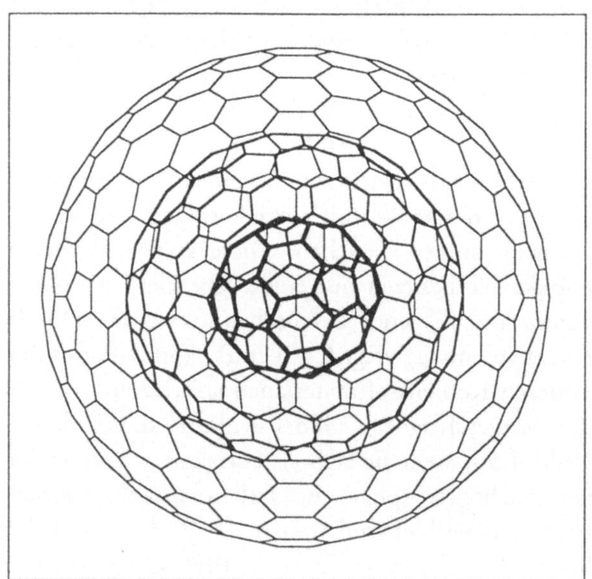

Bild 4.5:
b) Modellstruktur für die konzentrische Anordnung der ersten drei sphärischen Fullerene („Buckyzwiebeln") C_{60}, C_{240}, C_{540}.

ist also nichts anderes als die Fullerenversion einer russischen Puppe und wurde mit dem Spitznamen „Buckyzwiebeln" versehen.

Sehr energiereiche Elektronenbombardements entsprechen in mancher Hinsicht einem hohen Temperaturbereich, zumindest wenn man bedenkt, daß sich die Kohlenstoffatome unter diesen Bedingungen wie die Atome einer Flüssigkeit verhalten. Dennoch müssen wir berücksichtigen, daß das Bombardement mit Hochenergieteilchen zu drei verschiedenen Effekten führt: a) Erhitzung der Probe durch die abgegebene Energie; b) das Aufbrechen von Bindungen durch Elektronenanregungen und c) eine Impulsübergabe in Stößen der Atomkerne, die die Atome aus ihrer Position verrücken können („knock-on-effect"). Aufgrund des Mitwirkens von Elektronenanregungen und des „knock-on-effects" kann daher das Ergebnis einer Partikelbestrahlung durchaus verschieden sein von einer einfachen Behandlung mit hohen Temperaturen.

Füllen des Hohlraumes

Fullerene und ihnen verwandte Strukturen haben einen inneren Hohlraum, in den man Atome einschleusen kann, um ganz neuartige Verbindungen oder Nanostrukturen herzustellen. Diese Materialien liegen ganz besonders im Blickpunkt der synthetischen Materialforschung, die Substanzen mit vordefinierten Eigenschaften für ganz spezifische technologische Anwendungen aufbaut.

Einer der einfacheren Ansätze zum Füllen gelingt bereits durch die Bogenentladung mit „gefüllten" Elektroden (Kohlenstoff und ein metallisches Salz oder Oxid). Diese Experimente erzeugen die zuvor beschriebenen Nanoröhrchen und polyedrischen Partikel und zusätzlich einige Prozent von umhüllten Metallpartikeln (gewöhnlich Carbide), die in graphitische Schalen eingeschlossen sind (Bild 4.6 zeigt ein Beispiel von LaC_2-Partikeln.). Diese Partikel sind die mehrschichtige Version der Metallo-Fullerene [30]. Enthalten die Elektroden Mangan, bilden sich auch lange Röhren mit einem metallischen Kern aus [31].

Trotz ihrer Einfachheit hat diese Technik aber auch ihre Nachteile. Die Partikel mit einem metallischen Kern machen nur einen Bruchteil der Gesamtmenge der produzierten Teilchen aus (weniger als 1 %), und sie zeigen außerdem eine weitgesteckte Verteilung in Größe und Form.

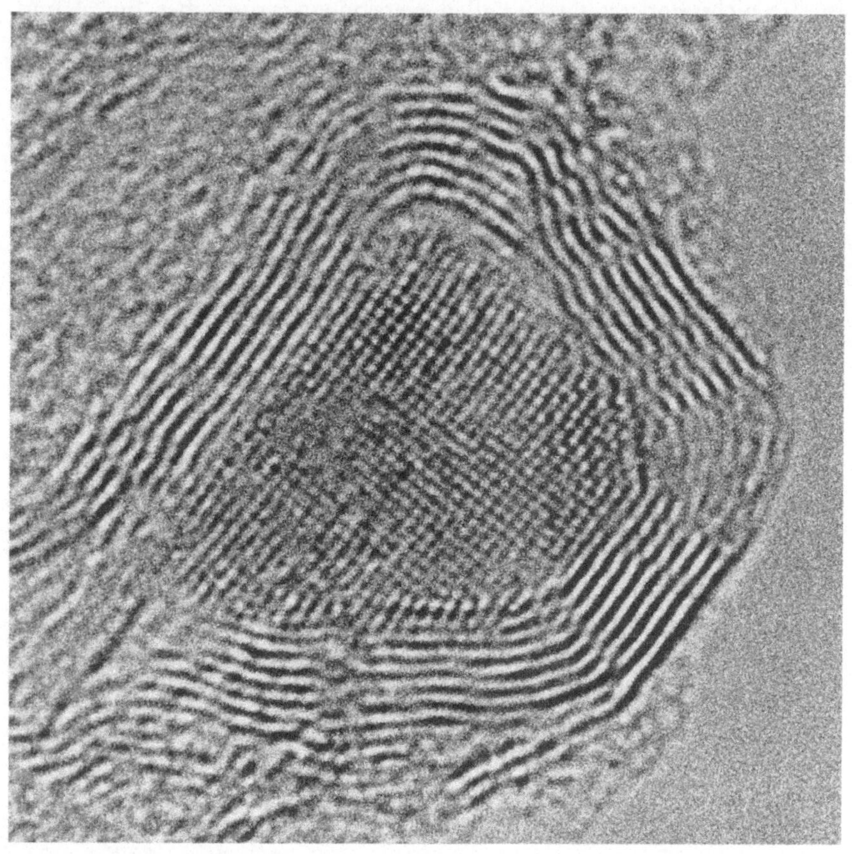

Bild 4.6: Ein von einer elektrischen Bogenentladung erzeugter LaC_2-Cluster, der von 8 Graphitschichten (dunkle Linien) eingeschlossen ist.

Die Heterogenität der erzeugten Proben macht es sehr schwer, in der Charakterisierung dieser Nanostrukturen voranzukommen. Zum jetzigen Zeitpunkt wurden verschiedene Elemente in diese Strukturen eingebaut, seltene Lanthanide (Lanthan [32–34], Yttrium [35,36], Scandium, Cer [37] u.a.), Übergangsmetalle (Eisen [38], Kobalt [39], Nickel [40], Mangan [31]) und weitere Metalle (Gold [34], Tantal [41]). Der vorangegangene Abschnitt beschrieb einen schwierigen Weg zur

Herstellung metallgefüllter Strukturen, bei dem wir keine Kontrolle über die erzeugten Strukturen haben. Eine viel interessantere Möglichkeit wäre die Manipulation von Kohlenstoff-Nanostrukturen, die wir beispielsweise erst nach ihrer Herstellung füllen. Dieses faszinierende Experiment wurde von P.M. Ajavan und S. Iijima durchgeführt [42]. Sie haben es geschafft, die Spitze der Nanoröhrchen zu öffnen und auf diese Weise eine Metallverbindung in den inneren Hohlraum einzuschleusen. Die Methode war zwar erfolgreich, ihre Ausbeute aber ist gering und die eingeschlossenen Metalle sind beschränkt auf Blei und Bismut [42,43].

Auch in der ganz anderen Richtung gibt es Erfolge zu vermelden. Es ist ebenfalls gelungen, metallgefüllte Graphitpartikel wieder zu entleeren. Man hat beobachtet, daß zwiebelähnliche Partikel, die Gold-Cluster enthalten, die Tendenz haben, den metallischen Cluster unter dem Einfluß einer Elektronenbestrahlung auszustoßen [34]. Dieses Experiment ist erfolgreich, weil Kohlenstoff und Goldatome nicht miteinander reagieren. Für andere Elemente führt die Bestrahlung zu einem Metall-Kohlenstoff-Verbund.

Dies sind bemerkenswerte Beispiele für Synthesen und/oder Manipulationen neuartiger Nanostrukturen und zeigen deutlich die Fähigkeiten und Möglichkeiten in diesem wachsenden Feld der Nanotechnologien auf.

Synthese und Trennung

All die bisher beschriebenen Strukturen haben in vielen verschiedenen wissenschaftlichen und technologischen Bereichen großes Interesse geweckt. Dennoch geht der Fortschritt in ihrer Charakterisierung eher langsam voran. Die Hauptschwierigkeit liegt in dem heterogenen Charakter der erzeugten Proben. Zum jetzigen Zeitpunkt stellt sich die Präparation makroskopisch reiner Proben, deren Größe und/oder Form nur in engen Grenzen variiert, als die große Herausforderung dar. Die relativ große Größe dieser Partikel erschwert die Anwendung standardmäßiger chemischer Trennungstechniken, die im Zusammenhang von C_{60} und C_{70} erfolgreich waren.

Wie schon zuvor erörtert, führt der Temperatur- und Druckgradient im Kohlelichtbogen zu einer weiten Verteilung in der Anzahl der

Schalen, Größen und Morphologien der graphitischen Partikel und Nanoröhrchen. Eine rudimentäre Methode zu ihrer Trennung ist die Oxidation. Die Oxidation graphitischer Strukturen beginnt gewöhnlich in den Bereichen, die unter der höchsten Spannung stehen, wie die gekrümmten, die Fünfecke beherbergenden Spitzen. Anschließend schreitet die Oxidation parallel zu den Graphitschichten voran. Indem wir die Zeitspanne der Oxidation kontrollieren, können wir polyedrische Partikel eliminieren, da diese vollständig vor den extrem langen Nanoröhrchen oxidieren. Um Proben von Nanoröhrchen auszusondern, ist diese Methode leicht anwendbar, doch sie verhindert nicht die weite Größenvariation. Als ein Nebeneffekt dieser Behandlung öffnen sich außerdem die Spitzen der Röhren [43,45].

Die gereinigten Proben können groß genug sein, um einige andere Standardanalysegeräte als das Elektronenmikroskop anzuwenden. Optische Analysetechniken wurden bereits zur Charakterisierung dieser reinen Nanoröhrchen-Proben eingesetzt [46], und wir hoffen, daß schon sehr bald weitere Charakterisierungen durch physikalische Standardmethoden gelingen werden.

Auch wenn die Elektronenbestrahlung ausschließlich kugelförmige Partikel erzeugt, kann sie doch nur in einem Elektronenmikroskop angewandt werden. Die dabei entstehenden „quasi-kugeligen" graphitischen Zwiebeln können nicht aus dem Elektronenmikroskop geborgen werden. Alle Untersuchungen müssen daher innerhalb des Elektronenmikroskops durchgeführt werden, was die Anwendung anderer physikalischer Charakterisierungsmethoden ausschließt. Im Moment ist eine umfangreiche wissenschaftliche Arbeit im Gange, diese Materialien zu synthetisieren oder zu trennen, nichtsdestoweniger erschwert der in der Herstellung der graphitischen Strukturen beteiligte Hochenergieprozeß die Entwicklung wohlkontrollierter Verfahren.

Grundlegende wissenschaftliche Fragen

Einer der faszinierendsten Aspekte der Fullerenforschung ist die Tatsache, daß diese graphitischen Strukturen in aktuellen und langbekannten Experimenten gefunden wurden und man sie für so viele Jahre übersehen hat. Kohlenstoffartige Materialien und insbesondere ihre Umwandlung in Graphit (Graphitisierung) sind ausgiebig analysiert. In vielen Untersuchungen werden die Strukturen nicht im Detail charakterisiert; dies ist zum Teil auf fehlende Ausrüstung der Labors und auf andere Interessen in den Aspekten und Fragen der jeweiligen Forschung zurückzuführen. Dahinter steckt aber auch das grundlegende Konzept der dem Wabengitter des graphitischen Netzwerks innewohnenden Planarität. Einige offensichtlich gekrümmte Strukturen wurden als aufgestapelte kleine, ebene Graphitfetzen analysiert. Eine Untersuchung dessen, was an den Kanten dieser Graphitfetzen passiert, erhielt nicht genügend Aufmerksamkeit. Im Gegensatz dazu wird heutzutage die Entstehung von Krümmung und/oder der Einschluß von „Nicht-Sechser-Ringen" in den Fullerenen verwandten Strukturen sofort berücksichtigt und akzeptiert.

Die Triebkraft, die freien Bindungen an den Außenkanten der graphitischen Schichten zu eliminieren, bewirkt die Krümmung und das Schließen der Form und erklärt die außerordentliche Stabilität der Fullerenmoleküle. Dieses Phänomen ist nicht auf kleine Systeme beschränkt, es kann auch in viel größeren Systemen mit bis zu einigen Millionen von Atomen auftreten. Diese Hypothese entsprang aus dem molekularen Bereich, man kann sie aber ebenso übertragen auf die Nanoröhrchen oder die zwiebelähnlichen Partikel, die als extrem große Moleküle betrachtet werden können.

Kleine Buckyzwiebeln, die nur wenige Schalen besitzen (2 bis 4), erweisen sich selbst unter einem intensiven Elektronenbombardement als sehr stabil, ganz im Gegensatz zu der Labilität von C_{60} und C_{70} in der rauhen Umgebung eines Elektronenmikroskops. Die zwiebelähnlichen Partikel müssen daher eine erstaunlich robuste Form des Kohlenstoffs darstellen. Auf der Grundlage dieser Beobachtungen ist diese Struktur sogar als die allerstabilste Form von Kohlenstoff-Clustern vorgeschlagen worden [26,29]. Diese Hypothese basiert auf drei grundlegenden Ideen: a) diese Struktur erlaubt die Elimination der energetisch ungünstigen freien Bindungen; b) die kugelige Struktur verteilt die Spannung, die durch das Biegen der Graphitschichten entsteht, gleichmäßig über alle Atome; c) sie optimiert die stabilisierende Wechselwirkung zwischen den konzentrischen Schichten (van der Waals). Zieht man in Betracht, daß das planare Graphit als die stabilste Form reinen Kohlenstoffs bei umgebendem Druck und Temperatur akzeptiert wird, reißt die Hypothese der quasi-kugeligen Zwiebeln eine kontroverse Diskussion auf. Es wurde allgemein erwartet, daß ein polyedrisches Partikel mit ebenen Seitenflächen und einer Krümmung (und erzeugten Spannung), die an den Fünfecken in den Spitzen der Partikel konzentriert ist, die bevorzugte Struktur sein würde [6].

Aufgrund der hohen Anzahl der zu berücksichtigenden Atome ist die theoretische Bestimmung der Struktur mit der minimalen Energie eine schwierige Aufgabe – schon die kleinste Zwiebel, die untersucht werden könnte, setzt sich aus 300 Atomen zusammen (C_{60} in C_{240}). Mit unseren heutigen Computerkapazitäten können wir diese Berechnungen nicht durchführen. Erst kürzlich sind theoretische Ansätze entwickelt worden, um einige Einblicke in die energetischen Faktoren dieser großen Kohlenstoffmoleküle zu gewinnen. Doch auch hier basieren die Rechnungen gewöhnlich auf der Energieminimierung einzelner Schalen, die eine um die andere konzentrisch angeordnet sind [48–52]. Bisher gibt es keine globale Rechnung, die gleichzeitig mehrere geschlossene Schalen einbezieht und auch ihre Wechselwirkungen untereinander berücksichtigt. Es sind weitere theoretische und experimentelle Arbeiten notwendig, um diese Fragen zu beantworten, doch die Kontroverse ist von H.W. Kroto [47] auf den Punkt gebracht: „Nichtsdestotrotz ist die interessanteste Frage, ob, 500 Jahre nachdem Kolumbus Amerika erreichte, der flache Kohlenstoff den gleichen Weg gegangen ist wie die flache Erde."

Wir müssen an dieser Stelle anmerken, daß Partikel aus geschlossenen Schichten bereits in anderen anisotrop geschichteten Materialien wie WS_2 oder MoS_2 synthetisiert worden sind [53,54].

Die hochstrukturierten Fullerene und ihnen verwandte Materialien sind zumeist aus dem Chaos des Kohlenstoffdampfes entstanden. Als Konsequenz davon liefert ihr Bildungsmechanismus und sogar ihre Bildung selbst ein heißes Feld für Diskussionen [6,18,20,25] (s.a. Bild 4.7). Die quasi-kugeligen, zwiebelähnlichen Partikel entstehen dagegen in einer Art Schmelzprozeß im festen Zustand („structural fluidity") [26,55], der zu einer optimalen Struktur führt. Ein wichtiger Punkt der Elektronenbombardement-Experimente ist gerade, daß sie innerhalb eines

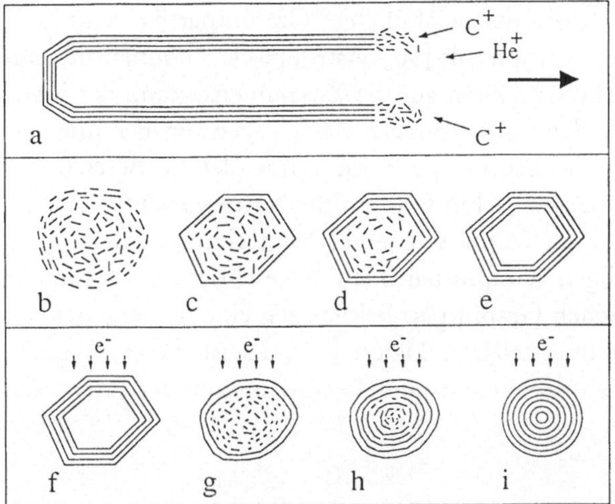

Bild 4.7: Bildungsmechanismus für verschiedene, den Fullerenen verwandte Strukturen. a) Nanoröhrchen: Man nimmt an, daß das elektrische Feld für diese langgestreckten Strukturen verantwortlich ist (der Pfeil kennzeichnet die Wachstumsrichtung) [18,19]. b-e) Polyedrische Graphitpartikel: Sie entstehen vermutlich aus der Graphitisierung eines Tropfens flüssigen Kohlenstoffs. f-i) Schematische Darstellung der experimentell beobachteten Bildung von quasikugeligen graphitischen Zwiebeln: Die Elektronenbestrahlung induziert den Zusammenbruch der polyedrischen Partikel, ausgehend von der Oberfläche graphitisiert diese ungeordnete Struktur bis hinein in ihr Zentrum.

hochauflösenden Elektronenmikroskops durchgeführt werden. Daher ist es in diesem Fall möglich, die Entwicklung der Proben bis hinunter zu den Details auf der atomaren Skala zu verfolgen [55]. Dies ist eine der Besonderheiten der Bestrahlungsexperimente — ein einzigartiger und unschätzbar wertvoller Einblick in die Bildung graphitischer Strukturen. Dies ist ein grundlegendes Puzzlestück an Information für das allgemeine Wissen um Graphitisierungsprozesse und die Dynamik der Umwandlung von kohlenstoffhaltigen Materialien.

Entdeckt wurden die Fullerene und ihre Herstellungsmethode von Astrophysikern, die an der Entstehung von Kohlenstoffmolekülen im interstellaren Raum interessiert waren [2,3]. Inspiriert von dieser Entwicklung haben Materialwissenschaftler den Faden aufgenommen und die Entdeckung weiterer graphitischer Strukturen fortgesetzt. Obwohl angenommen wurde, daß C_{60} im Prinzip im interstellaren Raum vorhanden sein muß, ist seine Existenz dort nicht definitiv nachgewiesen. Vielleicht spielen aber auch die zwiebelähnlichen Graphitpartikel eine fundamentale Rolle in der Astrophysik [56]. Astrophysiker können nur aus spektroskopischen optischen Daten auf die Zusammensetzung der interstellaren Materie schließen. Insbesondere ein allgegenwärtiger und außergewöhnlich großer Absorptionspeak im ultravioletten Bereich des Spektrums ist der grundlegende Hinweis auf die Natur von interstellaren Staubkörnern. Dieser Peak wurde seit seiner Entdeckung in den 60ern hypothetischen kugeligen Graphitpartikeln zugeschrieben. Vorläufige Messungen an sphärischen Graphitpartikeln zeigen eine bemerkenswerte Übereinstimmung zu interstellaren Daten [57]. Es ist daher möglich, daß diese Art von Partikeln ein substantieller Bestandteil der interstellaren Materie sind.

Zusammenfassung

Wir haben die Struktur und die Herstelllungsmethoden von mehrschaligen Fullerenen diskutiert. Die Erzeugung und Reinigung makroskopischer Mengen graphitischer Nanopartikel ist immer noch ein ungelöstes Problem, doch wir hoffen, daß weitere Arbeiten die Präparation von Proben erlauben, deren Größe und Form nur in engen Grenzen variiert. Dann wird es möglich sein, neuartige Kohlenstoffmaterialien herzustellen. Insbesondere spekulieren wir darauf, neue kristalline Nanostrukturen des Kohlenstoffs in einer dreidimensionalen Packung der kugeligen Buckyzwiebeln zu finden. Diese Festkörper entsprächen einer mehrschichtigen Version der Fullerite (den molekularen Festkörpern von C_{60}, C_{70} etc.).

Unter dem Gesichtspunkt möglicher mechanischer Anwendungen wird erwartet, daß kompakte, quasi-kugelige Zwiebeln sich gegenüber einer Kompression als sehr widerstandsfähig erweisen und daher vielleicht als Schmiermittel genutzt werden können. Auf den Nanoröhrchen ruht die Hoffnung, daß sie sich als die stärksten Fasern erweisen – stärker als alle bisher hergestellten Fasern. Träfe dies zu, wäre ihre mögliche Anwendung in Verbundmaterialien eine wichtige technologische Frage. Im Falle der mehrschichtigen Strukturen müssen wir berücksichtigen, daß die konzentrische Anordnung der graphitischen Schichten für eine verstärkte Widerstandskraft sorgt, da lokale Fehlstellen in der Struktur nicht notwendigerweise zu einem globalen Zusammenbruch der Struktur führen.

Der Einschluß von Atomen im Inneren mehrerer graphitischer Schichten kann vielleicht genutzt werden, um reaktive Cluster zu stabilisieren, und man denkt bereits an einige technologische Anwendungen im Bereich der magnetischen Datenaufzeichnung.

Eine der Besonderheiten der Fullerenwissenschaften ist ihr „multidisziplinärer" Charakter, in ihr arbeiten Chemiker, Physiker, Astronomen, Geologen, Ingenieure und viele andere zusammen. Ein deutliches Beispiel dieser Kooperation ist die Tatsache, daß die ersten Entdeckungen von Astrophysikern gemacht wurden, die auf diese Weise eine herausragende Entwicklung in der Chemie und Physik des Kohlenstoffs in Gang gesetzt haben. Angeregt von den Fullerenen haben die Materialforscher in den letzten Jahren die Buckyzwiebeln ans Licht gebracht – ein Material, das wiederum von großem Interesse für astrophysikalische Probleme ist.

Wir haben uns in diesem Aufsatz auf Beispiele aus der Arbeit in unserem eigenen Labor konzentriert. Sicherlich wurden aufregende Forschungen in vielen anderen Labors ungewollt ignoriert.

Danksagung

Wir freuen uns, W.A. de Heer und H.W. Kroto für wertvolle Diskussionen und Ratschläge danken zu können. Wir sind außerdem Prof. A. Châtelain und R. Monot für nützliche Kommentare und Bemerkungen zu Dank verpflichtet. Die elektronenmikroskopischen Beobachtungen, über die in diesem Kapitel berichtet wird, wurden am Philips EM 430 Mikroskop des Instituts Interdépt. de Microscopie (I²M), Ecole Polytechnique Fédérale de Lausanne durchgeführt.

Kapitel 5

Die Chemie der Fullerene

Andreas Hirsch

In der Vergangenheit spielte für den synthetisch arbeitenden Chemiker, der an der Umwandlung bekannter und an dem Aufbau von neuer Materie interessiert ist, elementarer Kohlenstoff als Ausgangsmaterial nur eine untergeordnete Rolle. Diese Situation veränderte sich dramatisch, als die Familie der Kohlenstoffallotrope, bestehend aus Diamant und Graphit, durch die Entdeckung der Fullerene bereichert wurde [1,2]. Im Gegensatz zu Diamant und Graphit, die ausgedehnte Festkörperstrukturen ausbilden, handelt es sich – wie beschrieben – bei den Fullerenen um sphärische Moleküle. Die Fullerene sind in vielen organischen Lösungsmitteln löslich. Dies ist eine wichtige Voraussetzung für chemische Manipulationen.

Im Vergleich zu kleinen zweidimensionalen Molekülen, wie zum Beispiel dem Benzol, besitzen diese dreidimensionalen Systeme einen zusätzlichen ästhetischen Reiz. Die Schönheit und die einzigartige sphärische Architektur dieser molekularen Käfige zogen sofort die Aufmerksamkeit vieler Wissenschaftler auf sich. In einer sehr schnellen Entwicklung wurde deshalb das C_{60} zu einem der am besten untersuchten Moleküle überhaupt. Für den organischen Chemiker stellte sich zum Beispiel die Herausforderung, Derivate herzustellen, in denen Fullereneigenschaften mit denjenigen von anderen Substanzklassen kombiniert sind. In der Tat sind die Fullerene, insbesondere das C_{60} zu einem neuen Synthesebaustein in der organischen Chemie geworden, indem in kurzer Zeit sehr viele Fullerenderivate synthetisiert und charakterisiert worden sind. Einige solcher Fullerenverbindungen zeigen erstaunliche Eigenschaften, und das Potential für mögliche Anwendungen reicht von deren Einsatz in der Materialtechnologie bis hin zur Medizin. Zu Beginn der präparativen Fullerenchemie wurden die folgenden Fragen hinsichtlich der chemischen Eigenschaften von Fullerenen gestellt: Welche Reaktivität zeigen die Fullerene? Verhalten sie sich wie ein dreidimensionales „Superbenzol"? Welche Strukturen haben Fullerenderivate und wie stabil sind sie? Diese Fragen sollen im folgenden basierend auf dem gegenwärtigen Kenntnisstand beantwortet werden.

Aufarbeitung und Trennung

Um präparative Chemie mit den Fullerenen durchführen zu können, müssen ausreichende Mengen dieser molekularen Fußbälle zur Verfügung stehen. Dafür sind effektive Aufarbeitungs- und Trennverfahren erforderlich. Das Rohprodukt, daß man bei der Verdampfung von Graphit erhält, ist Ruß und Schlacke. Neben den löslichen Fullerenen enthalten der Ruß und die Schlacke auch noch andere Formen von geschlossenen Kohlenstoffstrukturen, wie zum Beispiel Riesenfullerene [3] und Nanoröhren [4]. Der Rest ist amorpher Kohlenstoff. Die Fullerene können aus dem Ruß entweder durch Sublimation oder durch Extraktion isoliert werden [5]. Die erste Isolierung der Fullerene aus dem Ruß wurde durch eine einfache Sublimation mit einem Bunsenbrenner erreicht. Eine kontrolliertere Methode ist die Gradientensublimation. Mit Hilfe dieser Methode ist bereits ein partielles Anreichern verschiedener Fullerenfraktionen möglich. Der entscheidende Nachteil von Sublimationsmethoden ist jedoch die thermische Belastung, der die Fullerene ausgesetzt sind, was zu einer teilweisen Zersetzung führt.

Die gebräuchlichste Methode für die Isolierung der Fullerene aus dem Ruß ist die Extraktion mit organischen Lösungsmitteln [5,6]. Dabei wird bevorzugt Toluol verwendet. Die Hauptbestandteile des rotbraunen Toluolextraktes sind C_{60} ($\approx$ 80 %) und C_{70} ($\approx$ 15 %). Darüber hinaus lassen sich auch höhere Fullerene wie C_{76}, C_{78} und C_{84} gewinnen [7]. Bei der weiteren Extraktion des Rußes mit anderen Lösungsmitteln können auch noch höhere Fullerene (Riesenfullerene) bis zu C_{466} erhalten werden [3].

Für die Trennung der Fullerene werden hauptsächlich chromatographische Verfahren verwendet [5]. Diese Methoden sind auch für die Trennung von Fullerenderivaten, die kovalent gebundene Gruppen enthalten, sehr wichtig. Zusätzliche, am Fullerenkern gebundene Substanzen können einen dramatischen Einfluß auf das Löslichkeits- und Trennverhalten ausüben.

Eine Trennung des C_{60} von C_{70} läßt sich auch durch Ausnützen ihrer leicht unterschiedlichen chemischen Reaktivität erreichen [5]. Behandelt man eine CS_2-Lösung einer C_{60}/C_{70} Mischung mit $AlCl_3$, so tritt ein bevorzugtes Ausfällen eines $C_{70}(AlCl_3)_n$ Komplexes auf, wohingegen das C_{60} unbeeinflußt bleibt. Die C_{60}-Lösung kann dann leicht von dem Niederschlag durch Filtration getrennt werden. Aus dem C_{70} angereicherten Niederschlag lassen sich die Fullerene durch Behandlung mit Wasser zurückgewinnen.

Eigenschaften: Von der Physik zur Chemie

Im C_{60} sind alle Kohlenstoffatome identisch. Dies läßt sich experimentell durch sein ^{13}C-NMR Spektrum zeigen, in dem nur ein Signal auftritt. Die hohe Symmetrie wird auch durch nur vier IR-aktive Schwingsübergänge demonstriert. Im C_{60} liegen zwei Arten von Bindungen zwischen den Kohlenstoffatomen des Moleküls vor. Dabei sind die Bindungen zwischen zwei Sechsringen (6-6-Bindungen) kürzer als die Bindungen zwischen einem Fünfring und einem Sechsring (5-6-Bindungen). Da die 6-6-Bindungen Doppelbindungscharakter und die 5-6-Bindungen Einfachbindungscharakter haben, ist unter allen möglichen Strukturen von 60 Kohlenstoffmolekülen nur eine einzige energetisch besonders bevorzugt (Bild 5.1).

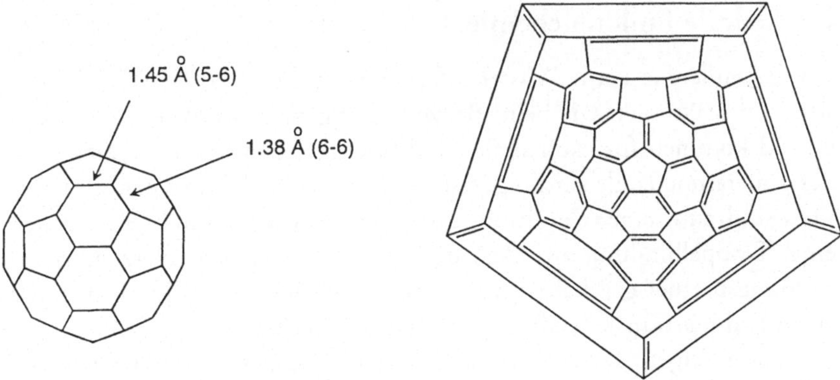

Bild 5.1: Links: Verschiedene Bindungslängen in C_{60}. Rechts: Energetisch günstigste Struktur von C_{60} in einer auf die Ebene projizierten Darstellung (Schlegeldiagramm).

Die Fullerene verfügen aufgrund ihrer sphärischen Gestalt über einen Hohlraum im Inneren des Kohlenstoffkäfigs. Es sind daher neben exohedralen Fullerenderivaten, bei denen sich die Bindungspartner außerhalb der Kugel befinden, auch endohedrale Komplexe mit einem oder mehreren Atomen im Inneren der Kugel denkbar.

Eine weitere Gruppe von denkbaren Fullerenderivaten könnten Heterofullerene darstellen, bei denen Kohlenstoffatome des sphärischen Netzwerks gegen Heteroatome wie Stickstoff oder Bor substituiert werden. Während Synthesen von Heterofullerenen noch nicht gelungen sind, wurden bereits eine ganze Reihe von exohedralen und endohedralen Fullerenderivaten dargestellt und auf ihre Eigenschaften untersucht.

Die vielen verschiedenen chemischen Transformationen, die mit Fullerenen durchgeführt wurden, erlauben es auch schon, Prinzipien der Fullerenchemie abzuleiten [5,6]. Bislang wurden chemische Reaktionen hauptsächlich mit C_{60} und zu einem geringeren Ausmaß auch mit C_{70} durchgeführt. Da die Isolierung von höheren Fullerenen vergleichsweise aufwendig ist und somit nur kleinere Mengen zur Verfügung stehen, sind nur vereinzelte Experimente mit C_{76} beschrieben. Es hat sich jedoch schon gezeigt, daß das chemische Verhalten von C_{70} und C_{76} dem von C_{60} ähnelt. Dies trifft besonders auf die Bereiche in den Molekülen zu, deren Strukturelemente die größte Ähnlichkeit mit denen von C_{60} haben.

Exohedrale Fullerenchemie

Da die Fullerene keine Wasserstoffatome enthalten, können keine Substitutionsreaktionen wie beim Benzol durchgeführt werden. Aus diesem Grund kommen für exohedrale Modifizierungen, die eine Veränderung des Fullerenmoleküls zur Folge haben, nur zwei Reaktionstypen in Frage: Dies sind zum einen Additionsreaktionen, in denen durch Aufbrechen einer Doppelbindung zwischen den Kohlenstoffatomen Platz für neue Bindungspartner geschaffen wird. Als zweite Möglichkeit können durch einen Ladungstransfer Fullerensalze gebildet werden.

Zwei Eigenschaften, die die Chemie von C_{60} maßgeblich bestimmen, können bereits durch das bloße Betrachten der Molekülstruktur abgeleitet werden:

(i) C_{60} ist ein extrem gespanntes Molekül, weil die Bindungen, die von dessen Kohlenstoffatomen ausgehen, nicht wie im Graphit in einer Ebene liegen (sp^2-hybridisierte C-Atome), was einen völlig entspannten Zustand darstellt, sondern gewissermaßen eine flache Pyramide bilden (Pyramidalisierung). Die durch die sphärische Geometrie des Moleküls erzwungene Spannung schafft eine energetisch ungünstige Situation. Die Spannungsenergie, die zu 8 kcal/mol pro Kohlenstoffatom abgeschätzt worden ist, beträgt ungefähr 80 % der Bildungswärme [8]. Eine treibende Kraft für chemische Reaktionen des C_{60} ist der Abbau von Spannungsenergie. Wird zum Beispiel bei einer chemischen Reaktion eine Gruppe an ein Kohlenstoffatom von C_{60} addiert, dann ändert sich der Bindungszustand des betreffenden Kohlenstoffatoms, indem es nun vier Bindungspartner besitzt. Da Kohlenstoffatome, die vier Bindungspartner besitzen (sp^3-hybridisierte C-Atome), eine tetraedrische Geometrie bevorzugen und eine Pyramide mit jeweils drei Bindungspartnern bilden, wird durch eine Addition Spannungsenergie innerhalb des Fullerengerüstes abgebaut.

(ii) In einem Molekül, in dem – wie in C_{60} – alternierende Einfachbindungen und Doppelbindungen zwischen den Kohlenstoffatomen vorliegen, bleiben die Doppelbindungen gewöhnlich nicht an ihren Positionen fixiert. Ihre π-Elektronen werden „delokalisiert" und wandern über alle Kohlenstoffatome in der Struktur mit dem Ziel eine gleichförmigere Verteilung niedriger Energie zu erreichen. In C_{60} liegen aber zwei verschieden lange Bindungen vor, wobei die 6-6-Bindungen (Doppelbindungen) kürzer sind als die 5-6-Bindungen (Einfachbindungen). Dies schließt eine vollständige aromatische Delokalisation des π-Elektronensystems, wie sie etwa im Graphit vorliegt (gleichlange Bindungen innerhalb einer Ebene), aus und impliziert eine Reaktivität, die konjugierten Polyolefinen[1] an die Seite zu stellen ist.

Berechnungen des Molekülorbitalschemas von C_{60} zeigen, daß sowohl die niedrigsten unbesetzten Orbitale (LUMO) als auch die höchsten besetzten Orbitale (HOMO) über eine vergleichsweise niedrige Energie verfügen. Dies bedeutet, daß das Buckminsterfulleren verhält-

---

[1] Olefine sind ungesättigte Kohlenwasserstoffe, die C–C-Doppelbindungen enthalten.

nismäßig leicht mit bis zu sechs Elektronen reduzierbar sein sollte, weil bei einer Reduktion (Aufnahme von Elektronen) die LUMOs aufgefüllt werden. Auf der anderen Seite sollte C_{60} demzufolge nur schwer oxidierbar sein, weil bei einer Oxidation (Abgabe von Elektronen) aus dem HOMO Elektronen entfernt werden. Tatsächlich konnte in Experimenten auch die reversible Aufnahme von bis zu sechs Elektronen bestätigt werden [9]. Eine reversible Oxidation von C_{60} hingegen ist nur unter extremen Bedingungen möglich.

Dieses Verhalten läßt sich auch mit den oben ausgeführten Spannungs- und Geometrieargumenten erklären. Danach sollte eine Aufnahme von Elektronen zu einem Abbau von Spannungsenergie führen, da negative geladene Kohlenstoffatome (Carbanionen) pyramidalisierte Strukturen bevorzugen. Eine Abgabe von Elektronen sollte dagegen die Spannungsenergie erhöhen, da positiv geladene Kohlenstoffatome (Carbeniumionen) planare Strukturen bevorzugen.

Bildung von Fulleridsalzen

Reduktionen von C_{60} lassen sich mit elektropositiven Metallen wie Alkali- oder Erdalkalimetallen unter Bildung der entsprechenden Fulleride M_nC_{60} (M = z. B. Natrium, Kalium, Rubidium, Cäsium; n = z. B. 2, 3, 4, 6) durchführen [5,6]. Neben diesen Salzen sind auch ternäre Systeme wie zum Beispiel $RbCs_2C_{60}$ dargestellt worden. Dabei handelt es sich durchweg um luft- und feuchtigkeitsempfindliche Festkörper. Eine besonders bemerkenswerte Eigenschaft von einigen dieser Salze, wie M_3C_{60} (M = z. B. Kalium, Rubidium), Ca_5C_{60} oder Ba_6C_{60}, ist das Auftreten von Supraleitfähigkeit, wobei Sprungtemperaturen bis zu 33 K ($RbCs_2C_{60}$) erreicht werden (siehe auch Kapitel 7 und 8 in diesem Buch). Bei den Alkali- und Erdalkalifulleriden handelt es sich durchweg um Einschlußverbindungen der Kugelpackungen von C_{60}-Molekülen, die den entsprechenden Festkörper (Kristall) aufbauen. In solchen Kugelpackungen liegen immer kleine Lücken zwischen den Kugeln, in diesem Fall zwischen den C_{60}-Molekülen, vor. In diesen Lücken befinden sich bei den Fulleriden M_nC_{60} die Metallionen.

Auch durch Kristallisationen, bei denen gleichzeitig durch Anlegen einer elektrischen Spannung negativ geladene C_{60}-Ionen erzeugt werden, oder durch die direkte Umsetzung mit organischen Molekülen, die dazu neigen, leicht Elektronen abzugeben, lassen sich Fulleridsalze darstellen. Auf diese Weise konnte zum Beispiel eine Verbindung erzeugt werden (das Fulleridsalz $[TDAE]^{.+}C_{60}^{.-})^{10}$, bei der ein Phasenübergang in einen ferromagnetischen Zustand bei einer Temperatur von 16,1 K auftritt. Diese Temperatur liegt 27 mal höher als diejenige von bislang bekannten organischen molekularen Ferromagneten, die kein Metall enthalten.

Reaktionen mit Nucleophilen

Die Elektronenarmut von C_{60} ist auch der Grund dafür, daß dessen Doppelbindungen leicht elektronenreiche Verbindungen (Nucleophile) addieren [5,6]. Als ein Beispiel dafür ist im Bild 5.2 (oben) die Addition eines Kohlenstoffnucleophils, wie einer lithiumorganischen Verbindung (RLi), und eine sich anschließende Addition eines Protons (H) wiedergegeben. Dabei erhält man als die einzig stabilen Isomere nur diejenigen Dihydrofullerenene-60, bei denen denen R an C-1 und H an C-2 gebunden ist. Die Numerierung der Kohlenstoffatome ist in Bild 5.2 (unten) dargestellt; um die Positionen der Bindungspartner in einer Verbindung zu kennzeichnen, beschreibt man sie etwa in dem hier gezeigten Beispiel als 1,2-Verbindung.

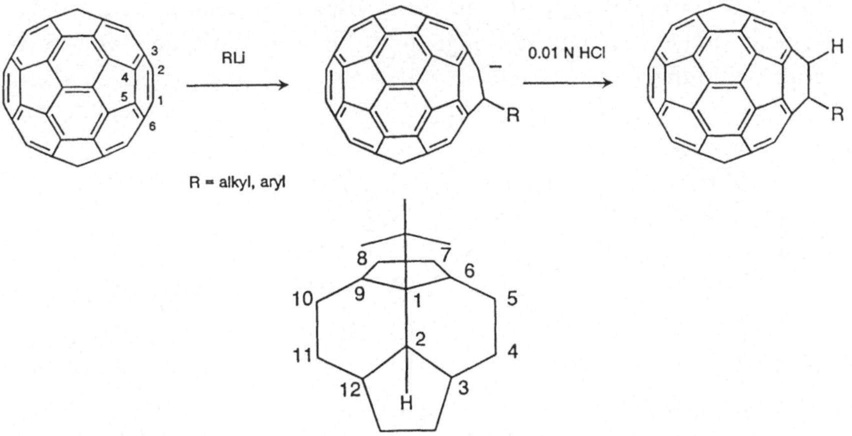

Bild 5.2: Nukleophile Additionen an C_{60} (oben). Die Numerierung der Positionen der Kohlenstoffatome zeigt das untere Bild.

Berechnungen der Moleküleigenschaften verschiedener Isomere von $C_{60}H_2$ und $C_{60}HR$ zeigen in der Tat, daß diese 1,2-Verbindungen thermodynamisch signifikant gegenüber anderen Isomeren bevorzugt sind. Nur bei den 1,2-Addukten müssen keine energetisch ungünstigen 5-6-Doppelbindungen eingeführt werden. Das Einführen solcher Doppelbindungen kostet ungefähr 8,5 kcal/mol pro Doppelbindung. Die Regiochemie von Additionsreaktionen des C_{60}, die danach fragt, an welchen Positionen des Moleküls die neuen Bindungen bevorzugt auftreten, ist daher *vom Prinzip der Minimierung von 5-6-Doppelbindungen innerhalb des Fullerengerüstes* gesteuert [5,6].

Bei einem 1,2-Addukt befinden sich jedoch die beiden Addenten innerhalb einer Ebene in vergleichsweise geringer Entfernung, was zu deren Abstoßung über den Raum hinweg führt (ekliptische Wechselwirkungen). Diese Wechselwirkung wurde im Fall von $C_{60}H_2$ zu 3-5 kcal/mol abgeschätzt. Dies hat Konsequenzen für die Regiochemie von Additionen großer, räumlich ausgedehnter (sogenannter „sterisch anspruchsvoller") Gruppen. Hier können 1,4-Adduktbildungen mit 1,2-Adduktbildungen in Konkurrenz treten oder die ausschließlichen Reaktionswege werden. Bei einem 1,4-Addukt liegen keine ekliptischen Wechselwirkungen vor, es muß jedoch eine 5-6-Doppelbindung eingeführt werden (Bild 5.3). Generell hängt die räumliche Anordnung der Addenten am Fullerengerüst vom Wechselspiel der benötigten Energien für ekliptische Spannungsbeiträge und für das Einführen von 5-6-Doppelbindungen ab.

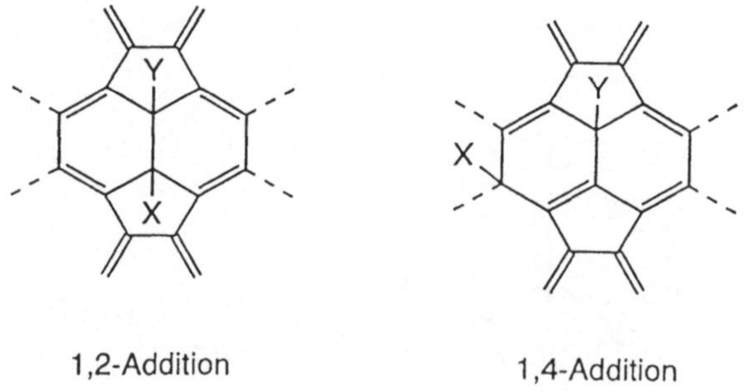

Bild 5.3: 1,2-Addition und 1,4-Addition an C_{60}.

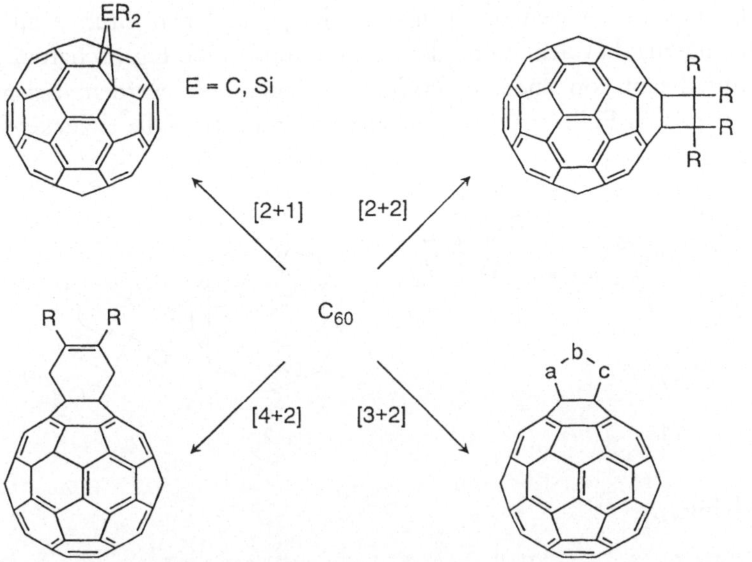

Bild 5.4: Cycloadditionen an C$_{60}$.

Neben Kohlenstoffnucleophilen addieren auch primäre und sekundäre Amine sowie Hydroxide bereitwillig an C$_{60}$. Bei den Additionen von Aminen ist der Primärschritt ein Einelektronentransfer vom Amin zum Fulleren; die genauen Mechanismen dieser Reaktionen sind aber noch nicht aufgeklärt. Auf jeden Fall sind diese Fullerenderivate nicht stabil und können sich in Gegenwart von Luftsauerstoff zersetzen.

Cycloadditionen

Die 6-6-Doppelbindungen von C$_{60}$ sind in der Lage, eine ganze Reihe von Reaktionen unter Ausbildung von Ringen (Cycloadditionen) einzugehen [5,6] (Bild 5.4). Dabei wird eine 6-6-Doppelbindung des Fullerengerüstes gebrochen und gleichzeitig zwei neue Bindungen mit dem Addenten ausgebildet.

Cycloaddukte von C$_{60}$ zeichnen sich in vielen Fällen durch eine hohe Stabilität aus. Zudem ist es möglich, nahezu beliebige funktionelle Gruppen oder organische Struktureinheiten auf diese Weise entweder

direkt oder durch weitere Chemie an der gebundenen Gruppe an das
Fullerengerüst kovalent zu binden. Damit können die Eigenschaften von
C_{60} mit denen von anderen Stoffklassen kombiniert werden. Beispiele
dafür sind das Fullerenaminosäurederivat **1** und das Fullerenzuckerderi-
vat **2**:

Hydrierung

Seit dem Beginn der „Fullerenära" war es eine Herausforderung für den
präparativ arbeitenden Chemiker, 60 Wasserstoffatome an das Fullerengerüst unter Bildung des „Fullerans" $C_{60}H_{60}$ zu addieren. Eine vollständige Hydrierung ist jedoch selbst unter Anwendung verschiedener Hy-
driermethoden nicht gelungen [5,6]. In der Regel erhält man Mischungen verschiedener Polyhydrofullerene, wobei als Hauptprodukt $C_{60}H_{36}$
gebildet wird. Dieses Polyhydrofulleren scheint stabiler als andere zu
sein, was auch durch theoretische Untersuchungen bestätigt wird. Trotzdem zersetzt sich auch $C_{60}H_{36}$ langsam in Lösung, was eine spektroskopische Charakterisierung erschwert. Darüber hinaus läßt es sich leicht
zu C_{60} dehydrieren. Gründe für die Instabilität von Polyhydrofullerenen
sind unter anderem die beträchtliche Anzahl ekliptischer Wechselwirkungen zwischen den Wasserstoffatomen, die neu aufgebaute Ringspannung innerhalb des Kohlenstoffnetzwerkes, die sich aus Abweichungen
der tetraedrischen Umgebung der sp^3-hybridisierten Kohlenstoffatome
ergibt, sowie die Einführung von 5-6-Doppelbindungen. Beim $C_{60}H_{60}$
sollten insbesondere die Abweichungen von der tetraedrischen Umgebung zur Instabilität beitragen. In diesem Molekül würden insgesamt 20
sechsgliedrige Ringe mit nicht tetraedrischer Umgebung vorliegen. Diese
Ringspannung könnte erniedrigt werden, wenn einige der Wasserstoff-

atome ins Innere der Fullerenkugel zeigten und damit tetraedrische Umgebungen aufweisen würden. Die Energiebarriere des Umklappvorgangs von innen nach außen ist jedoch sehr hoch und beträgt mindestens 2,7 eV pro Atom. Ein solcher Umklappvorgang ist daher unter normalen Bedingungen bei Raumtemperatur nicht zu erwarten.

Während es schwierig ist, definierte polyhydrierte Fullerene herzustellen, gelingt es aber auf gezieltem Weg, das einfachste Hydrid $C_{60}H_2$ zu synthetisieren [5]. Als einziges Regioisomer entsteht bei diesen Reaktionen das 1,2-Dihydrofulleren-60, das bereits in Bild 5.2 dargestellt ist. Eine weitere Hydrierung von $C_{60}H_2$ liefert als Hauptprodukt das Tetrahydrid 1,2,3,4-$C_{60}H_4$, in dem die Wasserstoffatome also an den Positionen 1, 2, 3 und 4 anbinden. Die Bildung dieses Regioisomers ist energetisch bevorzugt.

Additionen von Radikalen

Neben Nukleophilen addieren C_{60}-Moleküle sehr bereitwillig Radikale R· und wirken als ausgesprochene Radikalschwämme [5,6,11]. Auf diesem Weg können zum Beispiel Polyalkyladdukte $C_{60}R_n$ mit n bis zu 34 gebildet werden. Definierte Radikalspezies wie R_nC_{60}· (n = 1,3,5) (der Punkt bedeutet, daß ein ungepaartes Elektron am C_{60} vorliegt) wurden intensiv mit Hilfe der Elektronenspinresonanz-(ESR-)Spektroskopie untersucht. Mit diesen Untersuchungen konnten eine ganze Reihe interessanter Phänomene beobachtet werden. Die Radikale R· werden *in situ* aus geeigneten Vorstufen wie Alkylhalogeniden erzeugt. Die Stabilität der Spezies RC_{60}· hängt stark von der Größe von R ab. In Analogie zu den

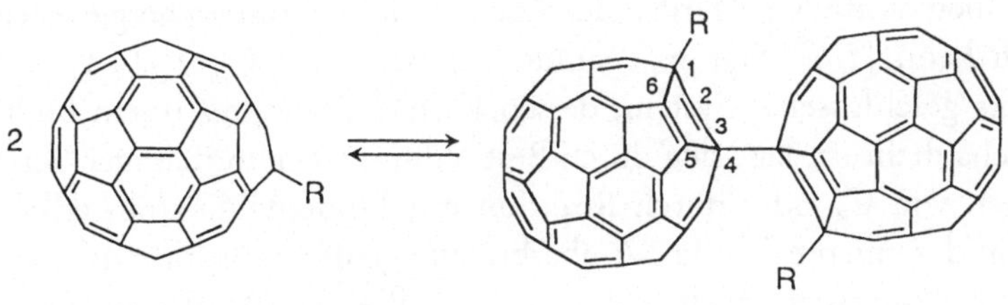

Bild 5.5: Dimerisierung von Radikalen RC_{60}·.

Anionen RC_{60}^- liegt bei den Monoradikaladdukten keine ausgeprägte elektronische Delokalisation vor. Die Spindichte ist hauptsächlich an den Positionen C-2, C-4 und C-6 lokalisiert. Es ist bemerkenswert, daß die Radikaladdukte $RC_{60}\cdot$ im Gleichgewicht mit ihren diamagnetischen Dimeren $RC_{60}C_{60}R$ vorliegen (Bild 5.5), was aus der Temperaturabhängigkeit der ESR-Spektren abgeleitet werden kann. Die Dimerisierung erfolgt an C-4, da sich bei einer Bindungsbildung an C-2 die beiden Fullerenkugeln zu stark abstoßen würden.

Bildung von Übergangsmetallkomplexen

Auch hinsichtlich der Bildung von Übergangsmetallkomplexen verhält sich C_{60} wie ein elektronenarmes Olefin mit weitgehend lokalisierten Doppelbindungen und nicht wie ein Aromat mit delokalisierten Doppelbindungen [5,6]. Neben Platinkomplexen von C_{60} wurden auch eine ganze Reihe von Iridium und Rhodiumverbindungen synthetisiert. Häufig können von solchen Übergangsmetallkomplexen gute Einkristalle erhalten werden, was deren Charakterisierung durch Röntgen-Kristallographie ermöglicht. Im Gegensatz zu vielen Organofullerenen, insbesondere den Cycloaddukten, sind die Übergangsmetallkomplexe von C_{60} in der Regel luft- und feuchtigkeitsempfindlich, und die Adduktbildung ist reversibel.

Oxidationen

Obwohl Oxidationen zu positiv geladenen C_{60}-Ionen nur unter dramatischen Bedingungen möglich sind, lassen sich eine ganze Reihe von oxidativen Additionsreaktionen durchführen, da dadurch, wie generell bei Additionen an das C_{60}-Gerüst, der Abbau von Spannungsenergie erreicht werden kann [5,6]. Das sogenannte „Epoxid" von $C_{60}O$ als 1,2-überbrücktes geschlossenes System, dessen Formel (3) weiter unten bildhaft veranschaulicht ist, läßt sich durch Bestrahlung sauerstoffhaltiger Benzollösungen von C_{60} oder durch Reaktion mit Dimethyldioxiran erhalten. Obwohl das entsprechende 1,6-überbrückte geöffnete Isomer nach theoretischen Untersuchungen stabiler sein sollte, wurde dessen Bildung bisher noch nicht beobachtet. Die Addition des starken und selektiven Oxidationsreagenzes OsO_4 führte zu einem der ersten vollständig charak-

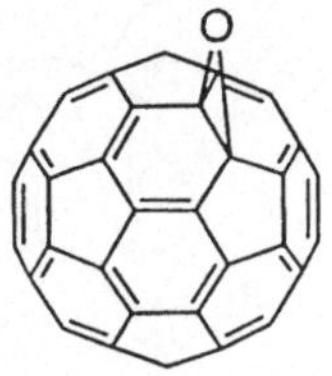

3 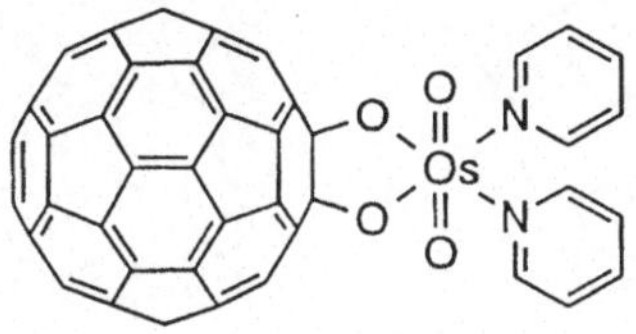   4

terisierten Fullerenderivate [12]. In Anwesenheit koordinationsfähiger Liganden, zum Beispiel Pyridin, lassen sich durch Osmylierungen Addukte wie 4 erhalten.

Halogenierungen von C_{60} gelingen mit Fluor, Chlor und Brom [5,6]. Iod läßt sich nicht mehr kovalent an das Fullerengerüst addieren. Die Fluorierungen sind die am stärksten exotherm verlaufenden Reaktionen und können mit elementarem Fluor oder Xenonfluorid durchgeführt werden. Je nach Bedingungen werden unterschiedlich hohe Fluorierungsgrade erzielt. In der Regel erhält man Mischungen verschiedener fluorierter Fullerene. Es ist aber auch gelungen, gezielt das $C_{60}F_{48}$ als isomerenreine Verbindung mit einer typischen dreizähligen Symmetrie darzustellen. Sehr hohe Fluorierungsgrade lassen sich bei Fluorierungen unter gleichzeitiger UV-Bestrahlung bei erhöhten Temperaturen erzielen. Neben einem beträchtlichen Anteil an $C_{60}F_{60}$ wird massenspektrometrisch auch hyperfluoriertes C_{60} bis zu $C_{60}F_{102}$ nachgewiesen. Hyperfluorierungen erfordern das Aufbrechen von σ-Bindungen des Fullerengerüstes. Das Aufbrechen des Fullerengerüstes scheint jedoch schon bei Fluorierungsgraden oberhalb von 48 einzutreten. In Lösung sind fluorierte Fullerene extrem empfindlich gegenüber Wasser und Nucleophilen. Dabei treten stark exotherme nucleophile Substitutionen ein. Die Reaktionsgeschwindigkeit nimmt mit steigendem Fluorierungsgrad zu. Chlorierte und bromierte Fullerene lassen sich ebenfalls durch die direkte Umsetzung von C_{60} mit elementarem Halogen oder mit ICl synthetisieren. Auch hier können die Halogene nucleophil substituiert werden, wobei die Reaktivität von den Fluorfullerenen, über die Chlorful-

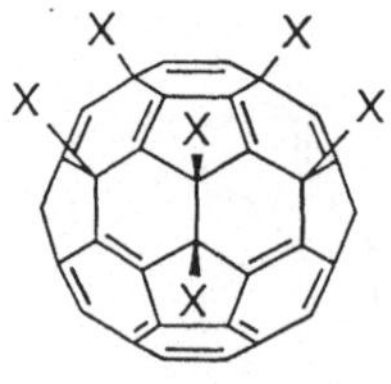

X = Cl, Br

5   6 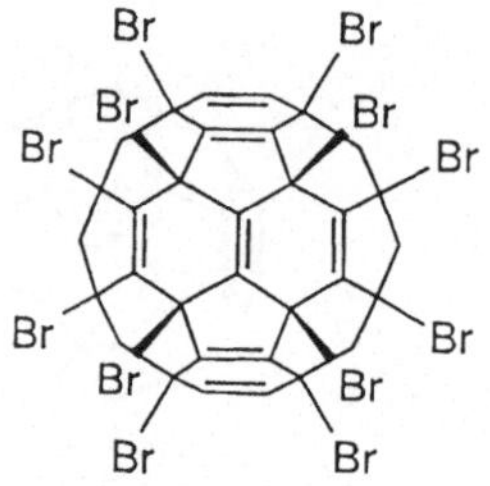   7

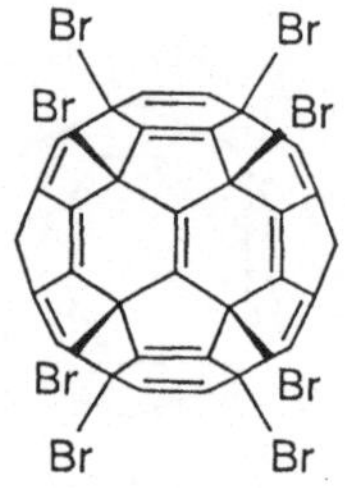

lerene zu den Bromofullerenen abnimmt. Unter bestimmten Synthese-bedingungen läßt sich gezielt das Isomer 5 von $C_{60}Cl_6$ und $C_{60}Br_6$, das Isomer 6 von $C_{60}Br_8$ und das T_h-symmetrische Isomer 7 von $C_{60}Br_{24}$ darstellen und durch Röntgenstrukturanalyse charakterisieren:

Bei der Bildung von $C_{60}Br_8$ (5) und $C_{60}Br_{24}$ (7) finden ausschließlich 1,4-Additionen statt. Im Gegensatz zu Hydrierungen und Fluorierungen sind wegen der größeren ekliptischen Wechselwirkungen bei Chlorierungen und Bromierungen 1,4-Additionen gegenüber 1,2-Additionen bevorzugt. Die Bromide und Chloride von C_{60} sind nicht sehr stabil und eliminieren das Halogen thermisch oder bei Behandlung mit Triphenylphosphan.

Betrachtungen zur Regiochemie

Bei nucleophilen- oder Cycloadditionen wurde bislang insbesondere die Synthese von Monoaddukten besprochen, da hierbei in der Regel nur ein oder zwei verschiedene Regioisomere entstehen, welche spektroskopisch verhältnismäßig einfach und eindeutig zu charakterisieren sind. Im Gegensatz zur Bildung von Halogeniden oder Übergangsmetallkomplexen von C_{60} sind diese Reaktionen häufig irreversibel. Dies hat zur Folge, daß sich bei Verwendung eines großen Überschusses des Additionsreagenzes nicht bevorzugt die thermodynamisch stabilsten und hoch symmetrischen Mehrfachaddukte bilden, sondern vielmehr Mischungen aus unterschiedlichen Addukten und Regioisomeren entstehen. Eine systematische Kontrolle der Regiochemie von Mehrfachadditionen an das C_{60}-Gerüst, deren mögliche Vielfalt gerade die Einzigartigkeit dieses polyfunktionalen sphärischen Moleküls widerspiegeln, stellt eine besonders attraktive synthetische Herausforderung dar. Mehrfachaddukte mit definierter räumlicher Struktur sind für die molekulare Erkennung, für biologische- und materialwissenschaftliche Anwendungen der Fullerene von sehr großem Interesse. So ist es zum Beispiel denkbar, daß maßgeschneiderte Mehrfachaddukte, die unterschiedliche funktionelle Gruppen in den Seitenketten tragen, in der enzymatischen Hemmung eine Rolle spielen werden. Dieser Ansatz ist sehr vielversprechend, denn es hat sich gezeigt, daß bereits ein wasserlösliches Monoaddukt von C_{60} dazu in der Lage ist, das HIV-Enzym Protease zu hemmen [13]. Bestimmte C_{60}-Derivate passen ideal in das aktive Zentrum des Enzyms und blockieren so an dessen Schaltstelle seine Aktivität.

Bei vielen Additionsreaktionen, insbesondere bei den Cycloadditionen, finden ausschließlich Additionen an den 6-6-Doppelbindungen statt. Mit dieser Restriktion vermindert sich die Zahl der zu erwartenden Regioisomeren von höheren Addukten. Für eine anschauliche Beschreibung der räumlichen Anordnung der Addenten werden Positionsbeziehungen eingeführt [14]. Dafür wird die C_{60}-Kugel hinsichtlich des Angriffs eines weiteren Addenten in drei Bereiche unterteilt, nämlich dieselbe Hemisphäre (*cis*), den Äquator (*e*) und die gegenüberliegende Hemisphäre (*trans*) (Bild 5.6). Innerhalb derselben Hemisphäre kann der Angriff an 3 verschiedenen Sätzen von Doppelbindungen (*cis-1*, *cis-2*, *cis-3*) und in der gegenüberliegenden Hemisphäre an vier verschiedenen Sätzen von Doppelbindungen (*trans-1*, *trans-2*, *trans-3*, *trans-4*) erfolgen.

Einige gezielte Untersuchungen der Regiochemie zeigten [5,6], daß eine ausgeprägte Regioselektivität vorliegt. Für einen Zweitangriff sind die Positionen *e* gefolgt von *trans-3* besonders bevorzugt. Dabei handelt es sich nicht um eine thermodynamische, sondern um eine kinetische Kontrolle, da sich bis auf die *cis-1*-Bisaddukte (sterischer Effekt) die berechneten Bildungswärmen der verschiedenen Regioisomeren nur wenig unterscheiden. Demgegenüber besitzen die LUMOs der Monoaddukte an den Positionen *e* und *trans-3* hohe Koeffizienten, was gerade bevorzugte nucleophile Angriffe an diesen Stellen erklärt. Generell werden Regioselektivitäten vom Reaktionsmechanismus und der Größe der Addenten abhängen.

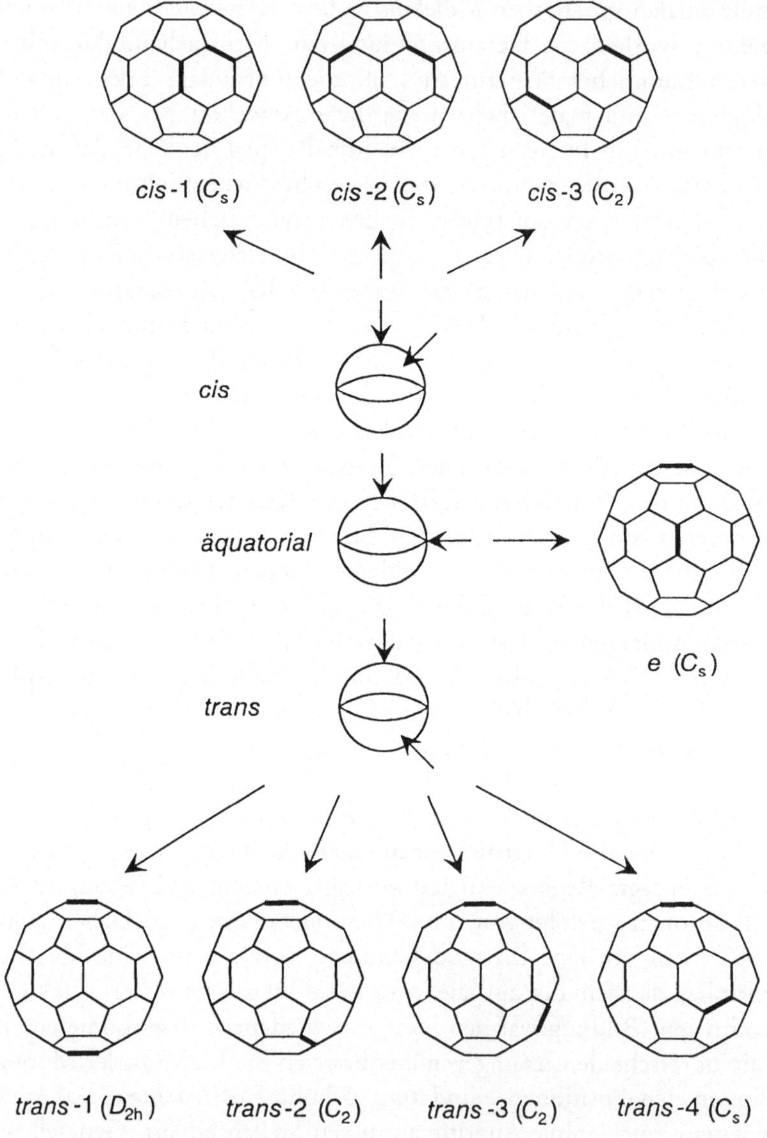

Bild 5.6: Positionsbeziehungen zwischen den 6-6-Bindungen in C_{60} und Symmetrie entsprechender Bisaddukte.

Bedingt durch diese Regioselektivität lassen sich gezielt Fullerenderivate mit einer definierten dreidimensionalen Struktur aufbauen. Zum Beispiel gelingt es, durch sukzessive *e*-Additionen ausgehend von **8** das sehr symmetrische Hexakisaddukt $C_{66}(COOEt)_{12}$ (**9**) aufzubauen:

R = COOEt

8   9

Durch weitere Seitenkettenchemie lassen sich auch noch andere funktionelle Gruppen in solche stereochemisch definierten Fullerenaddukte einbringen. Durch eine Aktivierung der Carboxylatgruppen können schließlich Moleküle von annähernd jeder beliebigen Funktionalität und Struktur an den C_{60}-Körper gebunden werden.

Diese Beispiele sollen verdeutlichen, auf welch vielfältige Weise gezielte chemische Manipulationen auf solchen Kohlenstoffoberflächen durchgeführt werden können.

Endohedrale Fullerenderivate

Die Fullerene sind Hohlraummoleküle und bieten Platz im Inneren der Sphäre, Atome oder Ionen einzulagern. Die ersten endohedralen Derivate wurden schon im Jahr 1985 unmittelbar nach der Entdeckung der Fullerene massenspektrometrisch nachgewiesen [15]. Durch Laserverdampfung von Graphit, der vorher mit einer $LaCl_3$ Lösung imprägniert wurde, entsteht während der Fullerenbildung der endohedrale Komplex

La@C_{60}. Das Symbol @ bedeutet dabei, daß sich das Metallatom im Inneren des Fullerens befindet. Endohedrale Metallofullerene lassen sich auch in makroskopischen Mengen, wenn auch in geringen Ausbeuten, durch gepulste Laser- oder durch Lichtbogenverdampfung von Mischungen aus Graphit und Metalloxid oder Metallcarbid darstellen. Als Metalle hat man dabei unter anderen La, Y, Sc, Ce, Nd, Sm, Eu, Gd, Tb, Dy, Ho, und Er verwendet. Neben M@C_{60} erhält man zum Beispiel auch M@C_{70}, M@C_{74}, M@C_{82} und M_2@C_{82}. Während z. B. M@C_{60} instabil ist und sich nicht isolieren läßt, weisen die endohedralen Komplexe M@C_{82} eine beträchtlich höhere Stabilität auf. So ist es gelungen, La@C_{82} mit chromatographischen Verfahren zu isolieren und zu charakterisieren [16].

Obwohl mit elektropositiven Metallen während der Fullerenbildung endohedrale Komplexe gebildet werden, findet dies mit Helium, dem Kühlgas bei der Fullerensynthese, praktisch nicht statt. Unter 880 000 Fullerenmolekülen, die bei der Laserverdampfung entstehen, enthält nur eines ein Heliumatom [17]. Auf der anderen Seite ist es möglich, Helium- oder Neonatome nachträglich in den Fullerenkäfig einzubringen. Dies kann massenspektrometrisch durch Molekularstrahlexperimente gezeigt werden [18].

Es ist auch möglich die Bildung von He@C_{60} in makroskopischen Mengen durchzuführen [20]. Dabei wird C_{60} für fünf Stunden bei 600 °C in He bei 2500 atm behandelt. Bei He@C_{60} handelt es sich um die erste Edelgas-Kohlenstoffverbindung. Es wird vermutet, daß bei der Inkorporation von He eine oder mehrere Bindungen des Fullerenes gebrochen werden und dadurch ein temporäres Fenster entsteht, welches das Eindringen des Heliums in den Käfig erlaubt und dann wieder geschlossen wird. Bei Verwendung von ^{3}He kann eine Sonde in den Fullerenkäfig eingebaut werden, die Untersuchungen magnetischer Effekte innerhalb der Fullerenkugel zuläßt.

Schlußbetrachtung

Trotz der Schönheit der Fullerene und den faszinierenden Resultaten, die in kurzer Zeit erzielt worden sind, wird die Fullerenchemie von vielen organischen Chemikern noch immer mit einer gewissen Skepsis betrachtet. Es fällt jedoch auf, daß sich diese Situation langsam verändert, und es wird anerkannt, daß man mit den Fullerenen eine „normale", aber sehr interessante Chemie betreiben kann. Wissenschaftler, die sich selbst mit den Fullerenen beschäftigen, sind oft sehr enthusiastisch, denn das Aufstöbern von aufsehenerregenden Phänomenen scheint nicht nachzulassen. Fest steht, daß C_{60} innerhalb von sehr wenigen Jahren zu einem neuen und in seiner Art bislang nicht dagewesenen Bauelement in der organischen Chemie geworden ist. Die Fullerenchemie befindet sich noch immer in einem frühen Stadium, und man darf erwarten, daß in der Zukunft viele weitere beeindruckende Entdeckungen gemacht werden.

Kapitel 6

Die Physik der Fullerene: Experimente in der Gasphase

Eleanor E.B. Campbell und Ingolf Hertel

Um die Eigenschaften eines isolierten Fullerenmoleküls ohne zusätzliche Komplikationen und Störungen durch benachbarte Moleküle untersuchen zu können, muß man besondere experimentelle Bedingungen schaffen, wie etwa daß die Experimente in der Gasphase unter Hochvakuum-Bedingungen stattfinden, d.h. der Druck muß kleiner als 10^{-6} mbar sein.

Im allgemeinen werden zwei verschiedene Methoden benutzt, um ein solches Fullerengas in die Vakuumkammer zu leiten. Der direkteste Weg ist es, das kristalline Fullerenpulver in einem kleinen Ofen zu sublimieren, wozu Temperaturen um $400\,°C$ ausreichen. Schickt man dann diese Moleküle am Ausgang des Ofens durch ein kleines zylindrisches Röhrchen, erzeugt man einen gerichteten Strahl von Fullerenmolekülen. Erfordern die speziellen Experimente, die man ausführen möchte, darüber hinaus einen Strahl von (positiv oder negativ) geladenen Molekülen, so kann man sie leicht am Ausgang des Ofens ionisieren.

Gerade wenn man solche geladenen Fullerene produzieren möchte, benutzt man oft eine andere Methode – die sogenannte Laserdesorption –, bei der man die Oberfläche eines festen Fulleren-Films mit einem Laserimpuls schnell aufheizt. Die Ionen, die auf diesem Weg entstehen, fliegen mit einer Geschwindigkeit von etwa $1\,000\ \mathrm{ms^{-1}}$ nahezu senkrecht von der Oberfläche weg. Neben dem grundsätzlichen Problem, einen geeigneten Laser zur Verfügung zu haben, hat diese Methode allerdings einen Nachteil: Man hat kaum Einfluß auf die innere Energie der desorbierten Moleküle. Zahlreiche Experimente, von denen wir einige diskutieren werden, deuten darauf hin, daß diese laser-desorbierten Moleküle ungewöhnlich hohe Energien und Temperaturen besitzen.

Die Laserdesorption hat noch ein interessantes Nebenprodukt: Benutzt man nämlich höhere Laserintensitäten, als gewöhnlich für die Herstellung von C_{60}- und C_{70}-Ionenstrahlen benötigt werden, kann man die Entstehung von größeren Fullerenen mit Massenverteilungen um C_{120}, C_{180} usw. beobachten [1]. Diese neuen Produkte rühren offensichtlich von Reaktionen zwischen den ursprünglich im Ruß vorhandenen Fullerenen und Fragmenten her, die in der vom Laser erzeugten, sehr heißen Gaswolke vorkommen (wie etwa C_2, C_{58} usw.). Vielleicht kann dies einen Weg aufzeigen, wie man makroskopische Mengen von Spezies wie C_{120} und C_{180} isolieren kann, um dann ihre Struktur und ihre Eigenschaften zu bestimmen.

Schwarzkörperstrahlung und verzögerte Ionisation

In jüngster Zeit gelang es uns, die Temperatur eines laserdesorbierten Fullerenstrahls durch Messung des optischen Emissionspektrums der heißen Moleküle zu bestimmen [2]. Wird ein Festkörper auf hohe Temperaturen erhitzt, emittiert er nämlich sichtbares Licht. Das beste und uns allen bekannte Beispiel dafür ist wohl der Wolframfaden, den wir in jeder gewöhnlichen Glühbirne finden. Steigt die Temperatur an, so verschiebt sich die spektrale Verteilung der emittierten Energie zu kürzeren Wellenlängen.

Betrachtet man einen „schwarzen Körper", also einen Körper, der die gesamte auf ihn fallende Strahlung absorbiert, so beschreibt das sog. „Plancksche Strahlungsgesetz" sehr genau das Spektrum eines solchen Strahlers in Abhängigkeit von der Temperatur und Wellenlänge. Grundsätzlich läßt sich dieses physikalische Gesetz mit einer entsprechenden Skalierung auch auf kleine Teilchen wie C_{60} anwenden, dessen Durchmesser von etwa 1 nm unterhalb der Wellenlänge des emittierten Lichts liegt. Doch es liegt keinesfalls auf der Hand, daß ein relativ kleines und wohldefiniertes Molekül die Strahlung eines schwarzen Körpers (oder, um exakter zu sein, eines „grauen Körpers" zeigt). Tatsächlich liefert aber die entsprechend skalierte Form des Planckschen Strahlungsgesetzes für schwarze Körper einen ausgezeichneten „Fit" zu den experimentell bestimmten Emissionsspektren unseres heißen Fullerenstrahls, wie Bild 6.1 dokumentiert. Die so gewonnenen Temperaturwerte liegen zwischen

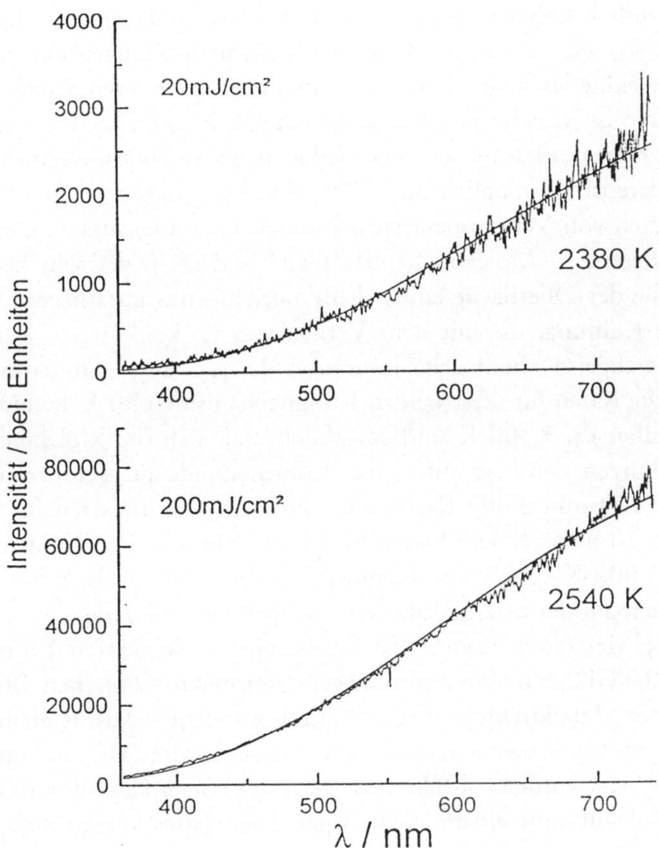

Bild 6.1: Emissionsspektren von laserdesorbiertem C_{60} bei unterschiedlicher Laserintensität $(mJcm^{-2})$. Die Daten wurden zu einer modifizierten Form des Plankschen Strahlungsgesetzes „gefittet", um die Temperatur der desorbierten Moleküle zu erhalten. (Daten aus [2])

2 300 und 3 000 K, was einer inneren Energie der Fullerene von 25 bis 35 eV entspricht.

Bei sehr hohen Laserintensitäten würde man erwarten, daß die Temperatur, auf welche die Fullerene durch den Laserbeschuß aufgeheizt werden, deutlich höher liegt als bei kleineren Laserintensitäten. Dies ist in der Tat so, wie wir an den Geschwindigkeitsverteilungen der desorbierten Moleküle feststellen können. In den oben genannten Strahlungsexperimenten ist jedoch keine solche Abhängigkeit zu sehen. Der Grund hierfür liegt vermutlich in den verschiedenen Abkühlungsmechanismen, die im Fullerenstrahl möglich sind. Wir wissen von den optischen Spektren und auch von Massenspektren bei hohen Laserintensitäten, daß die heißen Fullerene C_2-Moleküle „abdampfen" und so in der sehr heißen Region nahe der Oberfläche einem Kühlmechanismus unterliegen. Eine zusätzliche Kühlung, die mit dem Verlust von C_2 konkurriert, ermöglicht die verzögerte, thermische Ionisation des C_{60}, auch Glühemission genannt. Die Raten für diese beiden Kühlmechanismen für Fullerentemperaturen über ca. 3 500 K sind so schnell, daß sich die Moleküle auf einer sehr kurzen Zeitskala unter einer Mikrosekunde auf Temperaturen zwischen 2 500 und 3 000 K abkühlen können. Die Spektren in Abb. 6.1 wurden 10 µs nach dem Laserschuß aufgenommen. Für Temperaturen unter 3 000 K spielen die Fragmentierungs- und Ionisations-Kühlmechanismen auf der µs-Zeitskala keine wesentliche Rolle mehr.

Wie bei der oben diskutierten Strahlung von schwarzen Körpern, wird auch die Glühemission normalerweise mit makroskopischen Objekten, wie etwa Metalldrähten, in Verbindung gebracht[1]. Daß sie auch bei den winzigen C_{60}-Molekülen auf einer Zeitskala von Mikrosekunden eine Rolle spielt, wurde beobachtet, als man von einem Laser desorbierte, neutrale Moleküle mit einem zweiten gepulsten Laser anregte [3]. Die

---

[1] Thomas Edison war der erste, der Glühemission beobachtete, als er mit glühenden Kohlefäden experimentierte. Ihm erschienen seine Ergebnisse jedoch nicht sehr interessant zu sein, da er nicht an irgendeinen praktischen Nutzen dachte. Diese scheinbar triviale Beobachtung führte dann jedoch in der ersten Hälfte unseres Jahrhunderts zu der Entwicklung von Glühkathoden und Vakuumröhren, welche ihrerseits die gesamte Entwicklung der Radio-, Fernseh- und elektrischen Industrie nach sich zogen.

Ionen, die der zweite Laser produzierte, kann man mit einem verzögert geschalteten elektrischen Feld aus dem Strahl herausziehen und in einem Flugzeit-Massenspektrometer nachweisen.

Sehr zu unserer Überraschung bemerkten wir, daß durch Veränderung des zeitlichen Abstands zwischen dem zweiten Laser und dem „Ziehfeld" noch 20 µs nach dem Abschalten des zweiten Laserimpulses Ionen entdeckt werden konnten. Bild 6.2 zeigt drei Massenspektren von Ionen, die zeitgleich mit dem zweiten Laserimpuls (a), beziehungsweise zwischen 1 und 2 µs (b) und zwischen 7 und 8 µs (c) nach Abschalten des zweiten Laserimpulses produziert wurden.

Wie lassen sich nun diese Experimente interpretieren? Man nimmt an, daß die elektronische Anregung, die durch die Absorption von Photonen im ultravioletten oder sichtbaren Bereich bewirkt wird, sehr schnell (in weniger als Pikosekunden) in Schwingungsanregung umgesetzt wird, die dann zur sukzessiven Absorption vieler Photonen innerhalb der Zeit des Laserimpulses und einer schnellen Überhitzung der Moleküle führt. Diese heißen Moleküle können dann, wie ein glühender Wolframdraht, Elektronen emittieren. Obwohl dieses Bild die meisten Ergebnisse vernünftig und überzeugend erklärt, sind noch immer viele Details der Mechanismen ungenügend verstanden.

Dieses Modell der Glühemission wird auch durch eine ganze Reihe weiterer Experimente unterstützt [4,5]. So beobachtet man zum Beispiel, daß die verzögerte Elektronenemission nur gesehen wird, wenn die Photonenenergie unterhalb des Schwellwertes für die Ionisation der Moleküle liegt [5]. Darüber hinaus wurde mit sehr kurzen Laserimpulsen (unterhalb einer Pikosekunde) erreicht, daß keine Zeit für die Kopplung zwischen der elektronischen Anregung und der Schwingungsanregung (Elektron-Phonon-Kopplung) innerhalb der Dauer des Laserimpulses blieb und als Folge davon keine verzögerte thermionische Elektronenemission beobachtbar war. Wird dagegen ein kontinuierlicher Laser mit gleicher mittlerer Leistung statt eines gepulsten Lasers verwendet, ist die Ionisation der Fullerene immer noch zu sehen. Alle diese Beobachtungen liefern ein starkes Indiz für die Richtigkeit des beschriebenen Modells der thermionischen Emission.

Die schon erwähnte sehr schnelle Elektron-Phonon-Kopplung und

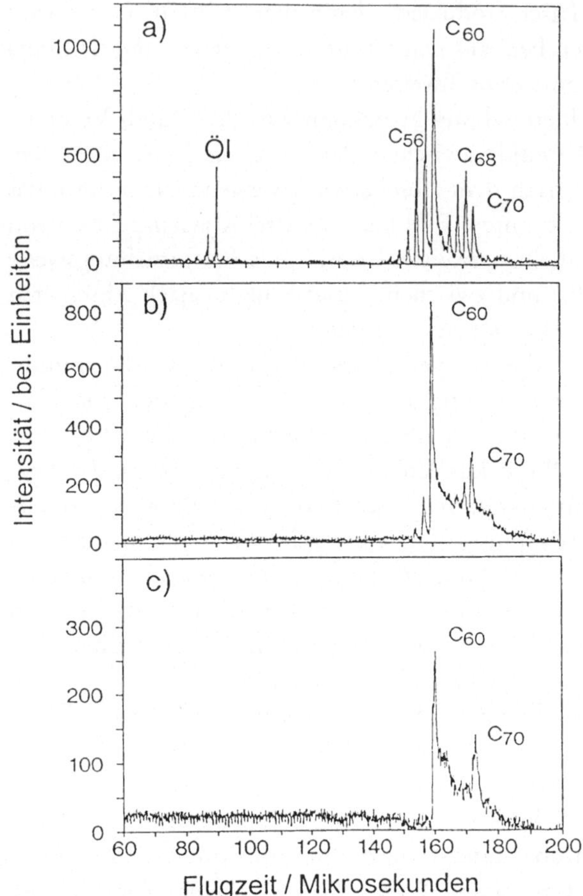

Bild 6.2:
Verzögerte Ionisation von laserdesorbiertem C_{60}. Die Spektren wurden von Ionen gewonnen, die 0 (a), 2 (b) und 8 µs (c) nach dem Laserpuls produziert wurden. Die in a) sichtbaren Massenpeaks bei 90 µs rührt von der Ionisation des Pumpenöls her, das als Verunreiniung in der Vakuumkammer vorhanden ist. Die Ölmoleküle zeigen keine verzögerte Ionisation. (Daten aus [3])

die hohe Zahl an Freiheitsgraden in der Fullerenstruktur sind mitverantwortlich für die extremen Schwierigkeiten, genauere Informationen über die Elektronen- und Schwingungsstruktur der Fullerene in der Gasphase zu erhalten. Obwohl es zahlreiche Untersuchungen zur Spektroskopie von C_{60} in Lösungen oder in Festkörpern gibt, findet man in der Literatur keine Berichte über systematische Versuche, die sich mit hochauflösender optischer Spektroskopie den Fullerenen in der Gasphase nähern. Solche Messungen, die für ein vollständiges Verständnis der elektronischen und photophysikalischen Eigenschaften dieser Moleküle unverzichtbar sind, werden wohl noch solange auf sich warten lassen, bis man in der Lage ist, den Fullerenstrahl gezielt abzukühlen, und bis Laser mit Impulslängen unterhalb einer Pikosekunde und leicht durchstimmbarer Photonenenergie zur Verfügung stehen.

Photoionisation

Aufgrund der hohen, ikosaedrischen Symmetrie der C_{60}-Moleküle ist das theoretische Wissen um die elektronischen Zustände und deren Energien ziemlich umfangreich, und es ist möglich, vernünftige Schätzungen durch relativ einfache Hückelmodelle oder sogenannte Tight-Binding-Rechnungen zu erhalten. Um jedoch realistische Absorptionsspektren berechnen zu können, muß man, wie es zuerst von Bertsch u.a. [6] gezeigt wurde, alle wechselseitigen Interaktionen der 240 Valenzelektronen in C_{60} berücksichtigen. Solche Berechnungen sagten eine sogenannte Plasmon-Riesenresonanz voraus, mit einem Intensitätsmaximum bei einer Energie von ungefähr 20 eV im Photoabsorptionsspektrum und einer integrierten Intensität, die einer kollektiven Erregung von insgesamt 95 Elektronen entspricht. Der Begriff „Riesenresonanz" stammt ursprünglich aus der Kernphysik, wo er die kollektive Schwingung der Protonen gegenüber den Neutronen beschreibt, die unter bestimmten Bedingungen gefunden wird.

Bestrahlt man die Fullerene mit hochenergetischen Photonen, wie sie etwa ein modernes Synchrotron zur Verfügung stellt [7], zeigt sich genau ein solches breites Maximum in der Ionenintensität um 20 eV herum, wie es in Bild 6.3 für C_{60} dargestellt ist.

Die anderen untersuchten Fullerene (C_{70}, C_{76}, C_{78} und C_{84}) zeigten qualitativ sehr ähnliche Ionisationssignale, auch ihre Maxima lagen alle in der Nähe des Wertes von 20 eV. Neben der Photoionisation deuten auch andere spektroskopische Verfahren auf die Existenz einer solchen plasmonischen Erregung hin [8].

In Bild 6.3 ist der Energiebereich, in dem die Ionenintensität überhaupt erst meßbar wird, noch einmal vergrößert (in dem kleinen Kasten) dargestellt. Aus diesen Meßergebnissen können wir leicht das erste Ioni-

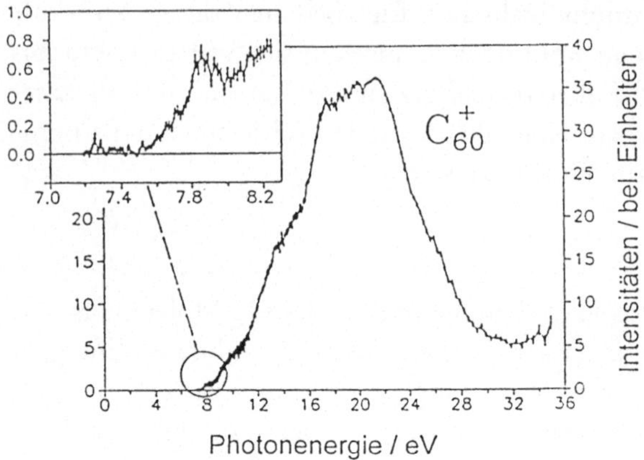

Bild 6.3:
Experimente mit einem Synchrotron bestätigen, daß die Bestrahlung von C_{60} mit hoch energiereichen Photonen zu einer „Plasmon-Riesenresonanz" führt. (Daten aus [7])

sationspotential (d.h. die Energie, die notwendig ist, um vom C_{60} zu C_{60}^{+} zu gelangen) ableiten, es liegt etwa bei 7,6 eV. Zur eindeutigen Bestimmung dieses Ionisationspotentials stellt die Photoionisation mit Synchrotronstrahlung die beste Möglichkeit dar. Eine andere, dazu eingesetzte Methode – die sogenannte „charge-transfer-bracketing" Methode – liefert etwas ungenauere Ergebnisse, wie Bild 6.4a zeigt. Bei dieser Methode läßt man die Fullerenionen mit einer ganzen Reihe anderer Moleküle kollidieren, von denen man die Ionisationspotentiale kennt. Findet man das Molekül mit dem kleinsten Potential, das keinen Ladungstransfer mit dem Fulleren eingeht, und jenes mit dem größten Potential, das einen solchen Ladungstransfer erlaubt, kann man annehmen, daß das Ionisationspotential der Fullerene zwischen diesen beiden Grenzwerten liegt. Auf diese Weise versucht man, sich sukzessive einem möglichst genauen Wert für das Fulleren anzunähern.

Höhere Fullerene zeigen ein anderes Ionisationspotential als C_{60}. Mit wachsender Clustergröße nimmt der Wert ab. Wenn wir annehmen, daß dieser Trend ein rein geometrischer Effekt ist, können wir ihn mit einem einfachen Skalierungsgesetz beschreiben. Für dieses Modell betrachten wir das Molekül als eine kleine metallische Kugel und stellen uns den Ionisationsprozeß in zwei Schritten vor: Im ersten Schritt ist eine Ablösearbeit notwendig, um das Elektron an die Oberfläche der Kugel zu bringen. Seine Bildladung versucht das Elektron aber immer noch an der Oberfläche festzuhalten. Daher ist in einem zweiten Schritt eine zusätzliche Arbeit erforderlich, um es von dort ins Unendliche zu befördern. Diese Arbeit ist um so kleiner, je größer die Kugel ist. Die Austrittsarbeit zur Ablösung des Elektrons und der Radius der Kugel sind die entscheidenden Variablen unseres einfachen Modells. Der von ihm prognostizierte Verlauf des ersten Ionisationspotentials für verschiedene Fullerene ist im Bild 6.4a durch die eingezeichnete Linie dargestellt. Das Modell funktioniert erstaunlich gut für die stabilsten Fullerene mit geschlossenen Elektronenschalen (C_{60}, C_{70}, C_{76}, C_{78}, C_{84}). Die weniger stabilen Fullerene haben etwas niedrigere Ionisationspotentiale, wie man es erwarten würde. Mit diesem Modell können wir aber auch Voraussagen über die höheren Ionisationspotentiale der Fullerene machen, also über die Energien, die notwendig sind, um von einem Ladungszustand $(q-1)^+$ zur Ladung q^+ zu gelangen. Wie Bild 6.4b zeigt, liefert unser einfaches Modell eine überraschend gute Übereinstimmung mit Werten, die für höhere Ionisationspotentiale von C_{60} mit verschiedenen Methoden gewonnen wurden.

Fragmentierung

Setzt man Fullerene einer intensiven Energiequelle aus, etwa wiederum dem energiereichen Licht eines Lasers, ist es möglich, Bruchstücke aus ihnen herauszureißen. Diese „Fragmentierung" läuft nach Mechanismen ab, die bis heute ein ziemliches Rätsel darstellen. Das Muster dieser Fragmentierung bei hohen Anregungsenergien zeigt immer eine charakteristische bimodale Verteilung, die mit der Stabilität der verschiedenen Fragmentmoleküle zusammenhängt. Bei Fragmentmassen C_n mit $n > 30$ sieht man nur Moleküle mit Fullerenstrukturen, die man an den fehlenden ungeradzahligen Clustergrößen erkennen kann. Unterhalb von dieser Masse haben die Fragmente Ketten- und Ringstrukturen. Das Muster ist unabhängig davon, ob die Fullerene durch Laserphotonen, durch Stoßprozesse in der Gasphase oder an Oberflächen angeregt wurden.

Bild 6.5 zeigt ein Beispiel, das von einem C_{60}-Strahl nach der Absorption von vielen 193 nm (6,4 eV) Photonen herrührt. Das dazugehörige Massenspektrum wurde mit einem Reflektron-Flugzeit-Massenspektrometer (RETOF) gemessen. Dieses Massenspektrometer ist so auf-

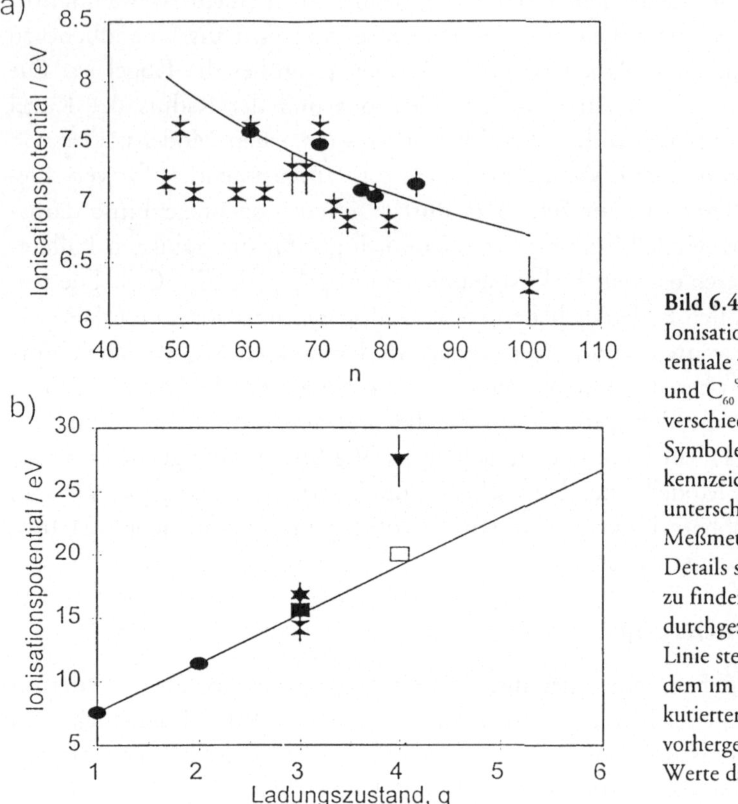

Bild 6.4: Ionisationspotentiale von C_n (a) und C_{60}^{q+} (b). Die verschiedenen Symbole in a) kennzeichnen unterschiedliche Meßmethoden. Details sind in [9] zu finden. Die durchgezogene Linie stellt die mit dem im Text diskutierten Modell vorhergesagten Werte dar.

gebaut, daß die Ionen in einem elektrischen Feld reflektiert werden und hat den Vorteil, zwischen den direkten Fragmenten, die im Extraktionsgebiet des Massenspektrometers (in diesem Fall innerhalb 1μs nach dem Laserimpuls) entstehen und solchen, die in seiner feldfreien Region auf einer Zeitskala bis zu einigen hundert μs gebildet werden, unterscheiden zu können [11]. Diese sogenannten metastabilen Fragmente haben eine kleinere kinetische Energie als ihre entsprechenden Muttermoleküle ($E_{meta} = (M_{meta}/M_{Mutter})E_{Mutter}$), sie werden daher früher im RETOF reflektiert und kommen bei kürzeren Zeiten als ihre Muttermoleküle im Ionennachweis an, aber später als die Ionen mit der gleichen Masse, die im Extraktionsgebiet entstehen.

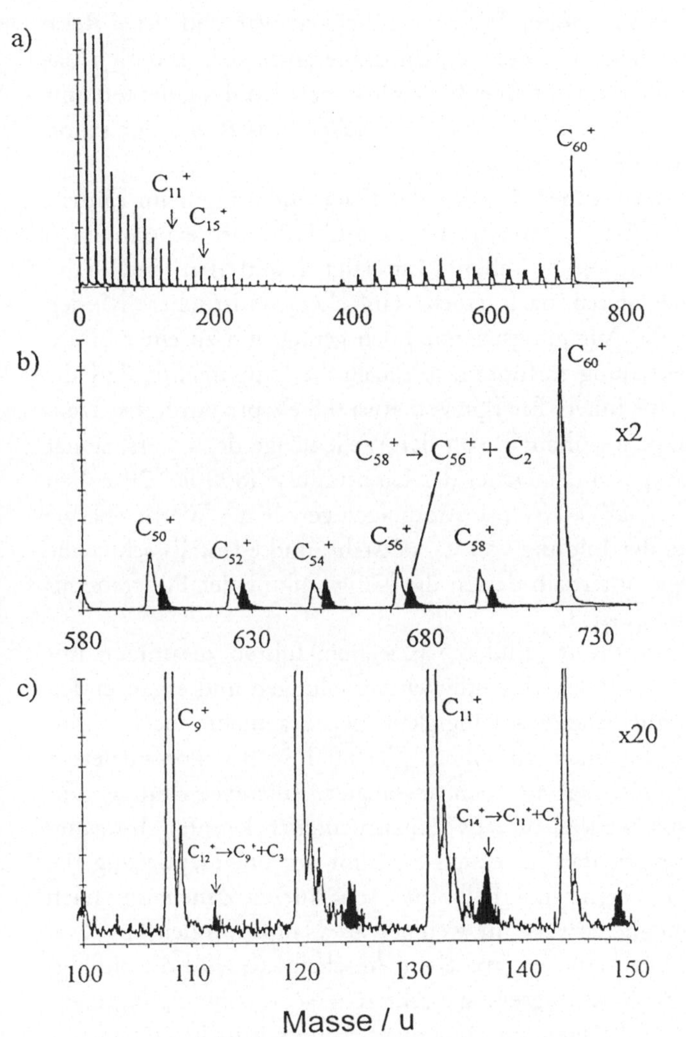

Bild 6.5: Photofragmentierungs-Massenspektrum nach Anregung mit 193 nm Excimerlaserstrahung, a) Gesamtspektrum, b) Ausschnitt der großen Fragmente (Intensität × 2) und c) Ausschnitt der kleinen Fragmente (Intensität × 20). Genaue Erläuterungen sind im Text gegeben. (Daten aus [11])

Die metastabilen Fragmente zeigen sich in den Bildern 5.5b und c in den schwarzen Peaks der vergrößerten Bereiche des Massenspektrums (die Massenskala in Abb 6.5 bezieht sich auf die direkten Fragmente). Alle Ionen, die im Extraktionsgebiet entstehen, haben eine so hohe innere Energie, daß sie mit hoher Wahrscheinlichkeit während ihrer Reise durch das Spektrometer C_2- oder C_3-Moleküle ausstoßen und sich dadurch abkühlen. Der metastabile C_2-Verlust bei den Fragmenten mit Fullerenstrukturen (C_n, n > 32) ist ein ähnlicher Prozeß wie der schon erwähnte C_2-Verlust bei Laserdesorption.

Es ist möglich, die innere Energie der Fragmentierung beim Eintritt in das feldfreie Gebiet des Spektrometers mit Hilfe des experimentell bestimmten Verhältnisses zwischen Muttersignal und dem metastabil erzeugten Fragmentsignal nach einem einfachen statistischen Modell abzuschätzen. Ist die Anregungsenergie hoch genug, um zu einer bimodalen Fragmentverteilung zu führen, so zeigen die Experimente, daß alle Fragment-Ionen eine innere Energie von etwa 0,8 eV pro Atom besitzen. Dieser Wert scheint unabhängig von der Wellenlänge des Lasers, seiner Intensität und sogar von der Dauer der Laserimpulse (800 fs[2]- 20 ns) zu sein! Interessant ist, daß 0,8 eV pro Atom auch gerade der Wärmeenergie entspricht, die bei der Bildung von C_{60} entsteht, und ebenfalls sehr nahe an dem Wert liegt, unterhalb dessen die Käfigstruktur der Fullerene als instabil angenommen wird.

Messungen, wie die im Bild 6.5 gezeigten, führen zusammen mit anderen Resultaten (wie Geschwindigkeitsverteilungen und ergänzenden Untersuchungen zur Energieabhängigkeit der Fragmente nach Stoß-fragmentierung) allmählich zu einem Verständnis der komplizierten Dynamik der Fragmentierung hoch angeregter Fullerene. Zum gegenwärtigen Zeitpunkt werden die aus Experimenten bekannten Informationen so interpretiert, daß im ersten Stadium der Fragmentierung die hoch angeregten Fullerene innerhalb einer sehr kurzen Zeitspanne nach der Anregung (möglicherweise in weniger als Nanosekunden) in zwei oder mehr große Bruchstücke zerbrechen. Anscheinend wird die anfängliche, elektronische Anregungsenergie sehr schnell in Schwingungsenergie umgewandelt, und dieser erste Fragmentierungsschritt ist ein statistischer Prozeß. Die Bruchstücke haben eine sehr hohe innere Energie (mindestens die schon oben erwähnten 0,8 eV pro Atom) und können

---

[2] Die Abkürzung fs steht für eine Femtosekunde, die 10^{-15} Sekunden, oder 10^{-3} Pikosekunden entspricht.

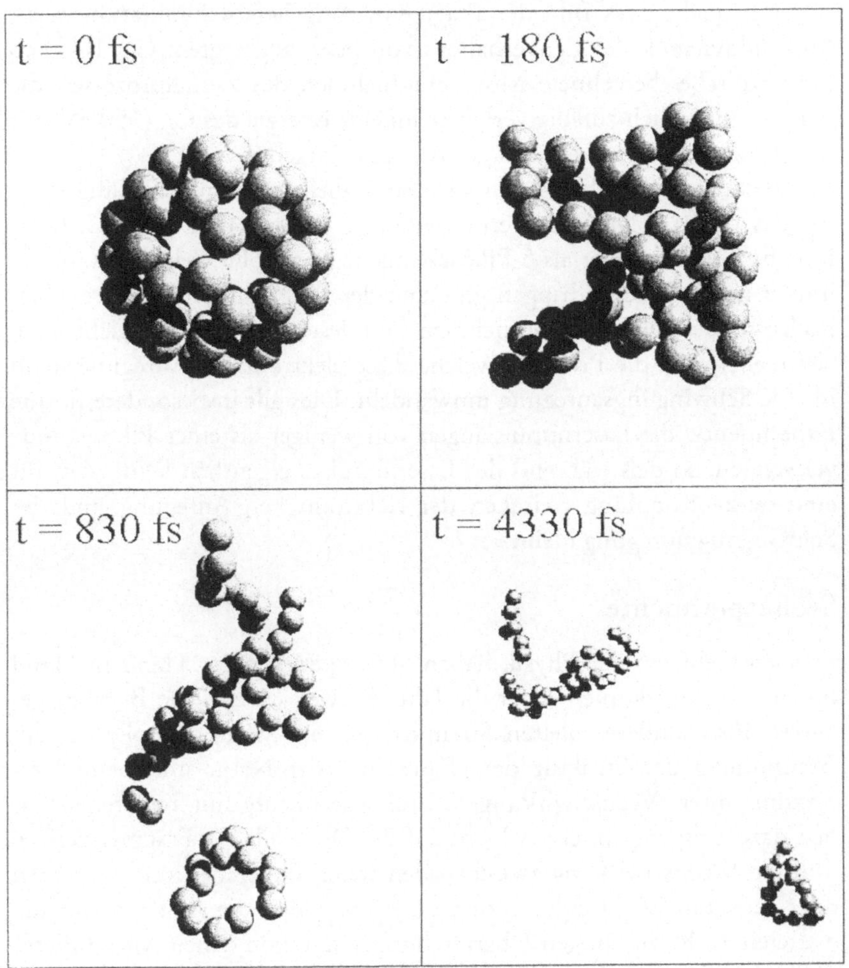

Bild 6.6: Simulationen zur molekularen Dynamik der Fragmentierung von hoch angeregten C_{60}-Molekülen: Ein Ring und eine Kette von Kohlenstoffatomen verlassen die Fullerene auf einer Zeitskala von wenigen Pikosekunden. (Bild aus [11]).

sich innerhalb von Mikrosekunden durch die Abgabe von C_2- und C_3-Molekülen abkühlen und stabilisieren.

Ein qualitatives Bild der Fragmentierung liefern Simulationen zur Moleküldynamik des Zeitverhaltens von hoch angeregtem C_{60}. Bild 6.6 zeigt typische, berechnete Momentaufnahmen des Zerfallprozesses, die sich bei anfänglich zufällig verteilter innerer Energie des C_{60} (150 eV) für verschiedene Zeitpunkte nach der Anregung ergeben.

In diesem speziellen Fall sehen wir den schnellen Zerfall der Käfigstruktur des C_{60}, gefolgt vom Verlust eines C_{14}-Ringes und einer C_6-Kette innerhalb von weniger als 5 Pikosekunden. Das große Geheimnis, das es immer noch zu durchdringen gilt, sind der Weg, auf dem Fullerene zunächst so viele Photonen aufnehmen (mindestens 10 und vielleicht noch viel mehr), und die Prozesse, welche diese elektronische Anregung dann in eine Schwingungsanregung umwandeln. Dies gilt insbesondere für die Experimente, die Laserimpulslängen von weniger als einer Pikosekunde verwenden, so daß während des Laserimpulses eigentlich keine Zeit für eine starke Kopplung zwischen der elektronischen Anregung und der Schwingungsanregung bleibt.

Stoßexperimente

In allen Gebieten der Physik haben Stoßexperimente – Hand in Hand mit der Spektroskopie – über die Jahre hinweg wesentliche Beiträge geleistet. Insbesondere spielten Streuprozesse eine wichtige Rolle bei der Bestimmung der Struktur der „Bausteine" der Natur und beim Verständnis ihrer Wechselwirkungen. Stoßexperimente mit Fullerenen haben dazu beigetragen, etwas Licht auf die Dynamik der Fragmentierung und die Wechselwirkung zwischen den freien Fullerenen und atomaren oder molekularen Stoßpartnern zu werfen. Doch die Stoßexperimente warteten auch mit einigen Überraschungen auf, von denen wir an dieser Stelle zwei Beispiele herausgreifen wollen.

Erste Hinweise auf die Existenz von Fullerenen, in deren Inneren ein Metallatom eingeschlossen ist, tauchten in den Massenspektren zu Experimenten auf, bei denen in Smalleys Labor 1985 Graphit durch Laserverdampfung mit einem metallischen Salz getränkt wurde [12]. Schwarz und seine Arbeitsgruppe waren dann die ersten, die zeigen konnten, daß kleine Atome (wie Helium oder Neon) von intaktem C_{60} bei wenigen keV kinetischer Laborenergie aufgenommen werden konnten [13]. In einer wunderschönen Serie von Experimenten konnte bewiesen werden, daß die Edelgase im Inneren der Fullerene eingefangen wurden und sich nicht etwa schwach gebunden an der Außenseite befanden. Außerdem wiesen sie den erfolgreichen Einschluß zweier Heliumatome in einer Doppelkollision nach. Genaue Messungen der Abhängigkeit des Einschlußprozesses von der Kollisionsenergie, die wir in unserem Labor anstellten, erlaubten uns die Bestimmung der Schwellenenergie für den Einschluß (6 und 9 eV für Helium bzw. Neon) [14].

Neuere experimentelle Ergebnisse haben eine klare Abhängigkeit der Einschlußbarriere von der inneren Energie der Fullerene aufgezeigt. Sie lieferten auch Hinweise auf die Existenz eines sogenannten „Fenster-Mechanismus", den Murry und Scuseria vorgeschlagen hatten [16]. Hierbei, so wird postuliert, bildet sich in einem elektronisch angeregten Fulleren ein großes Loch (ein C_9- oder C_{13}-Ring), welches es dem Atom sehr erleichtert, den Käfig zu durchdringen. Bild 6.7 zeigt ein Beispiel für einen Heliumeinschluß in negativ geladenem C_{60}. Das zweite, in dem Bild deutlich zu erkennende Maximum bei 18 eV resultiert aus dem Durchgang des Heliumatoms durch einen C_5-Ring, der eine größere Energiebarriere besitzt als der Durchgang durch einen C_6-Ring, der für das Maximum bei 10 eV verantwortlich ist. Es gibt außerdem Hinweise auf zusätzliche, reproduzierbare Strukturen, welche die zwei Maxima in Bild 6.7 überlagern, die aber zum jetzigen Zeitpunkt noch nicht zufriedenstellend erklärt werden können. Der Abfall in der Intensität des Signals oberhalb von 10 eV hängt mit der thermischen Emission von über-

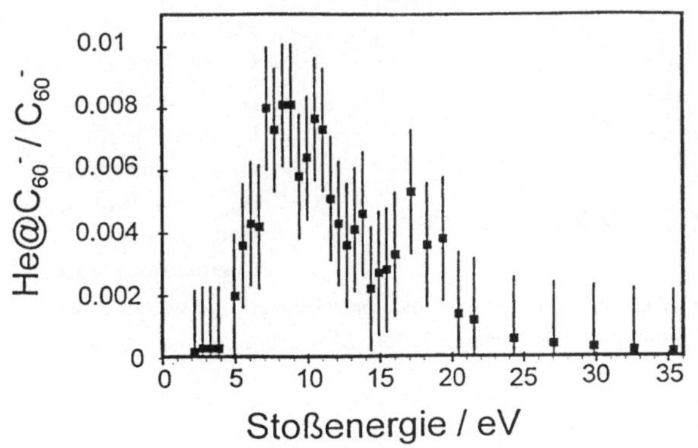

Bild 6.7:
Die Abhängigkeit des Signals für einen Heliumeinschluß von der Stoßenergie im Falle des negativ geladenen C_{60}. (Daten aus [15])

schüssigen Elektronen zusammen, wodurch ein neutrales Produkt entsteht, das im Massenspektrometer nicht nachgewiesen werden kann.

Als ein letztes Beispiel wollen wir Experimente herausgreifen, in denen Fullerenionen mit anderen Fullerenen bei Energien von einigen hundert eV (Geschwindigkeiten in der Größenordnung von 100 000 ms^{-1}) unter Einzelstoßbedingungen kollidieren [18]. Bei diesen relativ hohen Energien führen die Stoßexperimente zu Reaktionskanälen, welche erstaunliche Ähnlichkeiten mit Phänomenen haben, die bei Stoßprozessen zwischen Atomkernen beobachtet werden. Als Beispiel zeigt Bild 6.8 ein Flugzeit-Ionenspektrum für Stöße zwischen C_{60}^+ und einem Gemisch von 90 % C_{60} und 10 % C_{70} bei einer kinetischen Energie von 200 eV im Schwerpunktsystem. Massen größer als die von C_{60}^+ sind deutlich zu sehen und entstammen der „Fusion" zweier Fullerenmoleküle. Dabei entsteht ein C_{120}^+ (oder C_{130}^+), das lange genug überleben kann (mehr als 70 µs), um im Massenspektrum sichtbar zu werden. Die Bedingungen, unter denen diese großen „fusionierten" Fullerene entstehen,

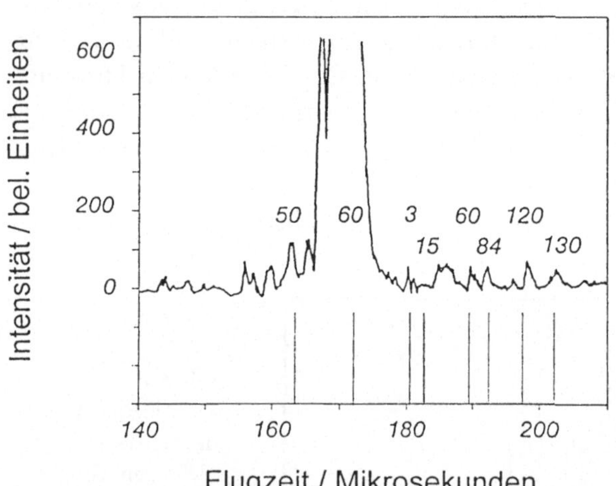

Bild 6.8: Beobachtung von Fusion in C_{60}^+ + C_{60}/C_{70} Stöße mit einem RETOF Massenspektrometer. Die Zahlen beziehen sich auf die Massen C_n^+ der Produkte. Alle Peaks, die zu längeren Flugzeiten als der Mutterpeak (C_{60}^+) ankommen, sind entweder unfragmentierte Fusionsprodukte C_{120}^+, C_{130}^+ oder Fragmente aus diesen Fusionsprodukten, die wegen ihrer viel niedrigeren Geschwindigkeit später ankommen als die Mutterionen.

sind ganz anders als die in der sehr heißen dichten Gaswolke bei der Laserdesorption, wo viele Stöße zwischen sehr heißen Fullerenen und Fragmenten stattfinden können. Simulationen der molekularen Dynamik sagen eine Barriere für diese Fusionsreaktion voraus, die etwa bei 100 eV liegen soll, was in guter Übereinstimmung zu den Experimenten steht. Nach den Energie- und Impulserhaltungsgesetzen kann maximal die gesamte Stoßenergie des Schwerpunktsystems in innere Energie des Produktes umgesetzt werden, und dies geschieht auch in der Tat so. Es ist erstaunlich, daß ein so gebildetes Produktmolekül mit einer inneren Energie von 200 eV (Abb. 6.8) so lange Zeit überleben kann. Bedenkt man aber, daß im Prinzip $3 \times 240 - 6$ Freiheitsgrade Energie aufnehmen können und gewisse kinematische Restriktionen den Zerfallsprozess begrenzen (z.B. Drehimpulserhaltung) und daß ferner die Stoßenergie nicht vollständig zufällig im C_{120}^+ verteilt ist, so kann man seine hohe Stabilität trotz hoher innerer Energie schon verstehen. Auch mögen elektronisch angeregte Zustände außerdem zu den relativ langen Lebensdauern beitragen.

Diese Fulleren-Fulleren-Stoßexperimente helfen uns, mehr und mehr Einsichten in den Wachstumsmechanismus der Fullerene zu gewinnen. Sie tragen auch dazu bei, Modelle zur Beschreibung der Fragmentierung heißer Atomkerne, wie sie bei kernphysikalischen Stoßexperimenten benutzt werden, auf diese Fragen der Molekül- und Clusterphysik zu übertragen. Hier eröffnen sich ganz neue Aspekte der Stoßphysik, welche durch synergetische Kooperation zwischen den Nuklear- und Clusterwissenschaftlern zu bedeutungsvollen Fortschritten in beiden Gebieten führen.

Wir hoffen, daß unsere Auswahl an Experimenten mit Fullerenen in der Gasphase einen Eindruck von der Spannbreite der Phänomene vermitteln konnte, die wir in den letzten Jahren untersucht haben. Es ist charakteristisch für dieses Gebiet, daß viele der interessantesten Resultate vollkommen unerwartet waren. Hoffen wir also, daß noch viele Überraschungen hinter der nächsten Ecke auf uns warten.

Kapitel 7

Elektronenstruktur von festen Fullerenen und Fullerensalzen

Jörg Fink

In den vergangenen zwei Jahrzehnten haben dotierte organische Verbindungen immer wieder große Aufmerksamkeit unter Festkörperphysikern und Materialwissenschaftlern erregt. Dabei handelt es sich um ungesättigte Kohlenwasserstoffverbindungen, bei denen mittels Gegenionen, die zwischen diesen Verbindungen eingelagert sind, Elektronen abgezogen (Oxidation) oder zusätzliche Elektronen angebracht (Reduktion) werden. Man spricht dann häufig von einer Dotierung der Festkörper, obwohl es sich eigentlich um nichts anderes als die Ausbildung von Salzen analog zum Kochsalz handelt. Dabei entspricht das Cl-Ion einer reduzierten Kohlenstoffverbindung und das Na-Ion dem oxidierten Gegenion.

Die neu entstandenen Festkörperstrukturen haben vielfach völlig neue und interessante Eigenschaften. Graphit ist zum Beispiel eine solche ungesättigte Kohlenstoffmodifikation. Aus dem halbmetallischen Graphit mit geringer elektrischer Leitfähigkeit entsteht durch die Einlagerung von Gegenionen zwischen die Graphitebenen ein Festkörper mit einer elektrischen Leitfähigkeit, die größer ist als die von Kupfermetall bei Raumtemperatur. In diesen Systemen wurde bei der Interkalation von Alkalimetallen zwischen die Graphitebenen, also bei einer n-Dotierung mittels Donatoren, auch Supraleitung gefunden. Bei den Na-Verbindungen wurden bei den höchsten Dotierungsgraden, die nur unter hohem Druck erreicht wurden, supraleitende Sprungtemperaturen bis $T_c = 6$ K ermittelt.

Im Jahre 1978 wurde erstmals beobachtet, daß bei ungesättigten Polymeren, wie zum Beispiel dem Polyacetylen, durch die Einlagerung von Gegenionen zwischen die Polymerketten aus dem halbleitenden

Polymer ein metallisches und damit elektrisch leitfähiges Polymer wird. Auch hier wurden Leitfähigkeiten beobachtet, die an die von Kupfermetall bei Raumtemperatur heranreichen, es wurde aber bis jetzt keine Supraleitung in diesen Systemen beobachtet. Im Anschluß an diese Entdeckung wurden dann zahlreiche weitere Polymere entdeckt, bei denen eine Dotierung, verbunden mit einer großen Zunahme der Leitfähigkeit, durchgeführt werden kann.

Eine weitere Klasse solcher Verbindungen sind die Ladungstransfersalze, bei denen aus Stapeln von organischen Molekülen Elektronen mit Hilfe von Gegenionen abgezogen oder hinzugefügt werden können. Auch hier handelt es sich je nach Füllung der elektronischen Bänder, um antiferromagnetische Isolatoren oder um metallische Verbindungen. Letztere zeigen wieder in einigen Fällen bei tiefen Temperaturen Supraleitung. Den „Rekord" hält eine Verbindung aus Schwefelkohlenstoffmolekülen mit Kupferrodanid-Gegenionen. Hier wurde ein Sprungpunkt von T_c = 14 K gemessen.

Nach der Entdeckung der Fullerene durch Kroto und Smalley [1] und der Entdeckung von Krätschmer und Huffmann [2], wie man makroskopische Mengen dieser Verbindungen herstellt, lag es nahe zu versuchen, auch diese ungesättigten Kohlenstoffmoleküle zu dotieren. Auch hier wurde sehr schnell herausgefunden, daß eine Einlagerung von Alkali- und Erdalkaliatomen in einigen Fällen zu metallischen Systemen mit Supraleitung, in anderen Fällen zu neuen halbleitenden Verbindungen führt. Eine Einlagerung von organischen Akzeptormolekülen führte zu schwach ferromagnetischen Verbindungen.

Ziel der Untersuchungen der Elektronenstruktur von solchen Verbindungen ist es, die makroskopischen Eigenschaften dieser Systeme (ob und unter welchen Bedingungen sie isolierend, metallisch, ferromagnetisch oder supraleitend sind) mikroskopisch zu verstehen. Der vorliegende Beitrag soll den derzeitigen Stand des Wissens über die Elektronenstruktur der Fullerene und ihrer Verbindungen aufzeichnen.

Elektronenstruktur der Kohlenstoffatome und der Fullerenmoleküle

Das Kohlenstoffatom hat sechs Elektronen. Es befindet sich in der $1s^2 2s^2 2p_x^1 2p_y^1$ Konfiguration. Dies bedeutet, zwei Elektronen mit der Bahndrehimpulsquantenzahl l = 0, also s-Elektronen, befinden sich in der Schale mit der Hauptquantenzahl 1 (1s oder K-Schale). Die Elektronen in der K-Schale sind sehr stark gebunden. Die Bindungsenergie beträgt etwa 280 eV, d.h. diese Elektronen nehmen nicht an der chemischen Bindung teil. In der L-Schale befinden sich vier Elektronen, zwei s-Elektronen und zwei p-Elektronen. Physiker beschreiben die örtliche Verteilung der Elektronen in Atomen und Festkörpern durch Wellenfunktionen. Das Quadrat dieser Wellenfunktionen gibt die Aufenthaltswahrscheinlichkeit der Elektronen an. In Bild 7.1a sind die Wellenfunktion für die s- und p-Elektronen, d.h. die s- und p-Orbitale dargestellt. Die s-Orbitale sind kugelsymmetrisch, während die p-Orbitale durch eine Doppelkeule beschreiben werden können.

Für eine chemische Bindung sind nur die Elektronen in der äußeren (L-) Schale von Bedeutung. Ihre Bindungsenergie beträgt einige Elektronenvolt, wobei es dort zwischen den verschiedenen Elektronen noch Unterschiede gibt: Die Bindungsenergie der 2s-Elektronen liegt um etwa 6 eV höher als die der 2p-Elektronen. Dies bedeutet, daß vor allem die 2p-Elektronen für die chemische Bindung wichtig sein sollten. Durch Zufuhr von Energie – die z.B. auch aus der Ausbildung einer chemischen Verbindung herrühren mag – können Elektronen aus dem 2s-Orbital in ein p-Orbital verdrängt werden. Das Atom befindet sich dann in einem angeregten Zustand mit der Konfiguration $1s^2 2s^1 2p_x 2p_y 2p_z$. Experimentelle Daten beweisen, daß die Orbitale eines Atoms miteinander wechselwirken. Es entstehen sogenannte Hybridorbitale, deren Gestalt sich

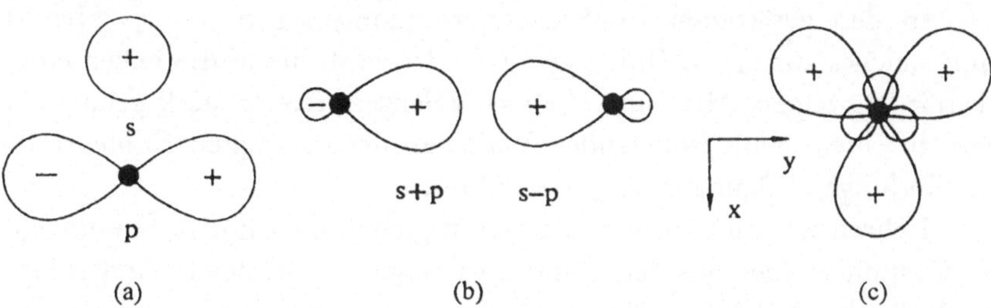

Bild 7.1: (a) s- und p-Orbitale, (b) s-p-Hybride, sogenannte σ-Orbitale, (c) drei σ-Orbitale des Kohlenstoffatoms in der sp^2-Konfiguration, wie sie in Graphit, Polyacetylen und in Fullerenen auftreten.

von der einfacher Atomorbitale unterscheidet. So können beispielsweise
ein s- und ein p-Elektron zwei Hybridorbitale bilden (die sich durch die
Überlagerung der Wellenfunktionen berechnen lassen):

$$\Phi_1 = (s + p) / \sqrt{2}; \quad \Phi_2 = (s - p) / \sqrt{2}.$$

Diese Hybridorbitale sind in Bild 7.1b dargestellt. Im Kohlenstoffatom
gibt es verschiedene Hybride der 2s- und 2p-Elektronen. Das sogenannte
sp^2-Hybridorbital tritt in den ungesättigten Kohlenstoffverbindungen
auf. Es wird aus einem 2s-Elektron und zwei 2p-Elektronen ($2p_x$, $2p_y$)
gebildet und ist in Bild 7.1c gezeigt. Die großen Ladungswolken zeigen
in Richtung eines gleichseitigen Dreiecks und liegen in einer Ebene.
Diese Ladungswolken führen bei benachbarten C-Atomen zu den sogenannten σ-Bindungen. Daneben gibt es noch das p_z-Orbital, welches
senkrecht zur Ebene der sp^2-Hybridorbitale und somit zu den σ-Bin-
dungen steht. Zwei solche p_z-Orbitale zweier benachbarter Orbitale können eine sogenannte π-Bindung bilden, d.h. die p_z-Orbitale überlappen
oberhalb und unterhalb der Ebene der σ-Bindungen.

Die σ-Bindungen sind starke Bindungen. Sie bilden im wesentlichen das Gerüst dieser Kohlenstoffverbindungen. Die π-Bindungen sind
zusätzliche schwächere Bindungen. Sie werden in chemischen Formeln
oft mit einem zweiten Strich (Doppelbindungen) angedeutet. Da die p_z-
Elektronen oder π-Elektronen schwächer gebunden sind, sind sie es, die
für die elektronischen Transporteigenschaften, also etwa der Leitfähigkeit, verantwortlich sind.

In den gesättigten Kohlenstoffverbindungen tritt das sp^3-Hybrid
auf, welches aus vier σ-Bindungen gebildet wird, die in die Ecken eines
Tetraeders zeigen. Hier sind alle vier Valenzelektronen stark gebunden,
was zu einem stark isolierenden Verhalten der gesättigten Kohlenstoffverbindungen (Diamant, Polyethylen) führt.

Kehren wir nun zurück zu ungesättigten Kohlenstoffverbindungen:
In Graphit werden aus den atomaren Energieniveaus der σ- und π-Hy-
bridorbitale σ- und π-Energiebänder eines quasi-zweidimensionalen
Festkörpers. Die Bandbreite der σ-Bänder beträgt etwa 40 eV, d.h. innerhalb dieser Bandbreite können die σ-Elektronen jedes mögliche
Energieniveau annehmen, was erst durch die Überlappung der zahlreichen Atomorbitale möglich wird. Am Ferminiveau, welches die besetzten

Energiezustände von den unbesetzten trennt, existiert für diese σ-Bänder eine Energielücke von etwa 8 eV. Für die π-Bänder wurde eine Bandbreite von 12 eV ermittelt. Am Ferminiveau überlappen die π-Bänder gerade, Graphit ist ein Halbmetall und die elektronische Zustandsdichte ist am Ferminiveau sehr gering.

Betrachten wir nun die Elektronenstruktur eines C_{60}-Fullerenmoleküls, welches der Prototyp der Fullerenmoleküle ist. Angenähert haben wir bei C_{60} eine auf eine Kugel aufgespannte endliche Graphitebene mit 60 Kohlenstoffatomen. Um die Krümmungen zu erreichen, muß man neben den 20 Sechsecken (Sechsecke bestimmen die Struktur der Graphitebenen) auch 12 Fünfecke einbauen. Da das Molekül eine endliche Zahl von Kohlenstoffatomen besitzt, werden in C_{60} aus den π-Bändern des Graphits 60 diskrete Molekülniveaus mit π-Charakter, welche entsprechend dem Pauli-Prinzip mit zwei Elektronen mit jeweils einer Spinrichtung besetzt werden können. Aus den σ-Bändern des Graphits entstehen entsprechend 180 Molekülniveaus mit σ-Charakter. In Wirklichkeit wird aber die Zahl der Molekülniveaus drastisch reduziert, da viele dieser möglichen Niveaus die gleiche Energie haben; man spricht in diesem Fall von Entartung. Die starke Entartung hängt mit der hohen Symmetrie des Moleküls zusammen. Das C_{60}-Molekül ist dasjenige, welches die größte Symmetrie unter allen bisher bekannten Molekülen aufweist.

Wir können auch an die Elektronenstruktur des C_{60}-Moleküls in einer anderen Art und Weise herantreten: In erster Näherung bilden die 60 Kohlenstoffrümpfe des C_{60}-Moleküls, die auf einer Kugelschale mit einem Durchmesser von 0,7 nm liegen, für die Valenzelektronen ein kugelsymmetrisches Potential. Entsprechend den Regeln der Quantenmechanik können die Energieniveaus der Valenzelektronen wie in einem Wasserstoffatom nach Drehimpulsquantenzahlen sortiert werden. Das unterste Niveau ist ein s-Niveau mit Bahndrehimpuls $l = 0$, d.h. die Ladung der beiden Elektronen, die dieses Niveau besetzen, sind gleichmäßig über alle Kohlenstoffatome verteilt. Das nächsthöhere Niveau ist ein p-Niveau mit $l = 1$, das dreifach entartet ist; das nächste ist dann ein d-Niveau mit $l = 2$ usw. Bei den Niveaus mit $l \geq 1$ ist die Ladung der Elektronen natürlich nicht mehr gleichmäßig verteilt.

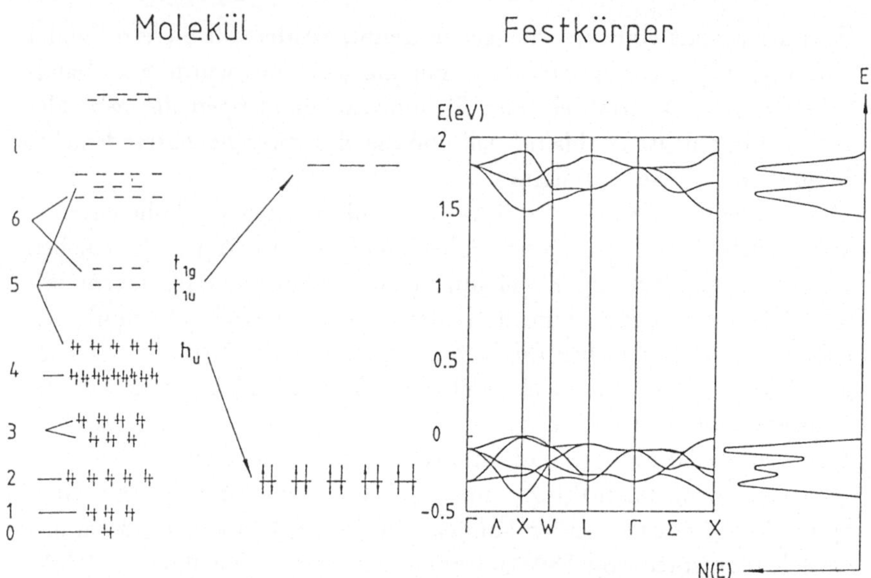

Bild 7.2: Linke Seite: Energieniveaus der π-Elektronen in einem C_{60}-Molekül. Rechte Seite: Oberste Gruppe der Valenzelektronenbänder und unterste Gruppe der Leitungselektronenbänder in einem Festkörper aus C_{60}-Molekülen (nach Bandstrukturrechnungen von S. Saito and A. Oshiyama [3]) sowie deren Zustandsdichte $N(E)$. π-Elektron-Ladungsdichte von jeweils zwei Kohlenstoffatomen auf benachbarten C_{60}-Molekülen (nach M. Schlüter et al. [4]).

Eine genauere Kenntnis über die möglichen Molekülniveaus des C_{60}-Moleküls liefert das von den Chemikern oft genutzte Hückelmodell. Hier wird angenommen, daß eine kovalente Bindung zwischen jeweils zwei benachbarten Kohlenstoffatomen existiert, d.h. Elektronen von einem Kohlenstoff zu einem benachbarten hüpfen können. Aus solchen Rechnungen ergibt sich ein Niveauschema für die π-Elektronen, wie es in Bild 7.2 aufgezeichnet ist. In Übereinstimmung mit den vorher aufgeführten Überlegungen für ein radialsymmetrisches Potential sind, zumindest für $l \leq 2$, die Energieniveaus für einen bestimmten Bahndrehimpuls entartet. Jedoch für größeres l tritt eine Aufspaltung der Energieniveaus auf. Dies kann man dadurch verstehen, daß das Potential für die π-Elektronen nicht exakt radialsymmetrisch ist. Vielmehr hat ja das

Molekül die Form eines Ikosaeders, dem die 12 Spitzen abgeschnitten sind. Diese Abweichung des Potentials von der Radialsymmetrie führt dann zu einer teilweisen Aufhebung der Entartung. Die Aufspaltung ist noch relativ gering für $l = 3$ und 4, wird aber für $l \geq 5$ größer als die Niveauabstände. Da im Molekül 60 π-Elektronen vorhanden sind, müssen die Energieniveaus mit diesen aufgefüllt werden. Dies führt zur Besetzung aller Niveaus mit $l \leq 4$ und der untersten fünffach entarteten Niveaugruppe mit $l = 5$, wie in Bild 7.2 aufgezeichnet. Das höchste besetzte Molekülniveau wird h_u-Niveau genannt. Das niedrigste unbesetzte Niveau hat die Bezeichnung t_{1u}. Es ist dreifach entartet, d.h. es kann mit 6 Elektronen gefüllt werden. Sowohl das h_u- als auch das t_{1u}-Niveau haben denselben Drehimpuls $l = 5$. Das nächsthöhere t_{1g}-Niveau hat den Drehimpuls $l = 6$.

Die oben gegebene Darstellung ist in zweierlei Richtung etwas vereinfachend. Erstens ist eine klare Einteilung in σ- und π-Elektronen nur in ebenen Systemen wie z.B. Graphit oder Polyacetylen möglich. Da die Oberfläche, vor allem in den kleineren Fullerenen, stark gekrümmt ist, sind die π-Elektronenzustände nicht mehr rein, vielmehr sind mit zunehmender Krümmung σ-Zustände beigemischt. Außerdem sind die Bindungslängen zwischen den Kohlenstoffatomen eines C_{60}-Moleküls nicht gleich lang. Ähnlich wie bei Polyacetylen tritt eine sogenannte Dimerisierung auf, d.h. es werden kurze und lange Kohlenstoffverbindungen beobachtet. Bei C_{60} sind die Bindungslängen, die die Fünfecke verbinden, etwas kürzer ($d \approx 0{,}140$ nm) als die Bindungslängen in den Fünfecken ($d \approx 0{,}145$ nm). Diese Unterschiede in den Bindungslängen bewirken eine stärkere π-Bindung entlang der Verbindung der Fünfecke und eine etwas schwächere π-Bindung in den Kanten der Fünfecke.

Vom Fullerenmolekül zum Fullerenfestkörper

Kondensiert man C_{60}-Moleküle zu einem Festkörper, so wird z.B. bei einer Röntgenbeugungsuntersuchung eine kubisch-flächenzentrierte Struktur mit einer Gitterkonstanten von 1,42 nm beobachtet. Der kleinste Abstand zwischen Kohlenstoffatomen benachbarter Moleküle beträgt 0,31 nm. Im Graphit ist der Abstand zwischen den Kohlenstoffebenen etwas größer, nämlich 0,35 nm. In beiden Fällen sind diese Abstände

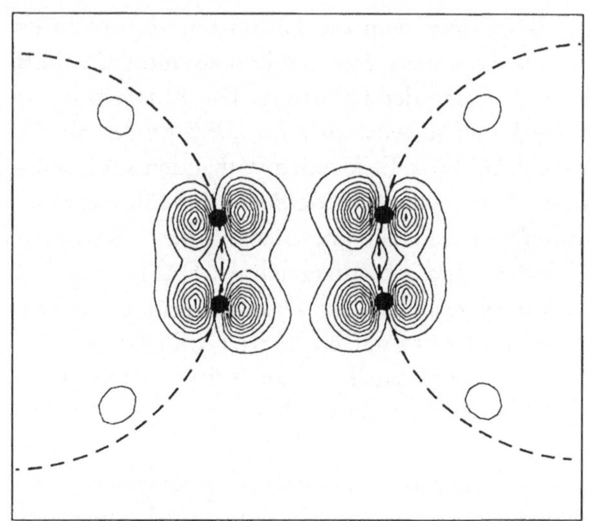

Bild 7.3:
So überlappen sich die Orbitale der π-Elektronen von jeweils zwei Kohlenstoffatomen auf zwei benachbarten Fullerenmolekülen.

aber sehr viel größer als die Abstände der Kohlenstoffatome auf der Oberfläche der C_{60}-Moleküle bzw. in den Graphitebenen. Dies ist in Bild 7.3 dargestellt, in der die Ladungsdichte der π-Elektronen (p_z-Orbitale) von jeweils zwei Kohlenstoffatomen auf zwei benachbarten C_{60}-Molekülen aufgezeichnet ist. Man sieht, daß die Überlappung der Ladungsdichten und damit die Bindung auf der Oberfläche der Moleküle sehr viel größer ist als zwischen den Molekülen. Das sogenannte Hüpfintegral, das die Wahrscheinlichkeit für ein Hüpfen der Elektronen zwischen den Atomen angibt und damit ein Maß für die Stärke der kovalenten Bindung ist, ist in der Oberfläche des Moleküls etwa 50mal größer als zwischen den Molekülen.

Wenn wir also vom Fulleren-Molekül zum Fulleren-Festkörper übergehen, so werden wir nicht wie im Graphit sehr breite Bänder erhalten. Im Graphit liegen starke Bindungen entlang der Ebenen vor, also über Dimensionen, die der Größe des Festkörpers entsprechen. In den Fullerenen sind diese starken Bindungen nur innerhalb des Moleküls vorhanden. Zwischen den Molekülen existiert nur eine relativ schwache van-der-Waals-artige Bindung; man spricht von Molekülkristallen. Die schwachen Bindungen führen nur zu einer kleinen energetischen Verbreiterung des Molekülniveaus, d.h. es bilden sich relativ schmale Bänder aus. Dies ist in Bild 7.2 für C_{60} gezeigt. Aus dem fünffach entarteten, höchsten besetzten Molekülniveau entstehen im Festkörper fünf Bänder mit einer Breite von etwa 0,6 eV. Dies ist dann die oberste Gruppe der Valenzbänder. Aus dem dreifach entarteten, untersten unbesetzten Molekülniveau entstehen drei Leitungselektronenbänder mit einer Breite von ebenfalls etwa 0,6 eV, welche die unterste Gruppe der Leitungselektronenbänder darstellen.

In Bild 7.2 ist auch die Zustandsdichte $N(E)$, d.h. die Zahl der Zustände pro Energieintervall, für die beiden Bandgruppen angegeben. Derartige Ergebnisse für die Elektronenstruktur resultieren aus Bandstrukturrechnungen, die die sogenannte lokale Dichtenäherung benutzen. In dieser Näherung ist ein Festkörper aus C_{60}-Molekülen ein Halbleiter mit einer Energielücke von 1,5 eV. Die Bandbreite der obersten Gruppe von Valenzbändern beträgt 0,6 eV, die der untersten Gruppe der Leitungselektronen ebenfalls 0,6 eV. Eine derartige Elektronenstruktur ist typisch für Molekülkristalle und tritt z.B. auch in Naphtalenkristallen in ähnlicher Form auf.

Die in Bild 7.2 vorgestellten Ergebnisse für die Bandstruktur von festem C_{60} stellen nur eine Näherung dar, mit der man sich ein erstes Bild von den möglichen Verhältnissen machen kann. Diesen Rechnungen liegt ein Modell zugrunde, daß beispielsweise darauf basiert, daß die Elektronen im Festkörper gleichmäßig verteilt sind. Dies ist aber bei C_{60}-Festkörpern gerade nicht der Fall, da die Valenzelektronen im wesentlichen auf Kugelschalen mit dem Durchmesser der Fullerenmoleküle (d = 0.71 nm) liegen. Ein anderes Näherungsverfahren [7], welches die Wechselwirkung zwischen den Elektronen besser berücksichtigt, kommt daher auch zu etwas anderen Ergebnissen. Hier wurde in Übereinstimmung mit Photoemissions- und inversen Photoemissionsmessungen [5] eine vergrößerte Energielücke von 2,15 eV gefunden. Auch die Bandbreiten für die Valenzband- und Leitungsbandgruppen verbreitern sich auf etwa 1 eV. Dieses zweite Näherung berücksichtigt auch in einer weiteren Hinsicht die tatsächlichen Bedingungen besser. In den Bild 7.2 zugrundeliegenden Bandstrukturrechnungen wurde angenommen, daß alle Fullerenmoleküle des Festkörpers gleich ausgerichtet sind. Aus vielen

Untersuchungen wie z.B. Kernresonanzmessungen weiß man aber, daß die Moleküle bei Raumtemperatur frei rotieren. Dies bedeutet, daß die Hüpfraten der Elektronen von einem Molekül zum nächsten sehr stark variieren werden. Oder anders ausgedrückt, in diesen *Systemen* ist sehr viel Unordnung vorhanden. Bezieht man diese Unordnung mit in die Rechnungen ein [7], zeigt sich, daß sich die Bandbreite und die Energielücke durch sie nur wenig ändert, die Feinstruktur in der Zustandsdichte $N(E)$ jedoch stark verschmiert.

Bisher haben wir nur theoretische Überlegungen zur Elektronenstruktur dargestellt. Natürlich kann die Elektronenstruktur der Fullerene auch experimentell bestimmt werden. Mit Hilfe der Photoemissionsspektroskopie konnte die Zustandsdichte der besetzten Zustände von den Fullerenen C_{60}, C_{70} und C_{84} bestimmt werden. Solche Spektren sind in Bild 7.4 gezeigt. Für C_{60} wird dort das Maximum bei der Bindungsenergie von 2,1 eV der Zustandsdichte der fünf obersten besetzten Valenzbänder zugeordnet, die aus dem h_u-Molekülorbital abgeleitet wurden. Die Breite der Struktur beträgt etwa 1 eV in qualitativer Übereinstimmung mit den Bandstrukturrechnungen, die Bandbreiten von etwa 0,6 bis 1 eV angeben. Eine Feinstruktur der Zustandsdichte, wie in Bild 7.2 dargestellt, konnte nicht beobachtet werden. Der Grund dafür ist

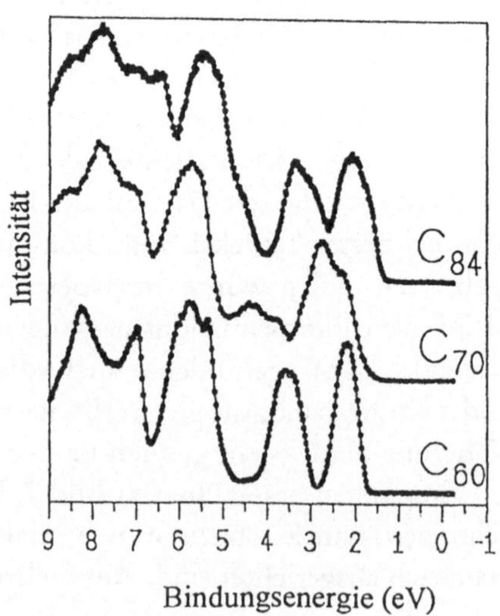

Bild 7.4:
Photoemissionsspektren der festen Fullerene C_{60}, C_{70} und C_{84} (nach M.S. Golden et al. [8]).

vermutlich die vorher beschriebene Unordnung und die Verschmierung durch Anregung von Phononen im Photoemissionsprozeß. Das nächste Maximum bei einer Bindungsenergie von 3,5 eV kann ebenfalls einer Gruppe von π-Bändern zugeordnet werden, die aus den neun Molekülorbitalen mit Drehimpuls $l = 4$ entstanden sind (siehe Bild 7.2). Für Bindungsenergien größer als 4 eV werden neben den π-Bändern auch relativ scharfe Strukturen beobachtet, die σ-Bändern zugeordnet werden können. Der Grund dafür, daß die σ-Bänder schmaler sind als die π-Bänder, rührt von der Tatsache her, daß die π-Orbitale aus der Oberfläche der Moleküle herausragen und daher eben stärker mit benachbarten Molekülen überlappen, als die σ-Orbitale, die in der Oberfläche der Moleküle liegen.

Betrachtet man die entsprechenden Spektren für die höheren Fullerene (z.B. C_{70} und C_{84}), so fällt eine Verbreiterung der Strukturen auf. In einigen Fällen ist sogar eine Aufspaltung derselben zu beobachten. Diese Verbreiterung bzw. Aufspaltung ist auf eine Reduzierung der Entartung der Molekülniveaus zurückzuführen, da die C_{70} und C_{84} Moleküle weniger symmetrisch sind als die C_{60}-Moleküle. C_{70} hat z.B. die Form eines amerikanischen Fußballs. Bei den höheren Fullerenen (C_{84}) kann eine zusätzliche Verbreiterung durch die Tatsache auftreten, daß dort verschiedene Isomere existieren können, d.h. Moleküle mit gleichviel Kohlenstoffatomen, aber verschiedener Anordnung. Da jedes dieser Isomere verschiedene Molekülniveaus besitzt, kann dies zu verbreiterten Spektralstrukturen führen.

Ähnliches Verhalten wurde auch für die unbesetzten Zustände von Fullerenen beobachtet. In Bild 7.5 sind C1s Absorptionskanten für die Fullerene C_{60}, C_{70}, C_{76} und C_{84} gezeigt, wie sie mit Hilfe der Elektronen-Energieverlustspektroskopie gemessen wurden. Diese Spektren zeigen die Übergangswahrscheinlichkeit für Anregungen aus dem 1s-Niveau (K-Schale) in unbesetzte Zustände, d.h. in erster Näherung wird die Zustandsdichte der unbesetzten Zustände vermessen. Für C_{60} entspricht das erste Maximum der unbesetzten Zustandsdichte der untersten Gruppe der Leitungselektronen, die vom t_{1u}-Molekülniveau abgeleitet wurde. Die nächsten drei Maxima entsprechen ebenfalls Übergängen in Gruppen von unbesetzten π-Bändern. Aus dem Vergleich mit Graphit folgt, daß

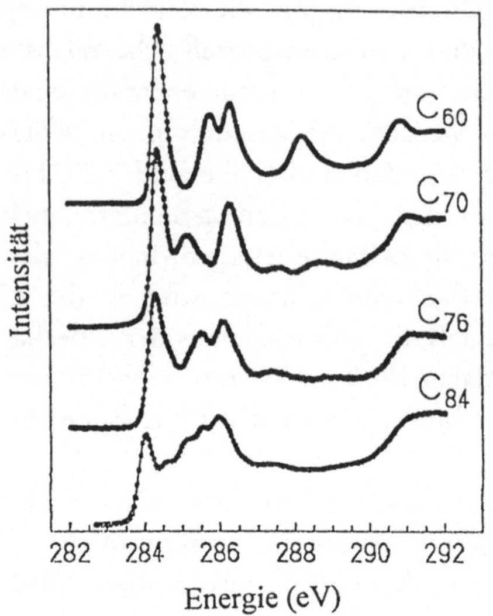

Bild 7.5:
Elektronen-Energieverlustspektren für die festen Fullerene C_{60}, C_{70}, C_{76} und C_{84}. Es werden Anregungen aus der K-Schale in unbesetzten Zustände beobachtet. (nach M.S. Golden et al. [8])

für Kohlenstoffverbindungen ab etwa 291 eV Übergänge in unbesetzte σ-Bänder auftreten. Wie bei den besetzten Bändern werden auch hier bei den höheren Fullerenen Verbreiterungen und Aufspaltungen der Maxima beobachtet, die durch eine Erniedrigung der Symmetrie und durch mehrere Isomere erklärt werden können.

Im festen C_{60} wird optisch oder mittels Elektronen-Energieverlustspektroskopie eine Energielücke von $E_g^0 = 1,8$ eV beobachtet. Die Reduzierung gegenüber den Ergebnissen aus Photoemission und inverser Photoemission ($E_g = 2,3$ eV) ist auf exzitonische Effekte, d.h. die Wechselwirkung des angeregten Elektrons im Leitungselektronenband mit dem Loch im Valenzband, zurückzuführen. Führt man ähnliche Elektronen-Energieverlustmessungen an den höheren Fullerenen durch [8], so verringert sich die Energielücke, z.B. bei C_{84} auf $E_g^0 = 1,2$ eV. Dies wird erwartet, da bei den höheren Fullerenen neben den 12 Fünfecken, die für die Schließung der Fullerene notwendig sind, mehr und mehr Sechsecke eingebaut werden, d.h. die höheren Fullerene gleichen zunehmend dem Halbmetall Graphit.

Einlagerungsverbindungen der Fullerene

Die kubisch flächenzentrierte Gitterstruktur hat drei Zwischengitterplätze, wobei nicht alle die gleiche Symmetrie um sich herum besitzen (vgl. Bild 7.6): Zwei von ihnen zeigen eine tetraedrische Symmetrie, in der vier C_{60}-Moleküle den freien Platz wie ein Tetraeder einschließen. Der dritte mögliche Gitterplatz ist größer als die beiden anderen und wird von acht Molekülen umgeben, hat also eine oktaedrische Symmetrie. Da die Elementarzelle des Gitters von C_{60} relativ groß ist, sind auch die Zwischengitterplätze groß, so daß diese mit Ionen gefüllt werden können.

Setzt man Festkörper aus Fullerenen Alkalimetalldampf aus, so besetzen die Alkalimetallatome die Zwischengitterplätze, geben ihre s-Elektronen an die Fullerene ab und werden so Alkalimetallionen. Es entstehen also Strukturen ähnlich der Struktur von Kochsalz, wobei das Cl-Ion einem negativ geladenen C_{60}-Ion entspricht. Je nach der Konzentration der positiven Gegenionen kommt es zu einer stärkeren oder schwächeren Füllung der ersten (t_{1u}-) oder auch der zweiten (t_{1g}-) Gruppe der Leitungselektronenbänder mit π-Charakter. Nimmt man an, daß die Bänder von C_{60} durch die Gegenionen relativ wenig geändert werden, so müßte für eine teilweise Füllung der Bänder metallischer Charakter auftreten, d.h. die Verbindungen müßten elektrisch leitend sein. Für komplette Füllung der t_{1u}-Bänder oder beider Bänder (t_{1u} und t_{1g}) müßte wieder ein Halbleiter auftreten.

Obwohl man bei diesen Verbindungen häufig wie bei Halbleitern von „Dotierung" spricht, ist die Einlagerung der Gegenionen zwischen die Fullerenmoleküle doch ganz anders geartet. Es gibt nämlich in diesen

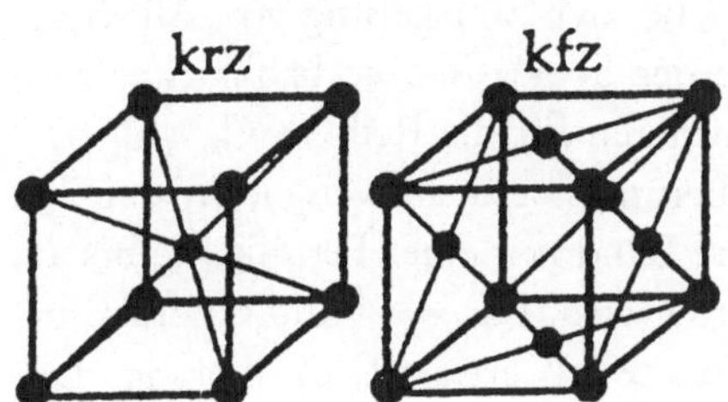

Bild 7.6:
Kubisch raumzentrierte (krz) und
kubisch flächenzentrierte Phase (kfz)
im Vergleich.

Systemen keine kontinuierliche Dotierung. Vielmehr existieren nur Phasen mit einer bestimmten Konzentration von Gegenionen. Für C_{60}-Verbindungen mit K^+-Gegenionen existieren zum Beispiel die Strukturen K_1C_{60}, K_3C_{60}, K_4C_{60} und K_6C_{60}, wobei für die ersten beiden Verbindungen die kubisch flächenzentrierte Phase erhalten bleibt. Für größere Kaliumkonzentrationen wird dann eine raumzentrierte tetragonale Phase (K_4C_{60}) und eine kubisch raumzentrierte Phase (K_6C_{60}) beobachtet (vgl. Bild 7.6). Die beobachteten Strukturen hängen sehr stark von der Größe der Gegenionen ab. Für die kleinen Natriumionen bleibt auch für größere Konzentrationen die kubisch flächenzentrierte Struktur erhalten. Es können sich in diesem Fall mehrere Na^+-Ionen in die Oktaederlücke einlagern, so daß kubisch flächenzentrierte Verbindungen mit großer Na-Konzentration ($Na_{10}C_{60}$) beobachtet wurden.

Unabhängig von den Details der Struktur wird von den Bandstrukturrechnungen für K_3C_{60} und K_4C_{60}, wie in einem Modell der starren Bänder, eine teilweise Füllung der t_{1u}-Bänder und damit ein metallisches Verhalten vorhergesagt [9]. Experimentell wird dieses Verhalten für K_3C_{60} beobachtet. Auf der anderen Seite hat Lof et al. [5] aus Augermessungen und theoretischen Überlegungen für stöchiometrisches K_3C_{60} ein isolierendes Verhalten vorhergesagt. Zur Zeit arbeiten sehr viele Gruppen daran, diese Diskrepanz zu lösen

Ein weiteres aktuelles Problem der Fullerenforschung ist die Frage, warum K_4C_{60} Verbindungen nichtmetallisch sind, obwohl Bandstrukturrechnungen, wie oben angeführt, metallischen Charakter vorhersagen. Als Ursache dafür wird die Wechselwirkung der Leitungselektronen untereinander oder die Wechselwirkung der Leitungselektronen mit den Schwingungen der Kohlenstoffatome diskutiert.

Die Füllung des Leitungsbandes bei der Einlagerung von Alkalimetallen kann experimentell mit Hilfe der Spektroskopie beobachtet werden. In Bild 7.7 sind Photoemissionsdaten für die Reihe K_xC_{60} aufgetragen. K_3C_{60} sollte ein halbgefülltes Leitungsband aufweisen. In der Tat sieht man für $x = 3$ dieses halbgefüllte Band mit einer Fermikante bei E_F, wie sie für metallische Systeme erwartet wird. Für $x = 4$ und 6 wird keine Fermikante beobachtet. Dies wird für $x = 6$ erwartet, da hier das Leitungsband mit 6 Elektronen vollständig gefüllt wird. Für $x = 4$ sollte

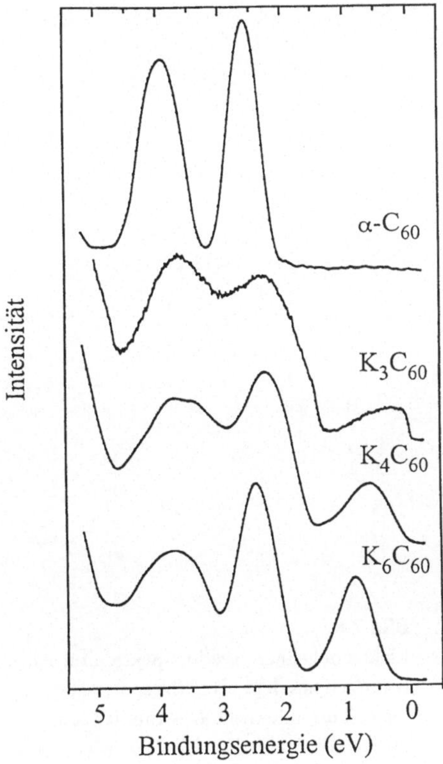

Bild 7.7:
Photoemissionsspektren für die Einlagerungsverbindungen K_xC_{60} (nach M.S. Golden et al. [8]).

aber, wie oben beschrieben, eine Fermikante auftreten, da Bandstrukturrechnungen [9] ein teilweise gefülltes Leitungselektronenband, also metallisches Verhalten vorhersagen.

Die analogen Ergebnisse werden auch für die unbesetzten Zustände beobachtet. In Bild 7.8 sind C1s Anregungsspektren für die Serie K_xC_{60} (x = 0, 3, 4 und 6) gezeigt. Für den undotierten Festkörper werden unterhalb von 290 eV vier Maxima durch Übergänge in 4 unbesetzten π-Bandgruppen beobachtet. Für K_6C_{60} sind es nur drei, d.h. ein Maximum ist durch die Füllung der niedrig gelegensten t_{1u}-Leitungselektronen verschwunden. In K_3C_{60} ist der erste Übergang in die t_{1u}-Leitungsbänder etwa auf die Hälfte durch eine halbe Füllung dieser Bänder reduziert. Für K_4C_{60} ist dieser Übergang noch weiter reduziert. Dies ist in Überein-

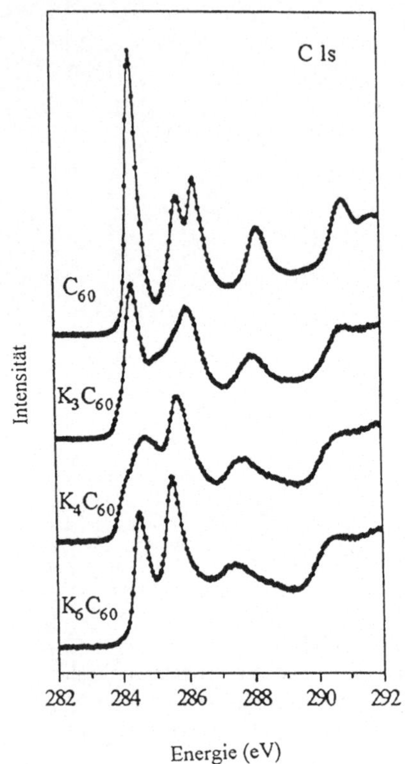

Bild 7.8:
Elektronen-Energieverlustspektren für Anregungen aus dem C1s Niveau in unbesetzte Zustände (nach M. Knupfer et al. [10]).

stimmung mit einem Modell starrer Bänder für die Verbindungen $K_x C_{60}$.

In die Fullerenfestkörper können nicht nur Alkalimetalle, sondern auch Erdalkalimetalle (EA) eingelagert werden. Diese können dann zwei s-Elektronen an die Fullerenmoleküle abgeben, so daß bei einer Verbindung $EA_6 C_{60}$ auch die nächste höhere Gruppe von t_{1g}-Leitungselektronenbänder gefüllt werden kann. Dieses konnte z.B. für die Serie $Ca_x C_{60}$ ($0 \leq x \leq 6$) mittels Elektronen-Energieverlustspektroskopie, ähnlich wie in den Spektren für $K_x C_{60}$ in Bild 7.8, direkt nachgewiesen werden [11]. Es ist interessant, daß auch Verbindungen mit teilweise besetzten t_{1g}-Bändern Supraleitung zeigen.

Innendotierte Fullerene

Ein außerordentlich aktuelles Forschungsgebiet stellen derzeit die innendotierten Fullerene dar. Schon kurz nach der Entdeckung der Fullerene wurden mikroskopische Mengen von Fullerenen hergestellt, in deren Kohlenstoffkäfig Gegenionen wie z.B. Seltenerdionen eingelagert sind. Auch heute sind die vorhandenen Mengen der separierten innendotierten Fullerene äußerst klein. Der gesamte Weltvorrat dieser Verbindungen dürfte derzeit einige Milligramm betragen. Trotzdem konnten mit diesen Mengen Untersuchungen an Festkörpern durchgeführt werden. So hat z.B. das mit La-Ionen innendotiertes Fulleren C_{82} (geschrieben als La@C_{82}) eine ziemlich komplizierte kubische Gitterstruktur. Eine der ersten Fragen für diese Systeme ist, ob diese metallisches Verhalten aufweisen. Bei der Innendotierung könnten bei einem Ladungstransfer von Gegenion zum Fulleren eine teilweise Füllung der Leitungselektronenbänder auftreten. Eine weitere Frage ist, wie groß ist dieser Ladungstransfer, liegen die Gegenionen in der Mitte oder am Rand und werden die Fullerene durch evtl. am Rande liegende Gegenionen verzerrt.

Die Größe des Ladungstransfer konnte sehr bald durch röntgeninduzierte Photoemission ermittelt werden [12]. Es gab aus diesen Messungen deutliche Hinweise, daß, wie erwartet, die Seltenerdionen dreiwertig vorliegen, also drei Elektronen transferiert werden. In Bild 7.9 sind Photoemissionsspektren der Valenzelektronen von La@C_{82} und C_{82} aufgezeichnet. Der Vergleich der beiden Spektren ergibt eine deutliche Änderung der Elektronenzustände über den ganzen Energiebereich, was auf eine Verzerrung des C_{82}-Moleküls bei der Innendotierung und damit auf eine nichtzentrale Lage des Gegenions hinweist. In der Nähe des Ferminiveaus wurde zwar in La@C_{82} ein neues Maximum durch eine Füllung eines Leitungsbandes, jedoch keine Fermikante beobachtet. Daraus kann geschlossen werden, daß La@C_{82} nicht metallisch, also auch bei tiefen Temperaturen nicht supraleitend wird. Trotzdem ist es nicht auszuschließen, daß möglicherweise andere innendotierte Fullerenverbindungen metallischen Charakter und vielleicht sogar Supraleitung zeigen.

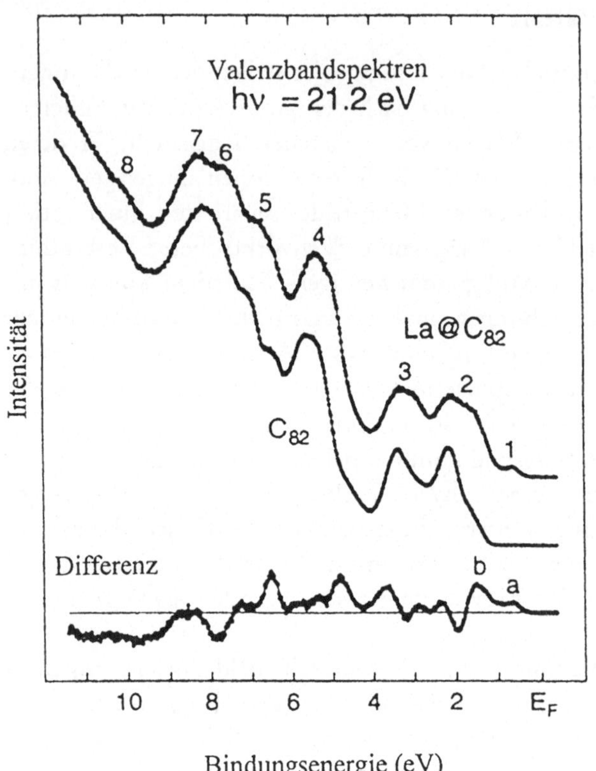

Bild 7.9:
Photoemissionsspektren von festem La@C$_{82}$ und festem C$_{82}$ (nach D.M. Porier et al. [13]).

Zusammenfassung und Ausblick

Die Molekülkristalle sowie die Salze aus Fullerenen bilden eine neue Klasse von Festkörpern mit einer Reihe von interessanten Eigenschaften, die an früheren Systemen noch nicht beobachtet wurden. Von der Seite der Elektronenstruktur gab es bisher keine Molekülkristalle, deren Dotierung so systematisch variiert und bei denen als Funktion der Dotierung die elektronischen Transporteigenschaften in so weiten Grenzen verändert werden konnten. Diese Verbindungen werden auch in Zukunft ein reiches Betätigungsfeld bieten. Auf dem Gebiet der Elektronenstruktur der Fullerene ist zur Zeit weitgehend unklar, in wie weit

Korrelationseffekte und Rotationsunordnung der Moleküle das Bandstrukturbild verändern. Neben diesen prinzipiellen Fragen werden noch viele neue Fullerenverbindungen auf uns zukommen, die es zu verstehen gilt. So werden bei den höheren Fullerenen vermutlich wie bei interkaliertem Graphit p-dotierte Verbindungen entdeckt werden, also Verbindungen bei denen die eingelagerten Gegenionen Elektronen von den Fullerenmolekülen abziehen. Es werden immer größere Fullerene produziert und getrennt werden. Möglicherweise gibt es bald Festkörper aus Fullerenzwiebeln, wie sie durch Elektronenbeschuß von Ruß erzeugt werden können. Eine weitere Variante der Fullerene sind die fullerenartigen Kohlenstoffröhren, die gefüllt werden können und deren Erforschung der Elektronenstruktur gerade erst begonnen hat.

Supraleitung in Fullerenverbindungen
Hermann Rietschel

1911 entdeckte Heike Kammerlingh Onnes, daß der elektrische Widerstand von Quecksilber bei 4,2 K (0 K entspricht etwa -273 °Celsius) sprungartig auf einen unmeßbar kleinen Wert abfällt. Er nannte dieses Phänomen Supraleitung. In den darauffolgenden Jahren wurde Supraleitung in vielen weiteren Metallen sowie in nahezu zahllosen metallischen Verbindungen und Legierungen nachgewiesen, wobei die Übergangstemperatur zum supraleitenden Zustand – die sogenannte kritische Temperatur T_c – bis 1986 maximal 23 K erreichte, in den allermeisten Fällen jedoch unter 10 K lag. Eine stabile Kühlung dieser „konventionellen Supraleitung" ist nur mit flüssigem Helium möglich, was eine ebenso aufwendige wie teure Technologie erfordert. Dies hat bis heute einen breiten technischen Einsatz der Supraleitung verhindert, wenn sie auch eine Reihe spezieller Anwendungen gefunden hat wie im Magnetbau, in der Sensorik oder in der Mikrowellenelektronik. Eine umfassende Darstellung der physikalischen Eigenschaften der Supraleitung sowie einige ihrer technischen Anwendungen gibt [1].

1986 fanden Bednorz und Müller Supraleitung bei etwa 35 K in einer oxidischen Keramik auf Cupratbasis mit der Zusammensetzung $(La,Ba)_2CuO_4$ [2]. Diese Entdeckung wurde Ausgangspunkt einer weltweit stürmischen Entwicklung, die zur Etablierung einer neuen Materialklasse, der Hochtemperatursupraleiter (HTSL), mit kritischen Temperaturen von gegenwärtig bis etwa 133 K führte. Diese hohen kritischen Temperaturen eröffneten Möglichkeiten, Supraleitung mit flüssigem Stickstoff (LN_2, 77 K) stabil zu halten, und gaben Anlaß zu einem neuen Überdenken der technischen Anwendungen der Supraleitung. Wenn auch etliche der anfänglich oft euphorischen Prognosen (z.B. Ersatz von Hochspannungsleitungen durch LN_2-gekühlte HTSL-Kabel) sich als nicht realisierbar herausgestellt haben, so ist eine Fülle technischer Anwendungen der HTSL bereits jetzt absehbar, vor allem in der Mikrowellentechnik und in der Sensorik. Eine endgültige Abklärung des Anwendungspotentials der HTSL wird jedoch noch Jahre in Anspruch nehmen.

Großes Aufsehen erregte die erst 1991 gemachte Entdeckung von Supraleitung in Alkalimetall-dotierten Fullerenkristallen der Zusammensetzung A_3C_{60} (A=Kalium, Rubidium, Cäsium) [3]. Diese Verbindungen besitzen hohe Übergangstemperaturen (K_3C_{60}: 18 K, Rb_3C_{60}: 28 K, Cs_2RbC_{60}: 33 K) und stehen damit nach den oben erwähnten HTSL auf Cupratbasis an zweiter Stelle. Um die supraleitenden Eigenschaften dieser dotierten Fullerene eingehender diskutieren zu können, ist es hilfreich, einen Einblick in einige physikalische Grundtatsachen der Supraleitung zu haben. Diese wollen wir Ihnen daher in den folgenden Abschnitten in einer allgemein gehaltenen Einführung näherbringen.

Ein physikalisches Verständnis der Supraleitung ist nur im Rahmen der modernen Quantentheorie für Vielteilchensysteme (Quantenfeldtheorie) möglich. Quantitative Aussagen erfordern zudem umfangreiche Detailkenntnisse von Festkörpereigenschaften wie elektronische Bänderstruktur oder Gitterdynamik. Umgekehrt erlauben Messungen supraleitender Kenngrößen Rückschlüsse auf Festkörpereigenschaften im normalleitenden Zustand. Damit kommt der Supraleitung insgesamt eine große Bedeutung im Rahmen der modernen Festkörperforschung zu — eine Feststellung, die durch die Verleihung von bislang vier Physik-Nobelpreisen auf diesem Gebiet unterstrichen wird: 1911 an H.K. Onnes für die Entdeckung der Supraleitung, 1972 an J. Bardeen, L.N. Cooper und J.R. Schrieffer für ihre mikroskopische Beschreibung (BCS-Theorie), 1973 an B.D. Josephson für die von ihm vorausgesagten Effekte zur Quantenkohärenz in zwei gekoppelten Supraleitern und 1987 schließlich an G. Bednorz und K.A. Müller für die Entdeckung der HTSL.

Experimentelle Grundtatsachen der Supraleitung

Elektrischer Widerstand und Wärmeleitfähigkeit

Ein idealer Supraleiter transportiert elektrischen Gleichstrom verlustfrei. Dagegen ist der Transport elektrischer Wechselströme auch im idealen

Supraleiter grundsätzlich verlustbehaftet und erfordert somit zusätzliche Kühlleistung. Für technisch optimierte Supraleiter liegt der Verlust im niederfrequenten Bereich (z.B. 50 Hz), jedoch immer noch um Größenordnungen unter dem von (normalleitendem) Kupfer oder Gold.

Auch die Wärmeleitfähigkeit eines Supraleiters ändert sich beim Eintritt der Supraleitung – ein Effekt, der in Wärmeschaltern Anwendung findet, bei denen die aus einem Supraleiter (z.B. Blei) bestehende Brücke durch Anlegen eines Magnetfeldes aus dem supraleitenden Zustand („aus") in den normalleitenden Zustand („ein") geschaltet werden kann.

Verhalten im Magnetfeld

Kühlt man einen Supraleiter in einem nicht zu großen äußeren Magnetfeld ab, so wird beim Übergang in den supraleitenden Zustand das Magnetfeld mit Ausnahme einer Oberflächenschicht der Dicke λ_L (λ_L: Londonsche Eindringtiefe $\approx$ 10 - 10 000 Nanometer) aus dem Supraleiter vollständig verdrängt, das Innere des Supraleiters ist also feldfrei. Hierbei werden in der Oberflächenschicht Dauerströme angeworfen, deren Magnetfeld das Außenfeld im Innern des Supraleiters kompensiert. Der Supraleiter verhält sich also wie ein idealer Diamagnet. (In einem äußeren Magnetfeld baut ein Diamagnet in seinem Inneren eine Magnetisierung auf, die dem Außenfeld entgegengesetzt ist und es deswegen reduziert bzw. im Idealfall vollständig kompensiert.)

Dieser Meichsner-Ochsenfeld-Effekt, wie er auch genannt wird, läßt sich eindrucksvoll durch die Levitation eines Permanentmagneten demonstrieren (Bild 8.1): Setzt man einen kleinen Magneten auf den angewärmten Supraleiter auf und kühlt dann – etwa durch Übergießen mit LN$_2$ – ab, so wird beim Einsetzen der Supraleitung der Magnet angehoben und verbleibt in einem schwebenden Zustand. Da die hierzu treibende Kraft nicht in einer zeitlichen Veränderung des Außenfeldes liegt, kann es sich dabei um keinen Induktionsvorgang handeln, der innerhalb der klassischen Elektrodynamik und unter der zusätzlichen Annahme idealer Leitfähigkeit erklärbar wäre. Vielmehr zeigt dieser Effekt, daß der supraleitende Zustand eine neue thermodynamische Phase darstellt. Der Nachweis des Meichsner-Ochsenfeld-Effekts belegt eindeutig das Auftreten von Supraleitung.

Bild 8.1:
Ein permanentmagnetischer Ring schwebt über einer Probe eines mit Stickstoff gekühlten Hochtemperatursupraleiters.

Je nach ihrem Verhalten in einem wachsenden äußeren Magnetfeld unterscheidet man zwei Arten von Supraleitern. In einem Supraleiter 1. Art nehmen mit zunehmender Magnetfeldstärke die Abschirmströme und damit die Freie Energie des supraleitenden Zustandes solange zu, bis bei einer Feldstärke B_c (das thermodynamische kritische Feld) der normalleitende Zustand energetisch günstiger wird. Für Feldstärken $B_a > B_c$ wird die Supraleitung zerstört und mit ihr die das Außenfeld kompensierende Magnetisierung M. Die feldfreie Meissner-Phase geht schlagartig in die normalleitende, felderfüllte Phase über (siehe Bild 8.2).

In einem Supraleiter 2. Art existiert die Meissner-Phase nur bis zu

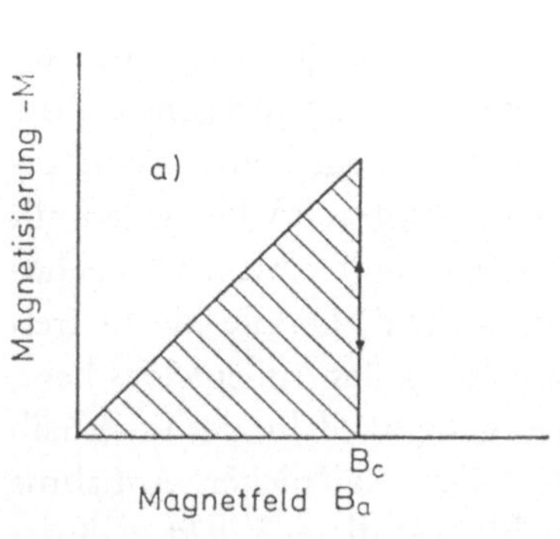

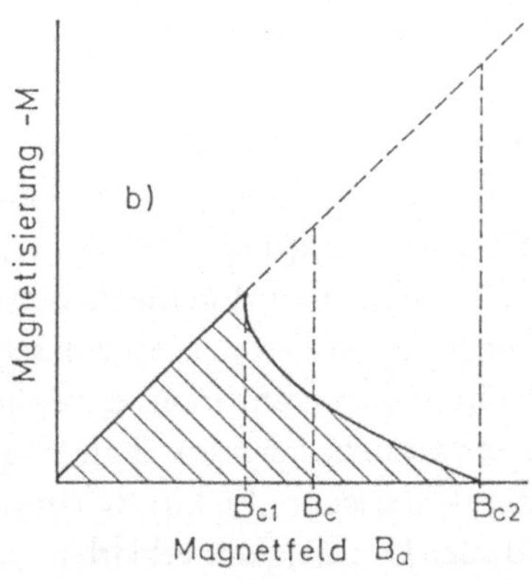

Bild 8.2: Magnetisierungskurve eines Supraleiters der 1. Art (a) und eines der 2. Art (b).

einer Feldstärke B_{c1} (das untere kritische Feld) mit $B_{c1} < B_c$. Überschreitet das Außenfeld den kritischen Wert B_{c1}, so dringt das Magnetfeld in Form von Flußschläuchen (schlauchartigen Bereichen im Supraleiter, durch die das Außenfeld hindurchgeht) in die Probe ein, die damit supraleitend bleibt. Dies ist der „gemischte Zustand". Mit weiter zunehmender Magnetfeldstärke B_a wächst die Flächendichte der Flußschläuche, die das Außenfeld kompensierende Magnetisierung M nimmt also weiter ab, bis für $B_a > B_{c2}$ (das obere kritische Magnetfeld) die Supraleitung zusammenbricht und die Probe wiederum in die normalleitende Phase übergeht (siehe Bild 8.2).

Während die kritischen Felder für Supraleiter 1. Art klein sind, können die oberen B_{c2} in Supraleitern zweiter Art sehr hohe Werte erreichen, so im HTSL $YBa_2Cu_3O_7$ ($T_c \approx 92$ K) bis über 100 Tesla[1]. Da bei fast allen technischen Anwendungen von Supraleitern (z.B. in Elektromotoren oder Kabeln) oft erhebliche Magnetfelder erzeugt werden, kommen hierfür nur Supraleiter 2. Art in Frage.

Der Parameter, der darüber entscheidet, ob ein Supraleiter von der 1. oder 2. Art ist, heißt Ginzburg-Landau-Parameter κ. Er ist gegeben durch das Verhältnis zwischen Londonscher Eindringtiefe λ_L und der weiter unten näher definierten Kohärenzlänge ξ, $\kappa = \lambda_L / \xi$.

Der einen Supraleiter durchsetzende Magnetfluß kann nur ein ganzzahlig Vielfaches des elementaren Flußquants $\phi_0 = h/2e$ betragen (h: Plancksche Konstante, e: Elementarladung, $\phi_0 \approx 2 \times 10^{-7}$ G·cm^2). Diese Flußquantisierung folgt unmittelbar aus der Quantenkohärenz des supraleitenden Zustandes und belegt über das Auftreten der doppelten Elementarladung $2e$ in ϕ_0, daß Elektronenpaare die supraleitenden Ladungsträger sind (Diese Erkenntnis ist gerade ein wesentliches Kernstück der BCS-Theorie, die wir im nächsten Abschnitt „Theoretische Beschreibung" noch genauer erläutern). Die im gemischten Zustand auftretenden Flußschläuche tragen gerade ein Flußquant. Flußquantisierung läßt sich quantitativ an kleinen supraleitenden Ringen, in denen ein Dauerstrom induziert wurde, nachweisen.

---

[1] Tesla ist die physikalische Einheit, in der die Feldstärke des magnetischen Feldes gemessen wird.

Kritischer Strom

Aus der Existenz eines kritischen Magnetfeldes, oberhalb dessen Supraleitung zerstört wird, folgt sofort die Existenz eines kritischen Stromes, und zwar über das durch ihn erzeugte magnetische Eigenfeld. Für jeden Supraleiter gibt es also einen maximalen Transportstrom I_c, den er tragen kann. Dieser kritische Strom ist für technische Anwendungen von zentraler Bedeutung. Er hängt von den Materialeigenschaften des Supraleiters und dessen Geometrie, von der Temperatur und von der Stärke eines eventuell angelegten äußeren Magnetfeldes ab. Da die kritischen Magnetfelder B_c, B_{c1} und B_{c2} mit wachsender Temperatur kleiner werden und für $T \geq T_c$ verschwinden, zeigen kritische Ströme entsprechendes Temperaturverhalten.

Da Supraleiter 1. Art relativ niedrige kritische Felder aufweisen, ist auch ihre Strombelastbarkeit gering. Dagegen sollten die zum Teil sehr hohen (oberen) kritischen Felder in Supraleitern 2. Art auch sehr hohe kritische Ströme erwarten lassen. Indessen tritt hier ein zusätzliches Problem auf, das für Supraleiter 1. Art nicht existiert: Die im gemischten Zustand den Supraleiter durchsetzenden magnetischen Flußschläuche erfahren durch den Transportstrom eine Kraft, die sogenannte Lorentzkraft, die senkrecht auf der durch Transportstrom und Flußschlauch aufgespannten Ebene steht. Sofern die Flußschläuche frei beweglich sind, beginnen sie zu wandern. Dieses „Flußwandern" ist mit Energiedissipation verbunden und führt zu einem endlichen Widerstand. Erst durch Verankerung („pinning") der Flußschläuche an sogenannten Haftzentren kann das Flußwandern verhindert bzw. reduziert werden. Solche Haftzentren können etwa Gitterfehler oder normalleitende Einschlüsse sein. Supraleiter 2. Art mit guter Flußverankerung bezeichnet man als harte Supraleiter. Diesbezüglich optimierte klassische Supraleiter wie Nb_3Sn oder NbTi erreichen bei $T = 4{,}2$ K kritische Stromdichten J_c (auf den Leiterquerschnitt bezogene kritische Ströme I_c) von $10^9 - 10^{10}$ A/m^2.

Energielücke und thermodynamische Eigenschaften

Absorptionsexperimente, etwa mit Licht- oder Schallwellen, zeigen das Auftreten einer Energielücke 2Δ im Anregungsspektrum der supraleitenden Elektronen. Letzere können nur dann Energie aus der Licht- oder

Schallwelle absorbieren, wenn die zur Frequenz v gehörige Quantenenergie $h{\cdot}v$ den Wert 2Δ übersteigt: $hv > 2\Delta$. Die Existenz dieser Energielücke liegt wiederum in der Quantenkohärenz des supraleitenden Zustandes begründet. Sie ist zur kritischen Temperatur in etwa proportional, wobei innerhalb der BCS-Theorie

$$2\,\Delta(T=0) = 3{,}52 \cdot k_B \cdot T_c \tag{1}$$

gilt (k_B: Boltzmannsche Konstante).

Der Übergang eines Supraleiters aus der normalleitenden in die supraleitende Phase, wie er durch Abkühlen ohne angelegtes Magnetfeld erfolgt, ist ein Phasenübergang der 2. Art: Er ist von keiner latenten Wärme begleitet, und der zugehörige Ordnungsparameter – die Energielücke $2\Delta(T)$ – verschwindet stetig für $T \to T_c$.

Dagegen zeigt die spezifische Wärme $C_v(T)$ eines Supraleiters einen Sprung bei $T = T_c$. Unterhalb T_c fällt der elektronische Beitrag exponentiell ab, eine direkte Folge der sich öffnenden Energielücke. Der Sprung in $C_v(T)$ hat seine Ursache in der für $T < T_c$ einsetzenden Kondensation von Elektronen zu Paaren.

Josephson-Effekte

Josephson sagte 1962 voraus, daß zwischen zwei durch eine Barriere getrennte Supraleiter ein Suprastrom (Josephson-Strom) fließen kann, sofern diese Barriere nur genügend dünn ist. Dieser dc-Josephson-Effekt wurde experimentell bestätigt.

Der Josephson-Strom ist extrem empfindlich gegenüber äußeren Magnetfeldern, wobei die Struktur dieser Abhängigkeit durch das elementare Flußquant ϕ_0 bestimmt wird. Man kann diese Erscheinung durch die Interferenz zweier kohärenter Quantenzustände in den beiden schwach gekoppelten Supraleitern beschreiben, wobei das Magnetfeld die Phasenverschiebung zwischen den beiden Zuständen bestimmt. Die hohe Magnetempfindlichkeit des Josephson-Stromes wird für den Bau empfindlicher Magnetfeldsensoren (SQUIDs: Superconducting Quantum Interferometer Devices) ausgenutzt.

Neben dem dc-Josephson-Effekt gibt es noch einen ac-Josephson-Effekt. Erzwingt man nämlich über einen Josephson-Kontakt einen

Spannungsabfall U, so tritt zusätzlich ein Wechselstrom auf, dessen Frequenz gegeben ist durch die Beziehung

$$v_J = 2e \cdot U / h. \tag{2}$$

Für $U = 1$ mV erhält man $v_j = 4{,}85 \cdot 10^{11} \mathrm{s}^{-1}$. Da Frequenzmessungen mit sehr hoher Genauigkeit durchgeführt werden können, bietet dieser ac-Josephson-Effekt die Möglichkeit, durch eine Vielzahl in Serie geschalteter Josephson-Kontakte Spannungsnormale, also einen Eichstandard für die Spannung aufzubauen.

Theoretische Beschreibung

Die mikroskopische Erklärung des Phänomens Supraleitung im Rahmen der Quantenmechanik ließ lange auf sich warten. Erst 1957 veröffentlichten Bardeen, Cooper und Schrieffer ihre Theorie der Supraleitung (BCS-Theorie). Die Schlüsselannahme dieser Theorie ist Paarbildung: Je zwei Elektronen entgegensetzten Impulses und Spins bilden ein sogenanntes Cooper-Paar. Durch das Pauli-Prinzip sind diese Paare eng korreliert und kondensieren in einen kohärenten (makroskopischen) Quantenzustand, in dem sämtliche Elektronen ihre individuellen Freiheitsgrade verloren haben. Dieser BCS-Zustand erklärt ebenso den Meissner-Ochsenfeld-Effekt wie das Verschwinden des elektrischen Widerstandes, und er liefert korrespondierende Gesetze für die Temperaturabhängigkeit vieler Parameter wie Energielücke $2\Delta(T)$, Eindringtiefe $\lambda(T)$ oder Kernspinrelaxationsrate $\alpha(T)$ in quantitativer Übereinstimmung mit dem Experiment.

Voraussetzung für die Paarkondensation ist die Existenz einer attraktiven Wechselwirkung zwischen den Elektronen. Besitzt diese die Stärke V und ist die Zustandsdichte der Elektronen an der Fermikante durch $N(\varepsilon_F)$ gegeben, so erhält man im Rahmen der BCS-Theorie für die Übergangstemperatur T_c des Supraleiters den Wert

$$T_c = 1{.}14\,\theta \exp(-1 / N(\varepsilon_F)V), \tag{3}$$

wobei $k_B\,\theta = \omega_c$ die energetische Reichweite der Wechselwirkung V ist (θ bezeichnet die sogenannte Debye-Temperatur des Supraleiters). Für die Energielücke $2\Delta(T)$ ergibt sich gemäß Gleichung (1) der Wert $2\Delta(T=0) = k_B\,T_c$.

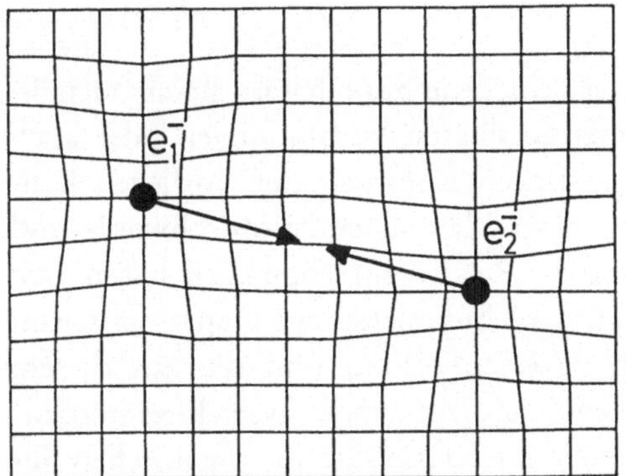

Bild 8.3:
Verzerrung des Hintergrundgitters durch zwei Elektronen: Die beiden Elektronen erfahren hierdurch eine Anziehung.

Da sich Elektronen aufgrund ihrer gleichnamigen Ladungen abstoßen, kann die für die Paarkondensation geforderte Anziehung nur durch ein polarisierbares Hintergrundmedium zustande kommen. Fröhlich schlug bereits 1950 vor, daß das positiv geladene Gitter der Atomrümpfe dieses Medium sein könnte. Man kann sich diesen Kopplungsmechanismus so vorstellen (Bild 8.3): Elektron 1 eines Paares verzerrt (polarisiert) aufgrund seiner negativen Ladung das positiv geladene Hintergrundgitter, Elektron 2 wird von der dadurch entstehenden positiven Ladungsanhäufung nachgezogen und umgekehrt. Dieses statische Bild muß in einer strengen theoretischen Behandlung allerdings durch ein komplizierteres dynamisches Bild ersetzt werden, in dem die beiden Elektronen über Emission und Absorption von Gitterschwingungen (also über den Austausch von Phononen, den Energiequanten der Gitterschwingungen) wechselwirken. Man bezeichnet die daraus resultierende Kopplung deshalb auch als Elektron-Phonon-Kopplung. Die Temperaturskala θ ist dann eine charakteristische Phononentemperatur und in etwa gleich der Debye-Temperatur θ_D des Supraleiters.

Die Kohärenz des supraleitenden Zustandes ist nur in einem endlichen Volumen gegeben, dessen lineare Abmessung man als Kohärenzlänge ξ bezeichnet. Diese Länge entspricht in etwa der Ausdehnung eines Cooper-Paares. Für Supraleiter 1. Art und für $T = 0$ beträgt ξ einige 100 Nanometer, für konventionelle Supraleiter 2. Art einige 10 Nanometer. Für die HTSL ist ξ stark richtungsabhängig mit Werten im Bereich von 0,2 - 2 Nanometer.

Materialklassen

Man kennt heute viele tausend verschiedene Supraleiter, die als metallische Elemente, Legierungen, intermetallische Verbindungen oder auch als Verbindungen mit nichtmetallischen Komponenten vorliegen können. Eine strenge Klassifizierung dieser Materialien ist oft schwierig und einer gewissen Willkür unterworfen. Relativ gut abgrenzen lassen sich jedoch die 1986 entdeckten oxidischen Supraleiter auf Cupratbasis, von denen viele T_c-Werte oberhalb 77 K aufweisen, und die aus diesem Grund heute pauschal als Hochtemperatursupraleiter bezeichnet werden.

Eine weitere relativ gut definierbare Klasse sind die organischen Supraleiter, die erst 1980 entdeckt wurden und heute T_c-Werte bis etwa 13 K erreichen. Oft werden auch die supraleitenden Fullerene in diese Klasse eingeordnet. Wegen ihrer nahen Verwandtschaft zu den Alkalimetall-dotierten Graphiten, die ebenfalls supraleitend werden, erscheint diese Einordnung jedoch wenig sinnvoll.

Die weitaus umfangreichste Klasse bilden die konventionellen oder klassischen Supraleiter. Zu ihnen zählen alle supraleitenden Elemente und Legierungen, ferner viele metallische Verbindungen und Nicht-Metallverbindungen wie Hydride, Sulfide, Oxide oder Nitride. Ihre T_c-Werte erreichen maximal 23 K (Nb_3Ge), in den allermeisten Fällen liegen sie jedoch unter 10 K und erfordern deshalb Heliumkühlung.

Neben diesen Klassen gibt es noch eine kleinere Anzahl mehr oder minder exotischer Verbindungen wie etwa Polyschwefelstickstoff $(SN)_x$, dotiertes $SrTiO_3$ oder $LiTi_2O_4$, die keine eindeutige Zuordnung zulassen. Während für die meisten dieser Verbindungen der zur Supraleitung führende Kopplungsmechanismus ebenso ungeklärt ist wie für HTSL, kann für die klassischen Supraleiter nahezu ausnahmslos die Elektron-Phonon-Kopplung als relevant angenommen werden. Auf die supraleitenden Fullerenverbindungen kommen wir jetzt zu sprechen.

Supraleitende Fullerenverbindungen

Schon 1965 fand man, daß Graphit durch n-Dotierung metallisch ist und bei tiefen Temperaturen sogar supraleitend werden kann. Beispiele hierzu sind die interkalierten Graphite KC_8, $KTl_{1,5}C_4$ und NaC_2 mit kritischen Temperaturen T_c von 0,55 K, 2,56 K und 5,0 K. Diese Tendenz ist leicht innerhalb der BCS-Theorie auf der Basis von Gleichung (3) zu verstehen: Mit zunehmender Konzentration der freien Ladungsträger wächst deren Zustandsdichte an der Fermikante, $N(0)$, was zu einem Anwachsen der BCS-Kopplungskonstanten $N(0)\,V$ und damit zu höherem T_c führt.

Kristalline Fullerene sind allesamt Isolatoren mit Energielücken von wenigen eV. Der Versuch lag nahe, auch sie durch geeignete Dotierung in eine metallische Phase zu bringen und nach Supraleitung zu suchen. Für das Fulleren C_{60} war dieser Versuch überraschend erfolgreich: Interkalation mit Kalium führte zu der metallischen Verbindung K_3C_{60}, die bei T_c = 18 K supraleitend wird [3]. Für Rb_3C_{60} wurde ein noch höheres T_c von 28 K gefunden, den Rekord unter Normaldruck hält gegenwärtig $RbCs_2C_{60}$ mit T_c = 33 K. Nach jüngsten Meldungen weist die schwer zu stabilisierende Verbindung Cs_3C_{60} unter Druck sogar ein T_c von etwa 40 K auf [4].

Neben den Alkalimetallen wurden noch weitere Metalle gefunden, deren Einbau in C_{60}-Kristalle zu metallischem Verhalten und bei tiefen Temperaturen zur Supraleitung führt. Beispiele hierzu sind die Verbindungen Ca_xC_{60} (T_c = 8,4 K), Ba_xC_{60} (T_c = 7,0 K) oder Yb_xC_{60} (T_c = 5,7 K) wobei über den genauen Metallanteil (also das jeweilige x) noch keine Klarheit herrscht. Dagegen schlugen bisher sämtliche entsprechenden Versuche bei höheren Fullerenen wie C_{70} oder C_{84} fehl. Auch ist es bisher nicht gelungen, Fullerene durch p-Dotierung (z.B. mittels AsF_5) zu Supraleitern zu machen. Mit einiger Sicherheit kann man davon ausgehen, daß ein Fullerenkristall, sofern er nur durch geeignete Dotierung in eine metallische Phase gebracht werden kann, bei genügend tiefer Temperatur auch supraleitend wird. Bei der Suche nach weiteren supraleitenden Fullerenverbindungen kommt es also zunächst darauf an, neue metallische Phasen zu finden.

Elektronische Struktur

Der bei n-Dotierung in kristallinem C_{60} auftretende Isolator-Metall-Übergang wurde sowohl experimentell als auch theoretisch genau untersucht und befriedigend erklärt. Einzelheiten finden sich zu dem von

J. Fink verfaßten Beitrag im Kapitel 7 dieses Buches. Der für das Verständnis der Supraleitung wesentliche Punkt ist dabei, daß die durch Dotierung teilweise besetzten Leitungsbänder sehr schmal sind, So besitzt das im Rb_3C_{60} halb besetzte Leitungsband (das sogenannte LUMO-Band) nur eine Bandbreite von 0,5 eV, womit es um eine Größenordnung schmäler als entsprechende Bänder in den oben erwähnten interkalierten Graphiten ist. Der Grund hierzu ist die geringe Überlappung zwischen den Molekülorbitalen der C_{60}-Moleküle im Kristall.

Da sich nun die elektronische Zustandsdichte zur Bandbreite umgekehrt proportional verhält, führen schmale Bänder zwangsweise zu hohen Werten der Zustandsdichte $N(0)$ an der Fermikante, was zumindest teilweise die hohen T_c-Werte in den supraleitenden Fullerenen zu erklären vermag. Diese Erklärung paßt auch ausgezeichnet zu dem Tatbestand, daß in der Verbindungsreihe A_3C_{60} (A: Alkalimetalle) T_c mit wachsendem Ionenradius zunimmt: Wachsender Ionenradius der A-Atome führt zu einer Aufweitung des C_{60}-Molekülgitters und damit zu geringerer Überlappung der Molekülorbitale und geringerer Bandbreite. Trägt man den Kopplungsparameter $N(0)V$, den man unter Annahme einer geeigneten Debye-Temperatur θ aus Gleichung (3) und den gemessenen Übergangstemperaturen T_c berechnen kann, so ergibt sich eine nahezu lineare Abhängigkeit (s. Bild 8.4, die in dieser Abbildung gezeigten Werte sind aus einer gegenüber Gleichung (3) etwas modifizierten T_c-Gleichung – der sogenannten McMillan-Gleichung – gewonnen) [5].

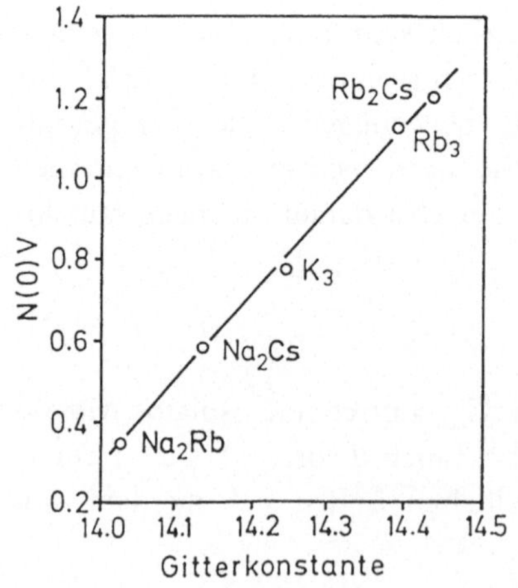

Bild 8.4:
Kopplungsparameter $N(0)V$ als Funktion der Gitterkonstanten (nach Tanigaki et al. [5]).

Eine weitere Bestätigung hierzu liefern Druckexperimente [6]: Macht man durch hydrostatischen Druck diese Aufweitung (teilweise) wieder rückgängig, so reduziert sich T_c entsprechend. Auf diese Weise kann man erreichen, daß bei gleicher Gitterkonstante K_3C_{60} und Rb_3C_{60} gleiches T_c besitzen!

Elektron-Phonon-Kopplung

Die im letzten Abschnitt geschilderten Experimente liefern noch eine weitere wichtige Information, und zwar den Hinweis, daß für vorgegebene Gitterkonstante die Art der A-Atome höchstens einen marginalen Einfluß auf T_c hat. So spielt also insbesondere deren unterschiedliches Atomgewicht für die Supraleitung keine wesentliche Rolle. Da dieses Atomgewicht aber andererseits in die Frequenzen all der Schwingungsmoden eingeht, bei denen die A-Atome mitschwingen, und da die Schwingungsfrequenzen der an der Elektron-Phonon-Kopplung beteiligten Moden über den Vorfaktor θ in Gleichung (3) T_c mitbestimmen, kann daraus geschlossen werden, daß im wesentlichen nur Schwingungen der C-Atome innerhalb der C_{60}-Moleküle zur Supraleitung beitragen. Diese Schlußfolgerung ist auch in Übereinstimmung mit mikroskopischen Berechnungen der Elektron-Phonon-Kopplungsstärke, die das Auftreten der Supraleitung in A_3C_{60} quantitativ durch Ankopplung an bestimmte intramolekulare Moden erklären, deren Auslenkungsmuster Deformationen der C_{60}-Oberfläche entsprechen, wie man sie sich beispielsweise auch bei schwingenden Seifenblasen vorstellen kann [7].

Wegen der starken C-C-Bindungen innerhalb der C_{60}-Moleküle und der kleinen Kohlenstoffmasse (≈ 12) liegen für einige dieser intramolekularen Moden die zugehörigen Frequenzen sehr hoch, in Temperaturen ausgedrückt bis etwa 2 000 K. (Dies trifft etwa auf die von H. Kuzmany und J. Winter im Bild 9.1 beschriebenen Moden $H_g(1)$ und $H_g(2)$ zu.) Dieser Wert ist im Vergleich zu konventionellen Supraleitern sehr hoch (z.B. Pb: $\theta_D \approx 100$ K, Nb: $\theta_D \approx 240$ K) und neben der schon oben erwähnten hohen Zustandsdichte $N(0)$ ein zweiter wesentlicher Grund für die hohen Übergangstemperaturen in Alkalimetall-dotierten Fullerenen.

Die dominante Rolle der intramolekularen Kohlenstoffschwingungen für die zur Supraleitung führende Kopplung wird auch durch den sogenannten Isotopeneffekt belegt. Dabei geht man bei der Herstellung des Fullerens nicht von natürlichem Kohlenstoff (zu etwa 99 % aus dem Kohlenstoffisotop ^{12}C bestehend) aus, sondern von dem Isotop ^{13}C (in natürlichem Kohlenstoff nur zu etwa 1% vorhanden). Da für die Debye-Temperatur θ_D, die in Gleichung (3) als Vorfaktor die Temperaturskala von T_c bestimmt, die Beziehung $\theta_D \approx M^{1/2}$ (M: Masse der schwingenden Atome) gilt, erhält man $T_c \approx M^{1/2}$. (Man kann zeigen, daß die im Exponenten von Gleichung (3) stehende Kopplungskonstante $N(0)V$ in harmonischer Näherung von M unabhängig ist). Verschiedene Gruppen haben diesen Isotopeneffekt zumindest qualitativ eindeutig nachgewiesen, also eine signifikante Absenkung von T_c nach der Substitution $^{12}C \rightarrow {}^{13}C$ gefunden.

Innerhalb der BCS-Theorie gilt für die Energielücke 2Δ eines Supraleiters die Beziehung $2\Delta / k_B \, T_c = 3{,}52$ eV. Streng gültig ist dies allerdings nur im Grenzfall schwacher Kopplung ($N(0)V \ll 1$). Für stark koppelnde Supraleiter kann dieses Verhältnis erheblich nach oben abweichen. Umgekehrt kann aus seiner experimentellen Bestimmung auf die Kopplungsstärke geschlossen werden. Voraussetzung hierzu sind Messungen sowohl der Übergangstemperatur T_c als auch der Energielücke 2Δ. Ersteres ist im allgemeinen eine leichte Aufgabe, letzteres dagegen nicht. Auch für supraleitende Fullerene wurden zahlreiche Experimente durchgeführt, um die Energielücke zu bestimmen. Abhängig von der jeweils eingesetzten Methode ergaben sich recht unterschiedliche Ergebnisse. Während Tunnelexperimente einen Wert von 5 eV lieferten, was auf starke Kopplung ($N(0)V > 1$) schließen läßt, ergaben die sonst durchgeführten Messungen Resultate nahe bei 3,52 eV [8]. Dies ist kompatibel mit einer schwachen bis mittleren Kopplung $N(0)V \leq 1$, in Übereinstimmung mit den oben erwähnten mikroskopischen Rechnungen [6].

Zusammenfassend kann man also folgendes feststellen: Ausgehend von den gegenwärtig verfügbaren experimentellen und theoretischen Resultaten läßt sich die in dotierten Fullerenverbindungen auftretende Supraleitung befriedigend im Rahmen der BCS-Theorie erklären, wobei die teilweise hohen Übergangstemperaturen durch eine mittlere Kopplungsstärke $0{,}5 \leq N(0)V \leq 1$ in Kombination mit einer relativ hohen charakteristischen Phononentemperatur $\theta \approx 400$ K zwanglos erklärt werden können. In diesem Sinne sind die supraleitenden Fullerenverbindungen nicht als exotisch anzusehen, sondern eher in die Gruppe der klassischen Supraleiter einzuordnen.

Magnetisches Verhalten, Anwendungen

Bezüglich ihres Verhaltens im Magnetfeld sind supraleitende Fullerenverbindungen klar von der 2. Art. Das folgt aus dem Ginzburg-Landau-Parameter κ (s. Beschreibung Seite 185), für den in allen Fällen $\kappa \gg 1$ gefunden wurde. Ein Zahlenbeispiel sei für Rb_3C_{60} ($T_c = 28$ K) gegeben: Für diese Verbindung wurde die Eindringtiefe $\lambda_L \approx 400$ Nanometer und die Kohärenzlänge zu etwa $\xi \approx 3 - 5$ Nanometer bestimmt, was $\kappa \approx 80 - 130$ entspricht. Das obere kritische Magnetfeld H_{c2} liegt bei etwa 70 Tesla (alle Größen auf $T = 0$ extrapoliert).

Aufgrund dieser Daten könnte Rb_3C_{60} (und natürlich auch die verwandten Verbindungen wie Cs_2RbC_{60}) für technische Anwendungen interessant sein: Bei einem $T_c = 28$ K können stabile supraleitende Verhältnisse bereits für Betriebstemperaturen $T \leq 20$ K gegeben sein, was schon relativ einfach über einen geschlossenen Kühlkreislauf (z.B. zweistufiger Stirlingkühler) erreicht werden kann. Ein wohl entscheidendes Argument gegen einen technischen Einsatz ist aber die große chemische Aggressivität der Alkalimetall-dotierten Fullerene, die diese Supraleiter unter anderem extrem empfindlich gegenüber Feuchtigkeit und Luft macht und ihre Kombination mit anderen Materialien – etwa zur Herstellung von Josephson-Kontakten für mikroelektronische Anwendungen – von vornherein vereitelt.

Zusammenfassung

Mit Übergangstemperaturen T_c bis zu etwa 40 K nehmen Fullerenverbindungen auch unter den Supraleitern eine Sonderstellung ein: Nach den ersten HTSL auf Cupratbasis stehen sie damit, deutlich abgesetzt von sämtlichen sonst bekannten Supraleitern, auf Platz 2. Insofern könnte man sie auch als eine weitere Klasse von HTSL bezeichnen. Aber damit endet bereits ihre Gemeinsamkeit mit den Cupraten. Während letztere hochgradig anisotrope Verbindungen mit ausgeprägten antiferromagnetischen Korrelationen sind und sich bisher jeder klaren mikroskopischen Beschreibung entzogen haben, sind die supraleitenden Fullerenverbindungen isotrop, ohne magnetische Tendenzen und zwanglos im Rahmen der BCS-Theorie auf der Basis der klassischen Elektron-Phonon-Kopplung beschreibbar. Mit Überraschungen hinsichtlich einer wesentlichen Steigerung der Übergangstemperatur ist nicht zu rechnen, auch dann nicht, wenn es glücken sollte, durch geeignete Dotierung höhere Fullerene wie C_{70} oder C_{84} metallisch und supraleitend zu machen. Einmal abgesehen von noch ausstehenden Detailuntersuchungen (z.B. Messungen der spezifischen Wärme und der thermischen Ausdehnung bei T_c), die wegen der großen Luft- und Feuchtigkeitsempfindlichkeit dieser Materialien bisher nicht durchgeführt wurden, dürfte das Kapitel „Supraleitende Fullerenverbindungen" schon jetzt als abgeschlossen betrachtet werden.

Kapitel 9
Molekülschwingungen von Fulleriten
Hans Kuzmany und Johannes Winter

Moleküle und Festkörper sind keine starren Gebilde. Die in ihnen gebundenen Atome kann man sich anschaulich wie kleine Bälle vorstellen, die durch elastische Federn (die chemischen Bindungen) miteinander verknüpft sind. Bei Temperaturen größer 0 K sind aber die Atome keineswegs in Ruhe, sondern bewegen sich nach bestimmten Schwingungsmustern. Die Untersuchung und Auswertung dieser Muster ist die Aufgabe der Schwingungsspektroskopie, die damit den Wissenschaftlern Einblicke in die mikroskopische Welt der Atome gewährt und ihnen so Rückschlüsse auf wichtige Eigenschaften der untersuchten Objekte erlaubt.

Die große Anzahl der Kohlenstoffatome in den Fullerenen und die hohe Symmetrie ihrer Anordnung machen diese Substanzen zu einem vorzüglichen Versuchsobjekt dieser Untersuchungsmethode. Während die große Teilchenzahl das Schwingungsverhalten zunächst beliebig kompliziert erscheinen läßt, bewirkt die hohe Symmetrie das Gegenteil. Der Zusammenbau der Moleküle zu einem Kristall ändert nur wenig an ihrem Schwingungsverhalten, da die intermolekularen Bindungen zwischen den Fullerenmolekülen um vieles schwächer sind als die intramolekularen Bindungen der Kohlenstoffatome innerhalb eines Fullerens. Es handelt sich daher bei den Fullerenen um echte Molekülkristalle, in denen der Charakter des Moleküls auch im Festkörper voll erhalten bleibt. Die Entdeckung von W. Krätschmer und seinen Kollegen [1], nach der solche Kristalle in makroskopischen Mengen hergestellt werden können, hat dementsprechend auch im Bereich der Spektroskopie von Molekülschwingungen eine Fülle neuerer Arbeiten ausgelöst.

Molekülschwingungen werden vor allem mit der Methode der Raman-Spektroskopie, mit der Methode der inelastischen Neutronenstreuung sowie mit der Methode der Infrarotspektroskopie (IR-Spektrosko-

pie) untersucht. Die ersten beiden Verfahren stellen inelastische Streuprozesse von Lichtquanten oder Neutronen dar, bei denen jeweils ein
Quant der Molekülschwingungen erzeugt wird. Das Licht oder das Neutron wird mit einer um diesen Betrag verminderten Energie wieder abgestrahlt, so daß sich aus einem Vergleich von eingestrahlter Licht- oder
Neutronenenergie mit der entsprechenden abgestrahlten Energie die
Größe des Schwingungsquants ergibt. Bei der IR-Spektroskopie tritt im
Gegensatz dazu ein reiner Absorptionsprozeß auf. Das gesamte Lichtquant wird zur Erzeugung des Schwingungsquantes verwendet. Besonders die beiden optischen Methoden (Raman und IR-Spektroskopie)
sind für die in Frage kommenden Analysen bestens geeignet, da sie auch
mit kleinen Probenmengen bzw. mit kleinen Kristalliten meßtechnisch
einsetzbar sind.

In diesem Aufsatz sind daher vor allem Ergebnisse aus raman-spektroskopischen und aus infrarotspektroskopischen Untersuchungen zusammengestellt. Diese Zusammenstellung bezieht sich sowohl auf das
natürliche, d.h. auf das reine Fulleren, als auch auf die verschiedenen
durch Interkalation von Alkalimetallen erhaltenen Phasen. Entsprechend
unserem derzeitigen Stand des Wissens wird sich die Darstellung allerdings weitgehend auf C_{60} und seine Interkalationsverbindungen mit Alkalimetallen beschränken. Lediglich im letzten Abschnitt werden wir
kurz auf höhere Fullerene und auf Kohlenstoff-Nanoröhrchen eingehen.

Molekülschwingungen der Fullerene

Molekülschwingungen werden durch die Gesamtheit der Auslenkungen
der Atome des Moleküls beschrieben. Jedes einzelne Atom hat zunächst
drei mögliche Freiheitsgrade für seine Bewegungen, was für ein Molekül
mit N Atomen $3N$ Freiheitsgrade der Bewegung ergibt. Davon fallen 3
auf die reine Translation und 3 auf die reine Rotation des Moleküls, so
daß für die wirklichen Schwingungen $3N$-6 Freiheitsgrade übrig bleiben.
Für C_{60} wären dies 174. Allerdings können nicht all diese Schwingungen
tatsächlich beobachtet werden. Wegen der hohen Symmetrie des Moleküls werden für verschiedene Auslenkungen die gleichen Schwingungsenergien gemessen. Beobachtet werden daher für C_{60} maximal 46 verschiedene „Schwingungstypen", sogenannte Moden. Moden, auf die

mehrere Schwingungen gleicher Energie zusammenfallen, heißen „entartet". Der Grad ihrer Entartung, auch als Dimension bezeichnet, gibt die Zahl der in einer Mode zusammenfallenden Schwingungsmuster an.

Die Schwingungen molekularer Systeme werden nach der Symmetrie ihrer Auslenkungen und nach dem Grad ihrer Entartung klassifiziert. Demnach lassen sich die 46 oben erwähnten Moden von C_{60} in 10 verschiedene Gruppen einteilen und werden dort mit bestimmten Symbolen bezeichnet. Für das folgende – und auch für das Verhalten der Fullerene im allgemeinen – sind nur drei Gruppen, nämlich die sogenannte A_g-Moden, die H_g-Moden und die F_{1u}-Moden, wichtig. A_g und H_g enthalten die Raman-aktiven Schwingungen. A_g ist eindimensional und H_g fünfdimensional. Die F_{1u}-Moden sind dreidimensional und infrarotaktiv. In C_{60} gibt es genau $2\,A_g$-, $8\,H_g$- und $4\,F_{1u}$-Moden. Die gesamte Darstellung der optisch aktiven Moden läßt sich daher in der Form schreiben:

$$\Gamma_{opt.\,Moden} = 2A_g + 8H_g + 4F_{1u}\,.$$

Bild 9.1 zeigt die geometrische Form der Schwingungen für einige dieser Moden. Die Pfeile deuten die Auslenkungen in einer bestimmten Phase an: Die erste totalsymmetrische Mode ist eine simultane radiale

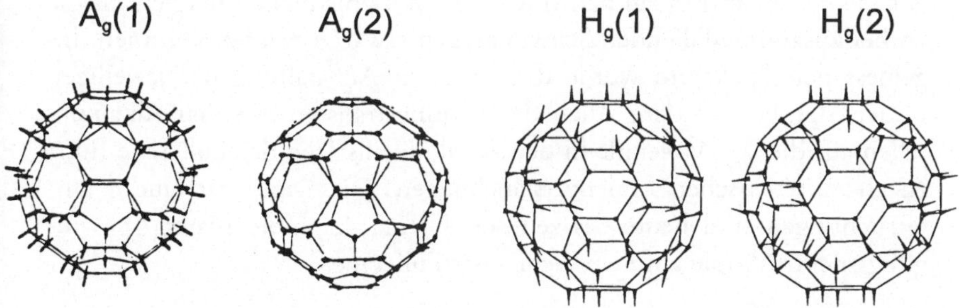

Bild 9.1: Schwingungen des C_{60}-Moleküls; gezeigt sind hier die totalsymmetrische Atmungsmode ($A_g(1)$) und Pinch-Mode ($A_g(2)$) sowie die beiden niedrigsten fünffach entarteten Deformationsmoden ($H_g(1)$ und $H_g(2)$), aus [2].

Schwingung aller 60 Kohlenstoffatome, d.h. das Molekül verändert periodisch seinen Radius. Sie wird daher gerne als Atmungsmode bezeichnet. Bei der zweiten totalsymmetrischen A_g-Mode ($A_g(2)$), der sogenannten Pinch-Mode, haben die Auslenkungen nahezu tangentialen Charakter und stellen im wesentlichen eine Streckschwingung der Kohlenstoff-Doppelbindung (C=C) dar. Diese Mode hat sich als besonders wichtig zur Charakterisierung des Moleküls herausgestellt. Die letzten beiden in dem Bild gezeigten Schwingungen entsprechen den fünffach entarteten Moden $H_g(1)$ und $H_g(2)$. Bei der $H_g(1)$ Mode wird das Molekül abwechselnd laibchen- und zigarrenförmig verzerrt, während die $H_g(2)$ Mode ein komplizierteres, aber immer noch sehr stark radial orientiertes Schwingungsmuster aufweist. Beide Moden werden als besonders wichtig für das Auftreten der Supraleitung angesehen.

Der Einbau der Moleküle in einen Kristall oder das Aufbringen von elektrischen Ladungen durch Ionisation verändert die Kräfteverhältnisse im Molekül und führt daher zu einer Änderung des Schwingungsspektrums. Diese Änderungen können aber nun ihrerseits zur Analyse der Vorgänge am Molekül herangezogen werden. Das periodische Gitter, in dem sich die Moleküle des Fullerenkristalls zusammenfinden, besitzt ganz eigene räumliche Symmetrien, die sich auf die Entartung einzelner Schwingungsmoden auswirken können. So ist z.B. die fünffache Entartung der H_g-Moden nicht mit dem Gitter der Fullerenkristalle verträglich, so daß beim Einbau der Moleküle unterschiedliche Energien für die vorher zusammenfallenden Schwingungen erwartet werden könnnen. Im gemessenen Spektrum würde dies an einer Aufspaltung der jeweiligen Linien sichtbar werden. Auch der Ladungstransfer von den Alkalimetallen auf die C_{60}-Moleküle in den Alkalimetallsalzen der Fullerene führt zu charakteristischen Linienverschiebungen. Diese und verwandte Untersuchungen sind heute das zentrale Thema der molekularen Schwingungsspektroskopie auf dem Gebiet der Fullerene.

Schwingungsspektren der undotierten Kristalle

Eine genaue Kenntnis des Schwingungsverhaltens der Fulleren-Moleküle in den undotierten Kristallen ist die wichtigste Voraussetzung für ein Verständnis komplizierterer Systeme.

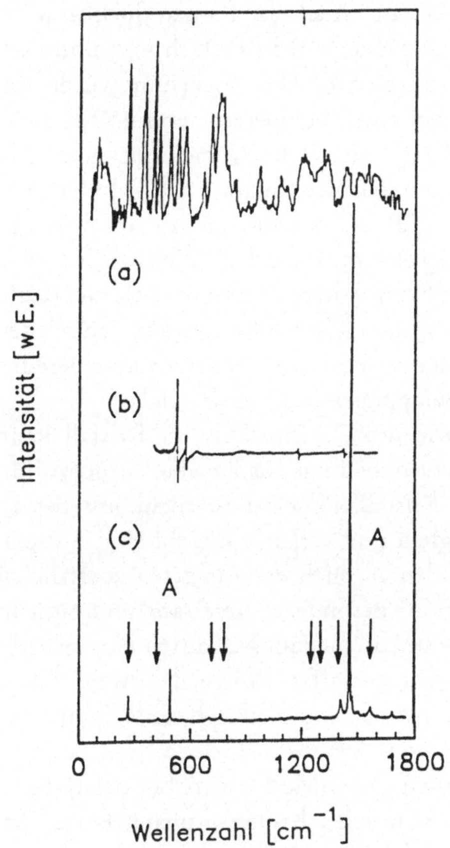

Bild 9.2:
Neutronenstreuung ((a), nach [3]), Infrarot-Reflexion (b) und Raman-Streuung (c) von undotiertem C_{60} bei Raumtemperatur (a,b) bzw. 450 K (c).

Spektren bei Raumtemperatur und bei tiefen Temperaturen

Da die C_{60}-Moleküle bei Raumtemperatur in den Kristallen nahezu frei rotieren, kann man erwarten, daß die Schwingungen der Kristalle so ähnlich aussehen wie die des freien Moleküls. Dies ist in der Tat der Fall. Bild 9.2 zeigt Spektren der Neutronenstreuung (a), IR-Reflexion (b) und der Raman-Streuung (c) unter verschiedenen Bedingungen. Die IR-Messungen und die Raman-Messungen wurden an Einkristallen durchgeführt. Spektrum (b) ist ein Musterbeispiel für ein Reflexionsspektrum an einem Einkristall. Die vier F_{1u}-Moden sind klar zu erkennen, sie liegen bei 526, 578, 1188, und 1428 cm^{-1}. Auch das Raman-Spektrum des undotierten Kristalls (Spektrum c in Bild 9.2) ist einfach und unmittelbar aus dem Molekülspektrum abzuleiten. Das Spektrum wurde mit einem Laser bei 514,5 nm und bei einer Temperatur von 450 K angeregt. Die Pfeile bezeichnen die Linien der acht fünffach entarteten H_g-Moden, der Buchstabe A die Linien der nichtentarteten A_g-Moden. Die besonders wichtige Pinch-Mode $A_g(2)$ ist bei 1467 cm^{-1} zu sehen. Einige weitere kleine Strukturen im Spektrum stammen offensichtlich von Schwingungen, die erst durch die Symmetriebrechung im Kristall erlaubt werden. Spektren der Neutronenstreuung (a) sind wegen der zahlreichen auftretenden Linien und wegen der geringen Streuraten insbesondere bei den hochfrequenten Molekülschwingungen weniger deutlich.

Die Brechung der Symmetrie des C_{60}-Moleküls im Kristall kann mehrere Ursachen haben, die nicht unbedingt auf Defekte zurückzuführen sein müssen. Das kubische Kristallfeld selbst ist nicht mit der I_h-Symmetrie des Moleküls verträglich und verlangt sowohl eine Aufspaltung der fünffach entarteten Moden als auch das Auftreten zusätzlicher Schwingungen im Infrarotspektrum. Besonders interessant und tatsächlich auch beobachtet sind die Symmetriebrechungen durch eine natürliche Isotopenverunreinigung des Kohlenstoffes. Etwa jedes zweite Fullerenmolekül hat mindestens ein ^{13}C eingebaut, wodurch seine Symmetrie vollständig zerstört wird.

Ein zusätzliches Sichtbarwerden neuer Moden tritt bei tiefen Temperaturen auf. Da der Kristall dort in einer hochgeordneten Form vorliegt und außerdem die Einheitszelle des Gitters größer geworden ist (siehe dazu auch Bild 9.4), wird die Anzahl der infrarotaktiven Moden stark heraufgesetzt.

Einfluß von Licht auf das Raman-Spektrum

Bei der Interpretation der Raman-Spektren hatte es zunächst Schwierigkeiten gegeben, da die Spektren nicht stabil gegenüber Laserbestrahlung waren. Insbesondere extrem reine, noch nie Spuren von Sauerstoff ausgesetzte Kristalle verändern ihr Spektrum in wenigen Sekunden nach Exposition in einer Laserstrahlung. Dies gilt speziell für eine Einstrahlung bei Raumtemperatur und für Laserenergien größer als etwa 2 eV. Bild 9.3 gibt ein Beispiel. Der Kristall wurde hier bei Raumtemperatur mit

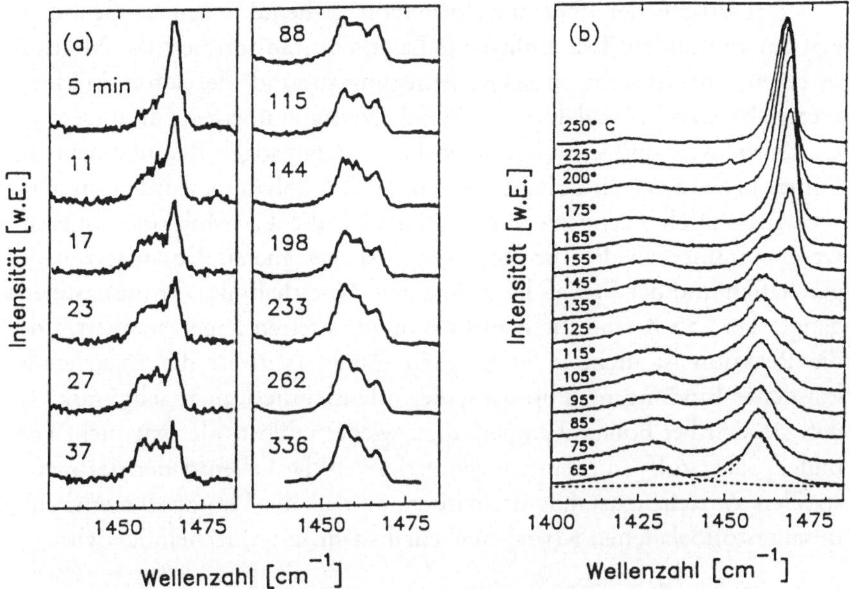

Bild 9.3: Instabilität des Raman-Spektrums im Bereich der Pinch-Mode gegenüber Laserbestrahlung (a) (nach [4]) und Erholung des Spektrums durch Aufwärmen auf 150 °C (b) (nach [5]). Die Zahlen in (a) geben die Bestrahlungszeiten durch den Laser in Minuten an, in (b) die Probentemperatur in Celsius.

der grünen Linie eines Argonlasers bestrahlt. Die Veränderung der Pinch-Mode ist dargestellt. Schon nach wenigen Minuten ist die Pinch-Mode sehr klein geworden und schließlich nahezu völlig verschwunden. An ihrer Stelle tritt eine neue Linie bei etwa 1460 cm⁻¹ auf. Das Material wurde also offensichtlich durch eine Phototransformation verändert. Diese Transformation tritt nicht auf, wenn sich der Kristall auf einer erhöhten Temperatur oder bei einer Temperatur unterhalb des Phasenübergangs befindet. Außerdem kann sie durch Tempern bei erhöhten Temperaturen rückgängig gemacht werden. Dies zeigt Teil (b) des Bildes. Aufheizen des Kristalls führt zu einer sukzessiven Rückbildung der Linie des phototransformierten Materials bis schließlich bei 250°C wieder das ursprüngliche Spektrum und damit der ursprüngliche Kristall erhalten wird.

Der Prozeß der Phototransformation ist heute in seinen Grundzügen gut verstanden: Das einfallende Laserlicht transformiert das Molekül in einen sehr kurzlebigen ersten Anregungszustand, der sofort in einen metastabilen, d.h. langlebigeren Zwischenzustand übergeht. In diesem ist C_{60} sehr reaktiv und kann bei stereochemisch günstigen Bedingungen ein Dimer bzw. sogar ein Polymer bilden. Solche Polymere wurden massenspektroskopisch nachgewiesen [6]. Solange die C_{60}-Moleküle rotieren, werden immer wieder die stereochemisch geeigneten Voraussetzungen geschaffen und der Prozeß kann ablaufen. Unterhalb des Ordnungsüberganges bei 255 K sind die Moleküle in einer festen Lage verankert, und die Reaktion ist nicht mehr möglich. Andererseits ist die entstehende kovalente Bindung im Photopolymer offensichtlich nicht sehr stark, so daß sie sich bei hohen Temperaturen wieder auflöst oder gar nicht erst bildet. Sauerstoffverunreinigungen verkürzen die Lebensdauer des metastabilen Zwischenzustands dramatisch, so daß die Photopolymerisation in sauerstoffbeladenen Kristallen ebenfalls sehr unwahrscheinlich wird.

Der Unordnungs/Ordnungs-Phasenübergang in C_{60}

Eine der vielen interessanten Erscheinungen an den Fulleren-Kristallen sind die Phasenübergänge erster Ordnung vom Zustand der quasifreien Rotation der Moleküle in ein geordnetes Kristallgitter. Die Übergänge werden dementsprechend auch Unordnungs-/Ordnungsübergänge genannt. In C_{60} tritt der Übergang bei 255 K auf, wobei sich die Kristallstruktur von einer scheinbar kubisch-flächenzentrierten (kfz) Phase bei hoher Temperatur zu einer einfach-kubischen Phase unterhalb von 255 K umwandelt. Bei dem Phasenübergang kommt es, wie oben schon erwähnt, nur zum Einrasten der Moleküle in bestimmten Orientierungen, eine Verschiebung der Molekülschwerpunkte tritt nur marginal auf. Daß sich das Gitter dabei trotzdem von einfach-kubisch zu kfz ändert, kann man aus dem Bild 9.4 verstehen. Teil (a) zeigt die kfz-Zelle, wobei die Fullerenmoleküle als Kreise gezeichnet sind. Dies soll andeuten, daß sie sich zu schnell drehen, um ihre wahre geometrische Form meßbar zu machen. Das Molekül links unten ist voll schwarz gezeichnet, weil es die kleinste Einheit darstellt, die an alle Gitterpunkte (also auch an die in den Flächenzentrierungen) verschoben werden kann, ohne daß sich das

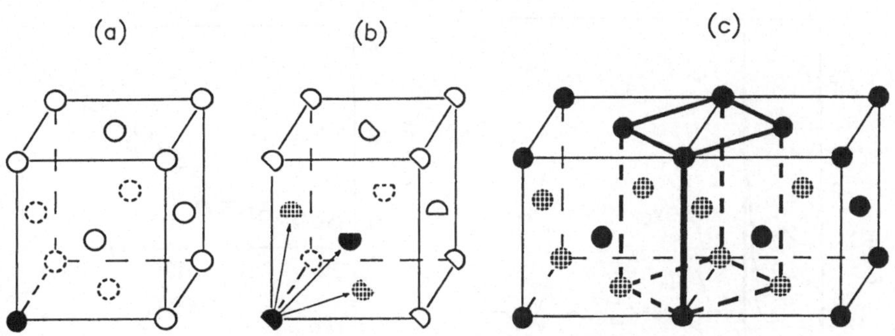

Bild 9.4: Schematische Darstellung der Kristallstruktur von C_{60} bei Raumtemperatur (kubisch-flächenzentriert, Bildteil (a)) und unterhalb des Ordnungsüberganges (Bildteil (b)). Nicht sichtbare Moleküle sind strichliert bzw. gerastert gezeichnet. Die Pfeile im rechten Bildteil verbinden die Basis. Der Bildteil (c) stellt die Änderung der Einheitszelle beim Phasenübergang von kubisch-flächenzentriert zu orthorhombisch dar, wie er im Zusammenhang mit der Instabilität der Phasen K_1C_{60} und Rb_1C_{60} besprochen wird.

Gitter dabei ändert. Die Fachleute nennen diese Einheit die „Basis" des Gitters. Bildteil (b) zeigt die Situation unterhalb des Phasenüberganges. Die Moleküle sind jetzt in bestimmten Orientierungen eingerastet, und ihre geometrische Form kann nicht mehr als sphärisch angenähert werden. Letzteres ist durch die abgeschnittenen Segmente an den Molekülsymbolen im Bild angedeutet. Die kleinste Einheit, die verschoben werden kann, ohne daß sich das Gitter ändert, besteht nunmehr aus den vier schwarz gezeichneten Molekülen (nicht sichtbare Moleküle sind gerastert), und die Gitterpunkte sind nurmehr die Eckpunkte des Würfels. Das Gitter ist also kubisch primitiv, aber die „Basis" besteht jetzt aus vier C_{60}-Molekülen.

Bild 9.5 (a) zeigt Spektren der IR-Reflexion im Bereich der Molekülschwingung mit der zweitniedrigsten und mit der höchsten Energie für verschiedene Temperaturen. Das Aufspalten der Mode genau bei der Temperatur des Phasenübergangs ist besonders bei den Spektren im rechten Bildteil deutlich zu sehen. Es entspricht der oben bereits erwähnten Zunahme der Entartung durch die Vergrößerung der Basis und einer gleichzeitigen Aufspaltung der Linien durch einen dynamischen Korrelationseffekt. Noch deutlicher sieht man den Phasenübergang im

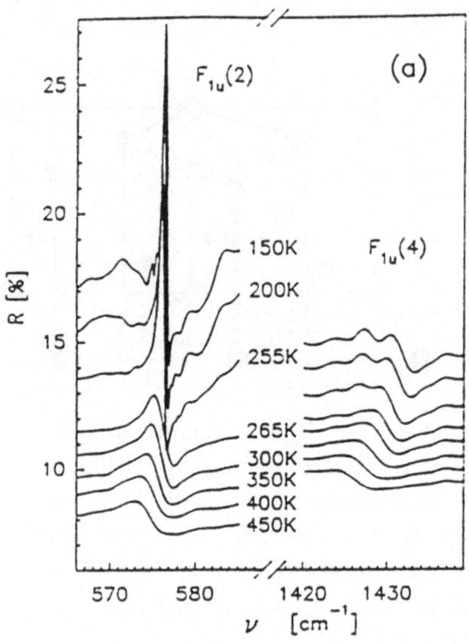

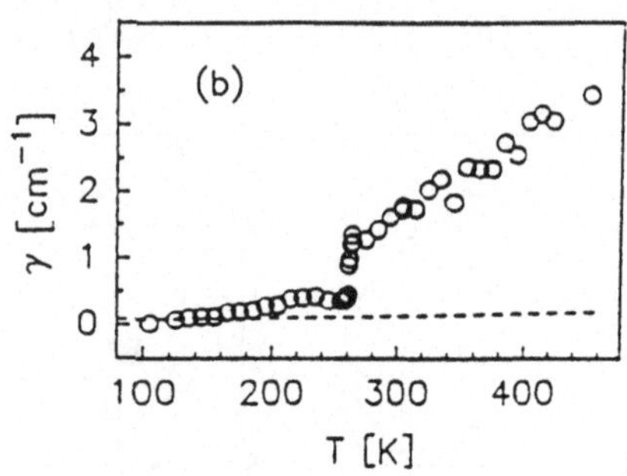

Bild 9.5:
Spektrales Verhalten zweier infrarotaktiver Moden beim Durchgang durch den Phasenübergang (a) und Veränderung der Linienbreite mit der Temperatur für die Mode $F_{1u}(2)$ (b).

Verlauf der Linienbreite. Er ist in Teil (b) des Bildes als Funktion der Temperatur für die zweitniedrigste F_{1u}-Mode dargestellt. Der Sprung am Phasenübergang zeigt, daß oberhalb der Ordnungstemperatur neue Prozesse zum Zerfall der Schwingungen wesentlich werden. Ein ähnlicher Verlauf der Linienbreite wurde auch für die ramanaktive Pinch-Mode beobachtet.

Schwingungsspektren der dotierten Kristalle

Neben den Untersuchungen der strukturellen Phasenübergänge war es vor allem das Auftreten der verschiedenen Interkalationsverbindungen, die das große Interesse bei den Materialwissenschaften hervorgerufen hat. In diesem Zusammenhang war natürlich die Entdeckung der Supraleitung in K_3C_{60} besonders bedeutend [8]. Schwingungsspektroskopie – und hier vor allem die Raman-Spektroskopie – war von Beginn an ein wesentliches Werkzeug zur Analyse der dotierten Phasen.

Röntgenografisch wurden zunächst nur die stöchiometrischen Phasen A_xC_{60}, mit x = 0, 3, 4, und 6 und A = K, Rb, nachgewiesen. Andere Alkalimetalle wie Li, Na, oder Cs verhalten sich unterschiedlich. Da für diese aber bisher kaum Schwingungsspektren vorliegen, soll sich die hier gegebene Darstellung auf K- und Rb-Verbindungen beschränken.

Spektren der Gleichgewichtsphasen

Als besonders empfindliche Schwingungsmode für eine Änderung des Ladungszustands auf dem Fulleren hat sich die Pinch-Mode im Raman-Spektrum erwiesen. Der Dotierungsvorgang wird gerne im heißen Dampf des Alkalimetalles durchgeführt, da man dann gut den Verlauf des Dotierungsprozesses *in situ* spektroskopisch verfolgen kann. Bild 9.6 zeigt diesen Vorgang explizit anhand des Verhaltens der Pinch-Mode. Zunehmende Zeit entspricht zunehmender Dotierung. Das überraschende Ergebnis dieses Bildes ist, daß die Veränderung der Pinch-Mode diskontinuierlich erfolgt, obwohl der Dotierungsprozeß kontinuierlich stattfindet. Für eine Dotierung bei Raumtemperatur (Bildteil (a)) treten nur die Phasen mit $x = 3$, bei der die Pinch-Mode bei 1450 cm^{-1} zu liegen kommt, und die Phase mit $x = 6$, bei der die Pinch-Mode bei 1432 cm^{-1}

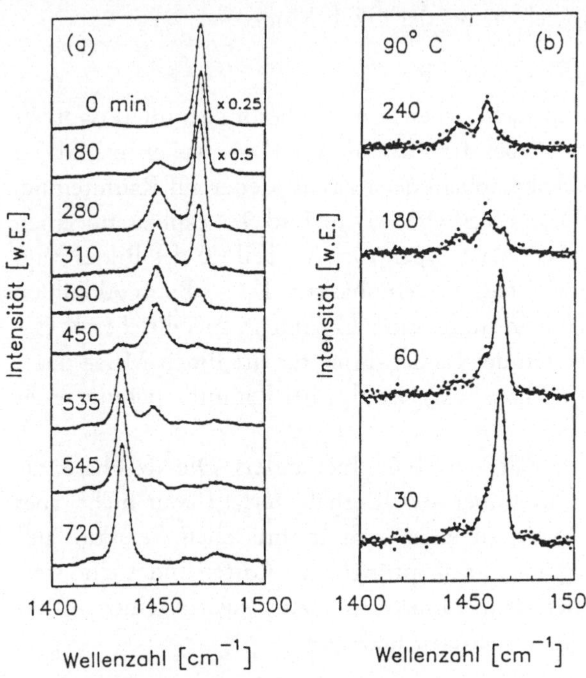

Bild 9.6:
Verhalten der A$_g$(2)-Mode gegenüber Dotierung mit Kalium bei Raumtemperatur (a) und bei hoher Temperatur (b). Angegeben ist die Dotierungszeit in Minuten.

zu liegen kommt, auf. Es ist also eine strenge Phasenseparation zu beobachten. Die Phase mit x = 4 wird im allgemeinen nur indirekt über eine Verdünnung der Phase mit x = 6 erreicht.

Interessanterweise ist das Verhalten anders, wenn sich die Probe auf erhöhter Temperatur befindet. Dies ist im Teil (b) des Bildes dargestellt. Nach mehreren Stunden Dotierung bildet sich zwischen der für das undotierte Material und der für das Material mit $x = 3$ charakteristischen Linie eine neue Linie aus. Aus der Lage dieser Linie kann der Fachmann erkennen, daß es sich um ein Material mit der Stöchiometrie $x = 1$ handeln muß. In der Tat wurde durch dieses Experiment erstmals die Existenz der Phasen vom Typ A_1C_{60} nachgewiesen [9].

Ähnlich wie im Raman-Spektrum lassen sich die verschiedenen Phasen auch im IR-Spektrum durch eine charakteristische Verschiebung der Linien für zumindest drei der vier F_{1u}-Moden nachweisen. Eine genaue Analyse zeigte, daß die Verschiebungen nahezu linear mit der aufgebrachten Ladung sind. Für die Mode mit der höchsten Frequenz ergibt sich eine mittlere Verschiebung von etwa 15 cm^{-1} pro Ladungstransfer, also mehr als doppelt soviel wie bei der Pinch-Mode.

Instabilität der Phasen K_1C_{60} und Rb_1C_{60}

Die Phase mit $x = 1$ ist in mehrfacher Hinsicht besonders interessant. Es stellte sich nämlich heraus, daß der Zustand mit $x = 1$, wie er in Bild 9.6 gezeigt ist, nicht stabil bleibt, sobald der Kristall wieder auf Raumtemperatur abgekühlt wird. Dieses Verhalten ist in Bild 9.7 explizit für einen Einkristall dargestellt. Das oberste Spektrum im Teil (a) des Bildes zeigt die Pinch-Mode des einkristallinen, einphasigen K_1C_{60}. Beim Abkühlen zerfällt diese Phase jedoch in undotiertes C_{60} und in metallisches K_3C_{60}, wie man aus dem Verhalten der Raman-Linie für die Pinch-Mode deutlich erkennen kann. Die Phase K_1C_{60} ist also bei Raumtemperatur nicht stabil.

Interessanterweise verhält sich Rb_1C_{60} hier anders. Die kfz-Phase, die man ebenfalls bei Dotierung über 400 K erhält, zerfällt zwar nicht, aber es tritt ein Phasenübergang zu einer orthorhombischen Struktur auf. Entlang der Flächendiagonale im ursprünglichen Gitter findet eine starke Kontraktion zwischen den Molekülen statt, was zu einer orthorhombischen Verzerrung des Gitters Anlaß gibt.

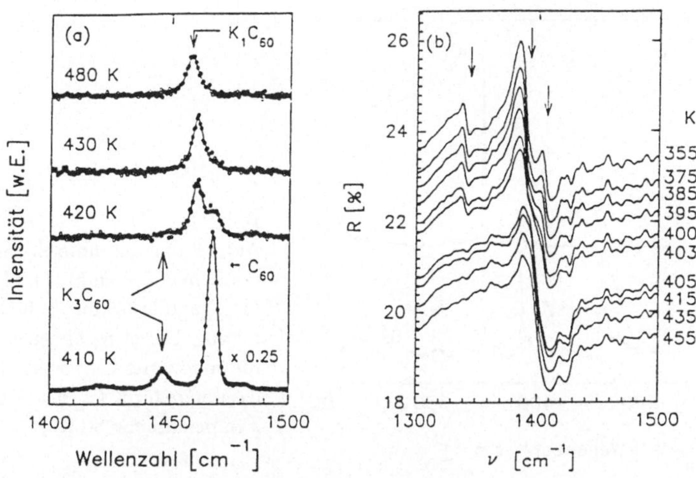

Bild 9.7: Phasenseparation von K_1C_{60} nach K_3C_{60} und C_{60} durch Abkühlen auf Raumtemperatur (a) und Phasenübergang von Rb_1C_{60} durch Abkühlen unter 130 °C (b). Die Pfeile in (b) weisen auf die Komponenten der aufgespaltenen Linie.

Die entsprechende Änderung in der Gitterstruktur ist in Abb. 9.4c dargestellt. In einigen neueren Arbeiten wird sogar der Vorschlag gemacht, daß es sich bei der neuen Phase um ein Polymer ähnlich dem unter UV-Bestrahlung erhaltenen C_{60}-Photopolymer handeln soll. Dieser Phasenübergang ist in den Schwingungsspektren ebenfalls deutlich zu sehen. Teil (b) des Bildes zeigt die IR-Reflexion der höchsten F_{1u}-Mode, aufgenommen bei verschiedenen Temperaturen oberhalb und unterhalb des Phasenüberganges. Bei 402 K tritt innerhalb von 2 K eine dramatische Änderung im Spektrum auf. Die Linie spaltet sich offensichtlich in drei Komponenten bei 1370, 1420 und 1430 cm^{-1} auf, was gerade der Symmetriereduktion von kubisch nach orthorhombisch entspricht. Die Stärke der Aufspaltung ist etwas überraschend und deutet tatsächlich auf dramatische Änderungen in der Kristallstruktur hin.
Eine besonders interessante Eigenschaft der orthorhombischen Phase von Rb_1C_{60} liegt in ihrer offensichtlichen Stabilität gegenüber atmosphärischen Bedingungen. Einkristallines Rb_1C_{60} kann mehrere Stun-

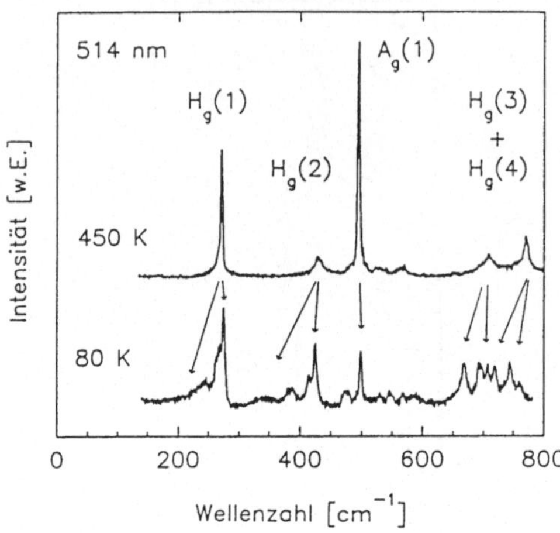

Bild 9.8:
Aufspaltung der fünffach entarteten Raman-Linien $H_g(1)$, $H_g(2)$, $H_g(3)$ und $H_g(4)$ durch die Dotierung. Das obere Spektrum ist für undotiertes C_{60} bei 450 K, das untere für K_3C_{60} bei einer Temperatur von 80 K.

den an Luft liegen, ohne daß sich die Spektren im geringsten verändern [11]. Es ist derzeit völlig unklar, warum dies so ist. Kinetische Gründe (Größe des Rubidiumatoms) könnten eine Rolle spielen.

Linienverschiebung und Aufspaltung in der Phase K_3C_{60}

Auch die metallische Phase K_3C_{60} zeigt überraschende Erscheinungen im Spektrum der Molekülschwingungen. Bild 9.8 zeigt einige Beispiele, wobei die Raman-Spektren des undotierten Materials (bei erhöhter Temperatur) mit Spektren von K_3C_{60} (bei 80 K) verglichen werden. Für die beiden fünffach entarteten Moden $H_g(3)$ und $H_g(4)$ ergibt sich eine dramatische Aufspaltung in eine Vielfalt von etwa 10 Linien. Dies bedeutet den vollständigen Verlust der Entartung dieser Moden. Ähnliches gilt für die beiden anderen in Bild 9.8 gezeigten H_g-Moden. Zu der Aufspaltung in mehrere Komponenten kommt hier aber noch eine dramatische Zunahme der Linienbreite einzelner Komponenten dazu, und auch die Verschiebungen von der ursprünglichen Linienposition sind beträchtlich. Je breiter eine Komponente durch die Dotierung geworden ist, desto stärker erscheint sie auch verschoben. Aus Beobachtungen und aus theoretischen Untersuchungen an anderen metallischen Systemen ist bekannt, daß solche Erscheinungen mit einer starken Kopplung der Phononen an die freien Elektronen verbunden ist. Das beobachtete Verhalten legt es daher nahe, die Änderung der Selbstenergie der Schwingungen (Linienbreite und Linienlage) auf eine besonders starke Wechselwirkung der Moden mit den freien Ladungsträgern im t_{1u} Band zurückzuführen. Eine endgültige Deutung der beobachteten Linienverbreiterung und Linienverschiebung steht hier allerdings noch aus.

Höhere Fullerene und Kohlenstoff-Nanoröhrchen

Über höhere Fullerene gibt es wesentlich weniger schwingungsspektroskopische Untersuchungen. Jedenfalls werden die Spektren sehr schnell viel komplizierter, nicht nur weil die Zahl der Atome pro Molekül zugenommen hat, sondern auch weil im allgemeinen die Symmetrie niedriger wird. So hat C_{70} in seiner langgestreckten Form eines amerikanischen Fußballs eine ganz andere Symmetrie (D_{5h}-Symmetrie genannt) und wegen der größeren Anzahl von Kohlenstoffatomen bereits 122 Moden. Davon sind 53 Raman-aktiv und 32 im IR-Spektrum zu sehen. Außerdem hat C_{70} mehrere strukturelle Phasenübergänge, was die Situation noch komplizierter macht. In zumindest einer Arbeit wurde das Verhalten der Moden an einem der Phasenübergänge untersucht und ein ähnliches Verhalten wie bei C_{60} gefunden [12].

Bei noch höheren Fullerenen kommt als zusätzliche Komplikation das Auftreten isomerer Formen hinzu. Trotzdem wurden zumindest für C_{76} bereits Raman-Spektren und IR-Spektren gemessen [13]. Die Komplexität solcher Spektren macht eine detaillierte Auswertung derzeit aber noch sehr schwierig.

Etwas leichter wird die Behandlung der Spektren für noch größere Moleküle. Dies gilt insbesondere für die Fulleren- oder Kohlenstoff-Nanoröhrchen. Die Spektren werden mit zunehmender Teilchengröße immer graphitähnlicher. Bild 9.9 zeigt die schematische Struktur eines Nanoröhrchens und dazugehörige Raman-Spektren. Die Röhrchen sind im allgemeinen mehrwandig und unterliegen einer bestimmten Größenverteilung. Die Raman-Spektren sind wie bei Graphit durch drei Linien charakterisiert. Die G-Linie entspricht der C=C Streckschwingung der Kohlenstoff-Sechsecke in der aufgerollten Graphitebene, die D-Linie ist durch Defekte in der Struktur der Ebenen hervorgerufen, und die Linie 2D stellt den Oberton der D-Linie dar. Auffallend ist die systematische

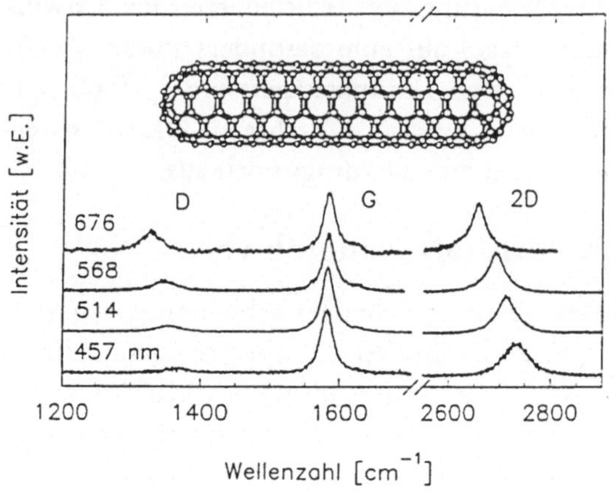

Bild 9.9:
Schematische Struktur
und Raman-Spektren
von Kohlenstoff-Nano-
röhrchen. Die Anregung
der Spektren erfolgte mit
den angegebenen Laser-
linien; nach [14].

Verschiebung der D-Linie und der 2D-Linie zu niedrigeren Frequenzen
mit zunehmender Wellenlänge des anregenden Lasers. Solche Dispersi-
onseffekte sind bei konjugierten Polymeren gut bekannt und beruhen auf
einem photoselektiven Resonanzprozeß. Polymerstücke entlang der Kette
können verschiedene optische und gitterdynamische Eigenschaften haben und werden daher von den verschiedenen Laserlinien verschieden
effektiv angesprochen. Ein ähnlicher Effekt könnte auch bei den Nanoröhrchen auftreten. Durch die Größenverteilung der Röhrchen entsteht
eine inhomogene Matrix, die eine photoselektive Resonanzstreuung zuläßt.

Raman-Spektren von Röhrchen mit einer einzigen Wand haben eine
kompliziertere Struktur [15]. Ebenfalls komplizierter sollten die Spektren von Röhrchen mit sehr kleinen Durchmessern ausfallen.

Zusammenfassung

Die Spektroskopie der Molekülschwingungen hat sich als eine besonders
wertvolle Methode zur Untersuchung der temperaturabhängigen und
dotierungsabhängigen Vorgänge in den Fullerenkristallen erwiesen. Phasenübergänge, Photopolymerisation oder Dotierungsprozesse können
nachgewiesen und quantitativ analysiert werden. Wegen des chromopho-
ren Charakters der Fullerene hat sich die Raman-Spektroskopie als besonders wertvoll erwiesen.

Danksagung

Diese Arbeit wurde im Rahmen des Forschungsprojektes P09741 des Fonds zur Förderung der Wissenschaftlichen Forschung in Österreich gefördert. Die Autoren danken T. Pichler, R. Winkler und J. Kastner für wertvolle Diskussionen.

Kapitel 10

Perspektiven der praktischen Anwendung der Fullerene

Peter Härtwich und Heinz Eickenbusch

> Es ist sehr schwer, Voraussagen zu machen –
> vor allem wenn sie die Zukunft betreffen.
>
> *(Niels Bohr, Physiker)*

Die Entdeckung eines Prozesses zur Herstellung makroskopischer Mengen der Fullerene, also von Kohlenstoffclustern definierter Größe und Struktur, ist zunächst ein Produkt der reinen, zweckfreien Grundlagenforschung. Wie Wolfgang Krätschmer in Kapitel 4 dieses Buch selbst beschrieben hat, sind er und Huffman eher zufällig auf ein effizientes und einfaches Herstellungsverfahren von Fullerenen wie C_{60} und C_{70} gestoßen. Wie häufig infolge spektakulärer wissenschaftlicher Entdeckungen setzte auch nach dem Bekanntwerden dieser Ergebnisse eine Welle der Spekulationen über mögliche Anwendungen der neuartigen Moleküle ein. Dabei waren vor allem die folgenden außergewöhnlichen Eigenschaften des C_{60} stimulierend für die Phantasie der Forscher:

- Der C_{60}-Ball weist die höchstmögliche Symmetrie aller Molekülformen auf.

- Der innere Hohlraum des Balles ist so groß, daß die Atome aller Elemente des Periodensystems und viele kleinere Moleküle bequem hineinpassen.

- Das Molekül ist äußerst stabil, es übersteht z.B. Stöße mit einer Geschwindigkeit von 27 000 km/h gegen eine Metallplatte.

- Das Molekül enthält dreißig Doppelbindungen, die potentielle Anknüpfungspunkte für chemische Derivatisierung sind. Häufig wurde der Vergleich mit dem Benzolring bemüht, dessen Entdeckung einen neuen Zweig der Chemie begründete.

– Die C_{60}-Bälle bilden im Festkörper ein Kristallgitter mit großen Lükken aus, in die man andere Atome und Moleküle leicht einlagern kann.

– Das Molekül ist ein effektiver Elektroneneinfänger.

Nach den ersten Untersuchungen zu den Eigenschaften der Fullerene lautete die Antwort der Forscher auf die Frage nach nutzbringenden Anwendungen der neuen Stoffe somit auch etwa folgendermaßen: „Wir wissen noch nicht genau, welche speziellen Anwendungen entdeckt werden, aber die bemerkenswerten Eigenschaften dieser neuen Form des Kohlenstoffs werden mit hoher Wahrscheinlichkeit zu einer Palette neuer Produkte führen, die von Supraleitern über Katalysatoren, Solarzellen, Polymeren, Arzneimitteln, neuen Batterien bis hin zu Anwendungen reicht, die man heute noch nicht vorausahnen kann.“

Nach nunmehr mehrjähriger, weltweit intensiv betriebener Forschung hat sich der Grundtenor dieser Antwort kaum verändert. Die umfangreichen Erkenntnisse, die über die Herstellung, Materialeigenschaften und chemische Derivatisierung der Fullerene gesammelt wurden, führten bisher noch nicht zu klareren Aussagen über mögliche Anwendungen, geschweige denn zu neuen marktfähigen Produkten. Die ursprünglich von manchen erhofften schnellen Durchbrüche sind also ausgeblieben, und es wird voraussichtlich ein längerer Weg der zähen Forschungsarbeit bis zu ersten echten Anwendungen sein. Trotzdem soll im folgenden der schwierige Versuch unternommen werden, eine möglichst realistische Einschätzung des Potentials der verschiedenen Vorschläge und Ideen für technische Anwendungen der Fullerene vom heutigen Kenntnisstand aus vorzunehmen.

Katalyse

Die moderne chemische Industrie ist untrennbar mit dem Einsatz von Katalysatoren verbunden. Die Wirkung eines heterogenen Katalysators besteht darin, daß er einen Reaktionsweg geringerer Aktivierungsenergie für eine Reaktion erschließt und damit die Reaktionsgeschwindigkeit steigert. Dabei wird mindestens eine der reagierenden Substanzen an der Oberfläche des Katalysators adsorbiert. Aus Erfahrung weiß man, daß

Katalysatoren um so besser wirken, je größer ihre Oberfläche ist und je gleichmäßiger bestimmte Strukturen wie z.B. Kristallkanten und -spitzen oder Fehlstellen und mikroskopische Stufen verteilt sind. Gute Erfolge erzielt man z.B. mit Metallclustern, die sehr feinverteilt und gleichmäßig auf einen Träger aus Aktivkohle aufgebracht werden.

Die Verwandtschaft des C_{60}-Festkörpers zur Aktivkohle führte zu der Vermutung, daß man auch Fullerene als Träger für Metallkatalysatoren verwenden kann. Tatsächlich zeigen die Versuche z.B. mit Pd_xC_{60} oder Ru_xC_{60}, daß man effektive Hydrierkatalysatoren auf Fullerenbasis herstellen kann, die widerstandsfähiger gegen Wasserstoff- und thermische Belastung sowie haltbarer und effektiver als vergleichbare Systeme auf Aktivkohleträger sind. Bemerkt sei, daß die Fulleren-Katalysatoren mit etwa 20 % Aktivitätsverlust zweimal wiederholt eingesetzt werden konnten, während die technischen Proben auf Aktivkohlebasis bereits beim zweiten Einsatz über 90 % der Ausgangsaktivität (bezogen auf die Masse) verloren hatten.

Nachdem die Aktivität von Fulleren-Metallkatalysatoren für die heterogene Katalyse prinzipiell nachgewiesen wurde, wird daran gearbeitet, dünne Fullerenstrukturen mit definierten Eigenschaften auf verschiedenen Oberflächen gezielt so zu erzeugen, daß ihre katalytischen Eigenschaften optimiert werden können.

Darüber hinaus können unter Umständen auch modifizierte Fullerene (fluorierte, hydroxilierte, sulfonierte oder polymere Proben), andere Fullerenstrukturen wie Kohlenstoffzwiebeln und Röhrchenkohlenstoff oder sogar Fullerenruß als Träger beim Katalyseprozeß Verwendung finden.

Auch bei Prozessen der Photokatalyse scheinen Fullerene eine Rolle spielen zu können. Eine Beispielreaktion ist die Bildung von angeregten Sauerstoffmolekülen, dem sogenannten $O_2(^1\Delta)$, unter Einwirkung von Licht. Dabei werden durch die Lichteinwirkung bei Anwesenheit von C_{60} als Katalysator Elektronen des Sauerstoffmoleküls in höhere Energiezustände gebracht. $^1\Delta$-Sauerstoff kann man z.B. dazu verwenden, eine neue Art von Laser mit hoher Leistung zu betreiben, den sogenannten Sauerstoff-Jod-Laser. Dabei stoßen die angeregten Sauerstoffmoleküle mit Jodmolekülen zusammen, was zur Dissoziation der Jodmoleküle und zur

Anregung der Jodatome in einen Zustand führt, der für die Aufrechterhaltung eines Laserprozesses geeignet ist (Laser und Optoelektronik 26. Juni 1994, S. 68). Eine weitere Eigenschaft von $^1\Delta$-Sauerstoff ist die spezifische Spaltung von einsträngiger DNA. Dies wird in der sogenannten photodynamischen Krebstherapie eingesetzt. Gelingt es, Fullerenderivate zu synthetisieren, die selektiv Krebszellen erkennen können, dann läßt sich durch Bestrahlung mit Licht in Gegenwart von Sauerstoff eine Zerstörung der Krebszellen erreichen.

Insgesamt zeichnet sich ein vielseitiges Entwicklungs- und Anwendungspotential für dieses neue Katalysatormaterial ab.

Herstellung künstlicher Diamanten und Diamantschichten

Elementarer Kohlenstoff in Form von Diamant weist einige bemerkenswerte Eigenschaften auf, die ihn für eine technische Anwendung einzigartig erscheinen lassen:

- Er ist bei weitem der härteste der bekannten Stoffe.

- Er hat die höchste Wärmeleitfähigkeit aller bekannten Festkörper bei Zimmertemperatur (fünfmal so groß wie Kupfer).

- Er hat einen ungewöhnlich hohen Brechungsindex und ist durchsichtig vom infraroten über den sichtbaren bis zum ultravioletten Spektralbereich.

- Er hat exzellente natürliche Schmierstoffeigenschaften, ähnlich wie die von Teflon.

- Seine Halbleitereigenschaften sind bemerkenswert: Er ist 15mal durchschlagsfester als gebräuchliches Halbleitermaterial, hat die fünffache Ladungsträgerbeweglichkeit und die Dielektrizitätskonstante ist halb so groß wie in Silizium; außerdem ist er noch bei hohen Temperaturen verwendbar, bei denen Silizium als Halbleitermaterial versagt.

Künstliche Diamanten für den industriellen Einsatz, z. B. zum Schleifen und Schneiden harter Werkstoffe, werden heute in einem Hochtemperatur-Hochdruck-Prozeß aus Graphit hergestellt. Die Weltjahresproduktion beträgt ca. 70 Tonnen, das entspricht einem Marktumfang von ungefähr 500 Millionen Dollar.

Bei dem heute im industriellen Maßstab eingesetzten Prozeß wird ein Gemisch aus Graphit und einem der Metalle Eisen, Kobalt, Nickel, Chrom, Platin oder Palladium bei Temperaturen um 1 500 °C und Drücken von 60 Kilobar in Diamant umgewandelt.

Versuche mit C_{60} haben gezeigt, daß man diese Kohlenstoffmodifikation schon bei Zimmertemperatur in Diamant umwandeln kann. Dabei wurde eine schnelle Kompression unter uniaxialem Druck von ca. 20 Gigapascal angewendet. In den bisherigen Versuchen konnten jedoch nur geringe Mengen winziger Diamantkristallite bis zu 100 nm Abmessung nachgewiesen werden. Ob die Erzeugung größerer Kristalle möglich ist und ob die Methode tatsächlich Vorteile gegenüber dem etablierten Verfahren bietet, muß in weiteren Untersuchungen geklärt werden.

Neben der Erzeugung von Diamantkristallen ist in den letzten Jahren die Abscheidung dünner polykristalliner Diamantschichten immer mehr in das Blickfeld des Interesses geraten. Mit dem sogenannten CVD-Verfahren (**C**hemical **V**apor **D**eposition – chemische Dampfphasenabscheidung) gelingt es, in einem Niederdruckprozeß dünne polykristalline Diamantschichten relativ preiswert zu erzeugen. Damit ist es möglich, die einzigartigen Eigenschaften von Diamant in den verschiedensten industriellen Bereichen einzusetzen. Die Technologie ist heute an der Schwelle vom Labor zur industriellen Anwendung. Es wird ein breites Spektrum von potentiellen Anwendungen erwartet, das sich von Wärmesenken in hochintegrierten Schaltkreisen über neue Halbleitermaterialien bis zu Werkzeugbeschichtungen für den Verschleißschutz erstreckt. Für das Jahr 2000 wird ein Marktvolumen von 4,5 Milliarden US-Dollar prognostiziert (MRS Bulletin August 1994, S. 8).

Der konventionelle Prozeß zur Erzeugung von Diamantschichten geht von einem Gemisch aus Methan und Wasserstoff aus. Das Methan liefert den Kohlenstoff, der Wasserstoff wird für eine Reihe von Reaktionen benötigt, die verhindern, daß sich statt Diamant Graphit bildet. Fullerene können in zweierlei Hinsicht zu einer Verbesserung des Wachstumsprozesses und der Schichtqualität beitragen:

1. Die Geschwindigkeit des Schichtwachstums wird unter anderem von der Bekeimungsrate bestimmt. Zur Zeit müssen aufwendige Vorbe-

handlungsprozeduren an der Substratoberfläche erfolgen (z.B. Polieren mit Diamantpaste), um eine akzeptable Bekeimungsrate zu erhalten. Bringt man jedoch eine dünne Zwischenschicht aus dem Fulleren C_{70} auf das Substrat, dann wächst die Bekeimungsrate und -dichte um mehrere Größenordnungen.

2. Die Verwendung von Methan und Wasserstoff beim CVD-Prozeß bewirkt eine Verunreinigung der Diamantschicht mit Wasserstoff. Am Argonne National Laboratory wurde eine Methode entwickelt und zum Patent angemeldet, bei der man mit Hilfe von Fullerenen völlig wasserstofffreie Diamantschichten erhält. Dabei wird eine Mischung aus Argon-Gas und C_{60}-Dampf durch ein Mikrowellenplasma angeregt, um die „Buckybälle" in Kohlenstoffatome zu zerlegen. Die Schichten haben nicht nur eine größere Reinheit, sondern der Prozeß ist auch effizienter. Die Forscher in Argonne geben an, daß die Wachstumsgeschwindigkeit sechsmal größer als im üblichen Prozeß ist. Das würde zu einer Kostenreduktion von 75 % führen.

Funktionspolymere

Die vielfältigen Möglichkeiten der chemischen Derivatisierung von Fullerenen bergen auch die Chance, neue Monomere für die Entwicklung von Polymeren mit interessanten Eigenschaften zu finden. Wegen des hohen Preises der Fullerene wird dabei sicher nicht an neue Massenkunststoffe gedacht, sondern an Funktionspolymere für spezielle Anwendungen z.B. in Elektronik und Optoelektronik.

Der prinzipielle Nachweis, daß man mit C_{60}-Derivaten lösliche und verarbeitbare Polymere herstellen kann, ist den Chemikern in den letzten Jahren gelungen. Jetzt wird daran gearbeitet, gezielt Verbindungen mit herausragenden elektronischen oder nichtlinear-optischen Eigenschaften herzustellen.

Eine andere Möglichkeit ist der Einbau von Fullerenen in bekannte organische Polymermatrizen, um Eigenschaftsverbesserungen zu erreichen. Ein Beispiel wurde bereits erfolgreich von der Firma DuPont praktiziert. Es wurden photoleitende Filme aus dem Polymer Polyvinylcarbacol, dotiert mit einer C_{60}/C_{70}-Mischung, hergestellt. Die Eigenschaften dieses Materials sind vergleichbar mit den besten z.Zt. kommerziell erhältlichen Photoleitern. Die Wellenlängenabhängigkeit der Photoleitfähigkeit in dem Fulleren-Polymer ist im wesentlichen durch das Absorptionsspektrum der Fullerene bestimmt, so daß mit der Verfügbarkeit höherer Fullerene ein breiter Spektralbereich abgedeckt werden kann, der bis in das technologisch interessanten rote und infrarote Gebiet reicht. Eine mögliche erste Anwendung wäre der Einsatz in Fotokopierern. Ein Patent der Firma Rank Xerox zu dieser Anwendung ist eingereicht.

Die Synthese von Polymeren gelingt auch auf reiner Fulleren-Basis bzw. in Alkalimetall-Fullerenverbindungen. Durch Einstrahlen von ultraviolettem Licht auf C_{60} oder C_{70} werden die Doppelbindungen teilweise aufgebrochen und die Buckybälle gehen untereinander kovalente Bindungen ein, d. h. es tritt eine Photopolymerisation ein. Dadurch ändert sich die Löslichkeit der Verbindungen in organischen Lösungsmitteln rasant. Unbelichtete Filme aus C_{60} oder C_{70} lösen sich sofort z.B. in Toluol, während belichtete Filme selbst mehrstündiges Kochen in Toluol überstehen. Hier deutet sich ein Einsatz als Photoresist für die Mikrostrukturierung an.

In den Alkalimetall-Fullerenverbindungen AC_{60} (A kann dabei Kalium, Rubidium oder Cäsium sein) wurden Polymerketten mit kovalenten Bindungen in nur eine Kristallrichtung gefunden. Es scheint, als hätte man es bei diesen Verbindungen mit eindimensionalen Metallen zu tun, d.h. mit Stoffen, die nur in einer Kristallrichtung elektrisch leitend sind.

Synthesebausteine für hochstereoselektive Systeme

Der Buckyball C_{60} bildet mit seiner hochsymmetrischen Kugelform und den 30 reaktiven Doppelbindungen an den Verbindungen jeweils zweier Sechsecke ein ideales Ausgangsmolekül für eine große Vielfalt maßgeschneiderter Molekülformen. Prinzipiell können an jeder der 30 Doppelbindungen funktionelle Gruppen der verschiedensten Art angebracht werden. Es ist gezeigt worden, daß solche Additionsreaktionen sehr leicht durchgeführt werden können und daß man die entstehenden einfach, zweifach, dreifach usw. funktionalisierten Buckybälle in großer Ausbeute gewinnen und voneinander trennen kann. Die so funktionalisierten Fullerene können dann eine schier unerschöpflichen Vielfalt weiterer Reaktionen eingehen, so daß der Weg zu dreidimensionalen Mehrfachaddukten mit definierter räumlicher Struktur und Funktionalität vorgezeichnet ist.

Für solche hochstereoselektiven Systeme ist eine ganze Reihe sehr interessanter Anwendungen denkbar, die sich unter dem Stichwort „molekulare Erkennung" zusammenfassen lassen. So ist es beispielsweise gelungen, wasserlösliche Fullerenderivate herzustellen, die man auf ihre biologische Wirksamkeit hin prüft. Obwohl man bisher im wesentlichen nur relativ unspezifische Monoaddukte untersucht hat, ist hier schon ein erster Erfolg erzielt worden. Mit einem speziellen Fulleren-Monoaddukt gelingt es als Beispiel, die Wirksamkeit der HIV-Protease – ein Enzym, das bei der Vermehrung des AIDS-Virus eine Rolle spielt – zu hemmen. Dies funktioniert dadurch, daß das Fullerenmonoaddukt die aktive Stelle des Enzyms blockiert, also das Fullerenaddukt „erkennt" – bedingt durch seine Form und Funktionalität – die entsprechende Stelle des Enzymmoleküls.

Eine weitere Möglichkeit ist die Verwendung von hochstereoselektiven Fullerenaddukten in der Katalyse. Es ist denkbar, Katalysatoren herzustellen, die z.B. in einem Gemisch von Enantiomeren (Molekülen, die in zwei spiegelbildlichen Formen vorkommen) gezielt nur auf eine Form wirken.

Materialien für die Nichtlineare Optik

Nichtlinear-optische Materialien mit optimierten Eigenschaften sind die Basis für viele Anwendungen der Lasertechnik. Für den Bau von optischen Computern (Schalten von Licht mit Licht) stellen sie eine unverzichtbare Voraussetzung dar.

Nichtlineare optische Eigenschaften wurden auch für C_{60} zunächst aus theoretischen Betrachtungen über Polarisierbarkeit und Absorptionsverhalten vorausgesagt und dann experimentell bestätigt. Zum einen fand man, daß Lösungen und Festkörper mit C_{60} eine starke Abhängigkeit des Absorptionskoeffizienten von der Intensität des einfallenden Lichtes zeigen, d. h. bei starkem Lichteinfall werden die Materialien zunehmend undurchsichtig. Dieses Verhalten läßt sich für optische Begrenzer ausnutzen, z.B. für „intelligente" Laserschutzbrillen, für Fenster hochfliegender Flugzeuge, für Linsen in Satellitensystemen oder für die optische Datenverarbeitung. Erste Erfolge bei der Dotierung von Quarzglas mit Fullerenen wurden am Los Alamos National Laboratory erzielt. Auch die zweite charakteristische Eigenschaft nichtlinear-optischer Materialien, die Abhängigkeit des Brechungsindex von der Intensität des einfallenden Lichts, wurde in C_{60} beobachtet. Allerdings sind die Stärken der gemessenen Effekte um eine Größenordnung kleiner als bei heute gebräuchlichen Materialien. Man kann jedoch die Möglichkeit, daß höhere Fullerene oder Fulleren-Derivate bessere Kennwerte aufweisen, nicht ausschließen, so daß weitere Forschungsarbeiten auf diesem Gebiet gerechtfertigt sind.

Neue Halbleitermaterialien

Festkörper aus reinem C_{60} sind Halbleiter, ähnlich wie Silizium. Durch Dotierung läßt sich sowohl der Ladungsträgertyp (Stromtransport entweder durch Elektronen oder durch Löcher) als auch der Betrag der Leitfähigkeit in weiten Grenzen variieren (von $<10^{-7}$ bis zu 10 Siemens/cm). Forschern bei Mitsubishi Electric Corp. ist es gelungen, einkristalline C_{60}-Filme abzuscheiden und mit Bor bzw. Phosphor zu dotieren. Man erhofft sich, mit Fullerenen Halbleitersubstrate mit verbesserter Strahlungs- und Hitzeresistenz sowie effektivere Lichtsensoren und -emitter auf Halbleiterbasis zu erhalten. C_{60}-Dünnschichten absorbieren Licht im Wellenlängenbereich zwischen 200 und 700 nm und zeigen Fluoreszenz zwischen 650 und 750 nm sowie Phosphoreszenz zwischen 780 und 950 nm. Bei Mitsubishi wird versucht, die Lichtemission aus C_{60} durch Ionenimplantation zu verbessern. C_{60} und andere Fullerene zeigen auch Elektrolumineszenz, d.h. durch Anlegen einer Spannung an eine Fullerenschicht wird Licht in einem weiten Spektralbereich ausgesandt. Eine erste lichtemittierende Diode mit C_{60} als aktivem Material wurde an der Universität Marburg entwickelt. Es wurde eine intensive Emission in einem breiten Spektralbereich beobachtet. Für das Auge erscheint die spektrale Zusammensetzung weiß.

Auch durch Einlagerung von C_{60} in die Hohlräume des zeolithartigen Materials VPI-5 erhält man photolumineszierende Materialien. Das nach Bestrahlung mit schwachem Laserlicht emittierte Spektrum unterscheidet sich deutlich von dem des freien C_{60}. Die emittierte Strahlung ist recht intensiv. Es wird ein Einsatz als Lasermedium und für licht-emittierende Dioden für möglich gehalten.

Als weitere Möglichkeit für den Einsatz in der Mikro- und Submi-kroelektronik wird die Verwendung freistehender C_{60}-Membranen als Masken für die derzeit in der Entwicklung befindliche projektive Rönt-genlithographie diskutiert. Die Präparation mechanisch stabiler, großflä-chiger C_{60}-Membranen (6×6 mm^2) ist mittels konventioneller Silizium-Strukturierungstechnologie gelungen. Die Membranen sind im weichen Röntgenbereich (unter 300 eV) bedeutend transparenter als Silizium-scheiben, die zur Zeit für diese Zwecke vorgesehen sind.

Molekulare Siebe und Gasspeicher

C_{60}-Moleküle bilden einen Kristall, indem sich die Kugeln in kubisch dichtester Packung aneinanderstapeln. Die relativ großen, wohldefinier-ten Hohlräume im C_{60}-Kristall und die sehr schwachen van-der-Waals-Bindungskräfte führten zu der Vermutung, daß man Gase sehr leicht einlagern und möglicherweise selektiv wieder austreiben könnte. Tat-sächlich wurde nachgewiesen, daß zahlreiche Gase sich in die Tetraeder- und Oktaederlücken sehr leicht einfügen und dort zumindest bei Zim-mertemperatur nur schwach gebunden sind (O_2, N_2, CO_2, NH_3, Edel-gase). Wie die Untersuchungen zeigen, sind die Bindungskräfte der Gase an den C_{60}-Kristall jedoch so schwach, daß keine Differenzierung zwi-schen verschiedenen Gassorten erfolgt, so daß die Eignung als Gassepara-tor zumindest für reines C_{60} auszuschließen ist.

Supraleitung

Schon bald nachdem man mit Hilfe des Krätschmer-Huffman-Prozesses in der Lage war, makroskopische Mengen an Fullerenen herzustellen, untersuchte man die elektrische Leitfähigkeit der Substanzen und ver-suchte, diese durch Dotierung mit verschiedenen Stoffen zu ändern. Der reine C_{60}-Festkörper ist ein Halbleiter. Dotiert man diesen mit Alkalime-tallen, dann steigt die Leitfähigkeit stark an. Diese Eigenschaftsänderung läßt sich mit bloßem Auge bei der Dotierung dünner C_{60}-Filme an einer

Farbänderung von gelb nach grauschwarz bei steigendem Dotierungsgrad verfolgen. Bei bestimmten Dotierungskonzentrationen fällt der elektrische Widerstand unterhalb der Sprungtemperatur auf Null ab, d. h. die Substanz ist supraleitend. Die höchste Sprungtemperatur wurde in der Verbindung Rb_2CsC_{60} mit 33 Kelvin (-240°C) gemessen.

Das Phänomen der Supraleitung kann in drei wesentlichen technischen Richtungen ausgenutzt werden:

– Verlustfreier Stromtransport in Kabeln und damit Erhöhung des elektrischen Wirkungsgrades elektrischer Maschinen und Anlagen wie Generatoren, Transformatoren, Motoren, Elektromagneten, Hochspannungsleitungen

– Herstellung von Permanentmagneten mit extrem hohen Feldstärken, z.B. für magnetische Lagerungen

– Neuartige elektronische Bauelemente auf der Basis supraleitender Dünnschichtsysteme für Magnetfeldsensoren, schnelle Digitalelektronik und Hochfrequenztechnik

Im Hinblick auf diese Anwendungen müssen die supraleitenden Fullerenverbindungen mit den seit vielen Jahren untersuchten supraleitenden Metallen und Metallegierungen sowie mit den 1986 entdeckten keramischen Hochtemperatursupraleitern konkurrieren. Dabei weisen die Fullerenverbindungen neben einigen Vorteilen auch gravierende Nachteile für eine technische Anwendung als Supraleiter auf:

Vorteile:

– Die Fullerensupraleiter bestehen aus dem preiswerten und leicht verfügbaren Element Kohlenstoff und einfachen Dotierungsmetallen.

– Die Fullerensupraleiter sind isotrop, d. h. der Stromtransport erfolgt in alle Raumrichtungen gleichmäßig, so daß kritische Stromdichten nicht von einer Orientierung der Körner in polykristallinem Material abhängen.

– Die Ausdehnung der für die Supraleitung verantwortlichen Elektronenpaare (die sogenannte Kohärenzlänge) ist relativ groß, so daß Schwachstellen, wie z.B. Korngrenzen in polykristallinem Material, einen geringen Einfluß auf den Stromfluß haben.

– Die Verbindungen lassen sich auf fast jede Art von Substraten (u.a. auch auf Silizium) leicht als dünne Schichten aufbringen.

Nachteile:

– Die zur Zeit bekannten Fulleren-Supraleiter sind extrem luftempfindlich und können nur im Vakuum gehandhabt werden.

– Die maximale Sprungtemperatur von 33 Kelvin (-240 °C) ist viel kleiner als die bei den Hochtemperatursupraleitern erreichten Temperaturen von maximal 133 Kelvin (-140 °C), so daß der Aufwand für die Kühlung größer ist.

Vom heutigen Wissensstand ausgehend ist ein technischer Einsatz der bisher bekannten Fulleren-Supraleiter eher unwahrscheinlich.

Ionentriebwerke

Bei der NASA existiert ein Patent und ein Forschungsprogramm, das sich mit der Anwendung von C_{60} als Treibstoff in Ionentriebwerken für Raketen- bzw. Satellitenantriebe beschäftigt. Ionentriebwerke sind dort vorteilhaft einzusetzen, wo man mit geringem Schub auskommt und gleichzeitig die Forderung nach möglichst geringer Treibstofflast besteht. Heute werden Ionentriebwerke vor allem zur Kurskorrektur von Satelliten in Umlaufbahnen routinemäßig eingesetzt.

In einer speziellen Einrichtung werden die zunächst elektrisch neutralen Treibstoffatome eines ihrer Hüllenelektronen beraubt, so daß sie elektrisch positiv geladen sind und in einem elektrischen Feld beschleunigt werden können. Dabei kann man sehr hohe Geschwindigkeiten im Bereich von 50 Kilometern pro Sekunde erzielen. Bei konventionellen Treibstoffkombinationen chemischer Triebwerke (z.B. Wasserstoff/Sauerstoff) ist die Treibstoffaustrittsgeschwindigkeit auf ca. 4,3 Kilometer pro Sekunde begrenzt. Der Schub eines Ionentriebwerkes wächst mit der Ionenmasse, so daß man möglichst schwere Ionen einsetzt. Zu Beginn der Entwicklung verwendete man Quecksilber, heute wird vorrangig das ungiftige Edelgas Xenon eingesetzt. Eine Möglichkeit zur Erhöhung der Leistungsfähigkeit solcher Ionentriebwerke wäre der Einsatz von C_{60}-Ionen. C_{60} ist leicht ionisierbar und ein sehr stabiles Molekül. Die Masse eines C_{60}-Projektils entspricht dem Fünffachen der Masse eines Xenon-Atoms.

Patentsituation und Preisentwicklung der Fullerene

Schon bald nach der Entdeckung von Krätschmer und Huffman wurden vor allem in den USA und Japan die ersten Patente zur Thematik Fullerene eingereicht. Seitdem ist die Zahl der Anmeldungen sprunghaft gestiegen und eine Sättigung ist noch nicht abzusehen. Eine Patentanalyse im Juni 1994 in der Patentdatenbank PATDPA ergab 139 Einträge mit Bezug zum Thema Fullerene. 1991 wurden zwei Patente registriert, 1992 drei, 1993 waren es 86, 1994 insgesamt 48 und bis Juni 1995 waren es 90. Mehr als die Hälfte der Anmeldungen hat den Herstellungs- und Trennprozeß der Fullerene zum Gegenstand. In über fünfzig Patentanmeldungen werden Vorschläge zu technischen Anwendungen der Fullerene und ihrer Verbindungen gemacht. Eine Übersicht über die berührten Themen gibt die im Anhang dieses Buches zusammengefaßte Tabelle der Patente in den letzten Jahren.

Schon kurz nach der Entwicklung des Krätschmer-Huffman-Verfahrens zur Herstellung makroskopischer Mengen von C_{60} und C_{70} traten die ersten kommerziellen Anbieter für diese Substanzen auf den Markt. Zu Beginn wurden die gereinigten Substanzen wegen der hohen Preise in Milligramm-Mengen gehandelt. Ein Gramm reines C_{60} kostete mehrere Tausend Dollar. C_{70} wurde für mehr als 10 000 Dollar pro Gramm angeboten. Mit der Steigerung des Absatzes, aufgrund sich ausweitender Forschungsaktivitäten, kam es zu einem drastischen Preisverfall, mit dem die Preise im Verlauf von zwei Jahren auf ein Zwanzigstel des Ausgangswertes sanken.

Möglich wurden diese Preissenkungen auch durch eine starke Kostenreduktion beim Trennprozeß durch die Verwendung verbesserten Chromatographie-Säulenmaterials und nicht zuletzt durch die Entwicklung einer sehr einfachen Trennmethode, bei der C_{60} grammweise in wenigen Minuten abgetrennt werden kann, indem man das in Toluol gelöste Fullerengemisch durch ein speziell aufbereitetes Aktivkohlefilter saugt. Die folgende Abbildung zeigt die Preisentwicklung für reines C_{60} (99.9%) von April 1992 bis heute. Die Mehrzahl der Anbieter sind kleine Firmen aus den USA. In Deutschland werden bei der Hoechst AG in Frankfurt Fullerene im Kilogrammaßstab produziert und vertrieben. Seit Ende 1993 stagniert der Preis für ein Gramm reines C_{60} bei ca. 100 US-

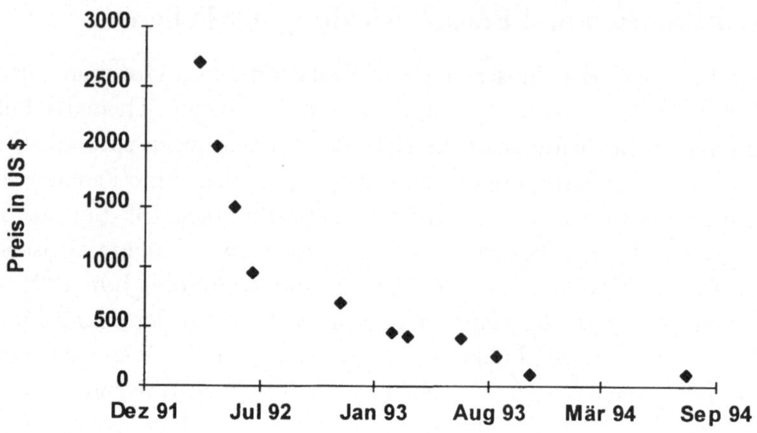

Bild 10.1: Preisentwicklung für ein Gramm reines C_{60} (99.9 %) zwischen 1992 und 1994.

Dollar. Im Vergleich dazu kostet ein Gramm Gold heute ca. 20 US-Dollar. Neben den klassischen Fullerenen C_{60} und C_{70} sind seit einiger Zeit auch Kohlenstoffnanoröhren (Buckytubes) kommerziell erhältlich.

Die Stagnation der Preise seit Ende 1993 ist nicht darauf zurückzuführen, daß der technische Herstellungsprozeß ausgereift ist, sondern dadurch bedingt, daß bisher für die Substanzen nur ein reiner Forschungsmarkt mit geringem Absatz existiert. Sollte in Zukunft eine technische Anwendung der Fullerene mit echten Marktchancen entwikkelt werden, dann werden die Preise mit steigender Produktion weiter drastisch fallen. Nach Einschätzung von R. E. Smalley, einem der Entdecker des „Buckyballs", sind die Stromkosten für das Lichtbogenverfahren der einzige nicht reduzierbare Kostenfaktor. Nach seiner Meinung kann C_{60} in großtechnischem Maßstab mit Preisen von einigen Mark pro Kilogramm hergestellt werden. Das entspricht dem heutigen Preis von Aluminium.

Kapitel 11
Warum sind Viren ikosaedrisch ?
Stephen D. Fuller

Die Antwort zu der Frage, die der Titel dieses Artikels aufwirft, kann man vor dem Hintergrund zweier Fragen verstehen, die die meisten Wissenschaftler irgendwann in ihrer beruflichen Laufbahn konfrontieren. Sie tauchen mit besonderer Häufigkeit bei internationalen Tagungen auf. Der Wissenschaftler ist Tausende von Meilen gereist, glühend vor Stolz und Befriedigung über neue und aufregende Ergebnisse, und ist begierig, diese vor einem Publikum von Kollegen auszubreiten. Nur zu oft wird die glühende Begeisterung dann durch die Erkenntnis verdrängt, daß der erhoffte perfekte Vortrag traurigerweise weniger beeindruckend und weniger überzeugend war, als es die Arbeit verdient hat. Sich selbst tröstend, erkennt der Wissenschaftler, daß die Unzulänglichkeiten seines Vortrags außerhalb seiner Kontrolle lagen. An diesem Punkt stellt unser immer strebsamer Sucher nach der Wahrheit zwei qualvolle Fragen:

1. Warum funktionieren Diaprojektoren niemals?
2. Warum habe ich immer vor großen Vorträgen eine Erkältung?

Obwohl man sich eine Vielzahl emotionaler Antworten zu dieser Frage vorstellen kann, ist die für unsere Zwecke hier interessanteste Antwort die naheliegendste:

Viren sind robuster gebaut als Diaprojektoren.

Dies ist eine offensichtliche Wahrheit, und der Grund dafür liegt in dem Design der beiden. Diaprojektoren sind aus einer Vielzahl von Teilen zusammengesetzt, von denen kaum eines überflüssig ist. Viele der Teile haben ganz spezielle Funktionen, und der Ausfall eines Teils kann den ganzen Projektor zum Zusammenbrechen bringen. Noch schlimmer, der Zusammenbau eines Projektors erfordert einen ausgebildeten Fachmann, der alle Teile an die richtigen Stellen plazieren oder sie reparieren kann.

Jeder, der schon einmal vier hochkarätige Wissenschaftler dabei beobachtet hat, wie sie einander „helfen", einen Diaprojektor zu reparieren, wird bemerkt haben, daß das dafür notwendige Wissen nicht weit verbreitet ist.

Im Gegensatz dazu werden Erkältungen durch Viren hervorgerufen, die keine dieser Eigenschaften der Projektoren teilen. Ihre Teile sind von nur wenig unterschiedlichen Typen, doch in ihrer Zahl sind sie so groß, daß ein defektes Teil leicht durch andere ersetzt werden kann. Noch wichtiger, die Teile setzen sich unter geeigneten Bedingungen allein zusammen, um das Virion zu produzieren – mit nur wenig oder gar keiner Hilfe. Der Grund dafür, daß einige Viren ikosaedrisch sind, beruht auf diesem fundamentalen Unterschied zwischen Diaprojektoren und Viren: der Robustheit einfacher, redundanter Designs gegenüber komplizierten und zerbrechlichen.

Obwohl unser geplagter Redner einige Schwierigkeiten damit haben mag, die Tatsache zu akzeptieren, ist seine durch einen Virus hervorgerufene Krankheit nebensächlich. Ein Virus zieht selbst keinen direkten Nutzen daraus, Leute krank zu machen, sondern nur daraus, sein Genom zu replizieren. Das Niesen und Husten, das eine Erkältung begleitet, sind Ausdruck der Reaktion des Immunsystems auf die Infektion. Tatsächlich ist unser Redner teilweise selbst schuld an seinem Befinden, da sein Schlafverlust beim Durchkreuzen mehrerer Zeitzonen sein Immunsystem so geschwächt haben mag, daß er zu einem aufnahmebereiten Wirt wurde. Im folgenden müssen wir Viren in Hinsicht auf ihre Effizienz zur Replikation des Genoms betrachten, statt hinsichtlich ihrer zufälligen Auswirkungen auf ihren Träger.

Die doppelte Funktion der Virushülle

Die Typen von Viren, die wir weiter unten beschreiben werden, haben eine aus Protein oder Protein und Lipid aufgebaute Hülle, die das Nukleinsäuregenom umgibt. Obwohl die Hüllenproteine verschiedener Viren stark variieren, teilen alle Hüllen zwei grundlegende Eigenschaften: Sie enthalten und schützen das Virusgenom und geben es bei geeigneten Bedingungen zur Produktion neuer Viren frei. Die Genome von Viren unterscheiden sich enorm in ihrer Länge, und typischerweise setzen die Viren mit komplizierten Replikationsstrategien diese durch längere Genome um. Natürlich erfordert ein größeres Genom eine größere Packung (die auch virales *Capsid* genannt wird), und daher ist die effiziente Konstruktion größerer Hüllen ein Vorteil für den Virus.

Man könnte sich vorstellen, daß man eine Virushülle aus einer einzigen Kopie eines sehr großen Proteins macht. Doch die Moral aus der Geschichte des Diaprojektors lehrt, daß viele, untereinander austauschbare Kopien mehrerer Proteine effizienter, robuster und einfacher zusammenbaubar sein werden. Tatsächlich führt der einfachste Weg, sich einen Selbstaufbau vorzustellen, darüber, eine Struktur zu betrachten, in der jeder der Bausteine eine identische Umgebung besitzt. Der Zusammenbau würde dann dadurch geschehen, daß die Bausteine in ihre entsprechenden Lokationen passen, ähnlich wie sich identische Moleküle in identischer Umgebung zu einem Kristall zusammensetzen. Doch

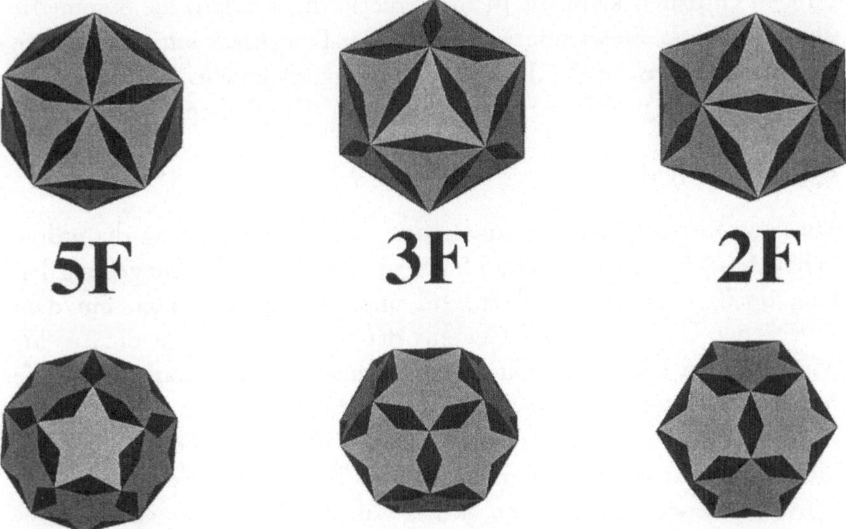

Bild 11.1 Ikosaedrische (532-) Symmetrie: Ein Ikosaeder und ein Dodekaeder veranschaulichen die Positionen der 6 fünfzähligen (5F), 10 dreizähligen (3F) und 15 zweizähligen (2F) Symmetrieachsen. Da jede dieser Achsen durch das Zentrum des Ikosaeders geht, gibt es insgesamt 12 fünfzählige, 20 dreizählige und 30 dreizählige Positionen in jeder Struktur.

anders als ein Kristall muß das Virus eine bestimmte Größe von Nu-
kleinsäure umschließen und daher eine geschlossene Struktur mit seinem
Capsid formen.

Die platonischen Körper sind einfache Modelle solcher Strukturen.
Man kann leicht sehen, daß eine Struktur, die aus vier Kopien eines
Proteins zu einem Tetraeder oder aus acht zu einem Würfel zusammengesetzt ist, die doppelten Anforderungen einer äquivalenten Umgebung
seiner Untereinheiten und der Umhüllung des Genoms erfüllen würde.
Je größer die Zahl der Untereinheiten ist, desto kleiner braucht jede zu
sein, um eine vorgegebene Länge eines Nukleinsäuregenoms zu umschließen. Kleinere Untereinheiten sind effizienter, da eine kleinere
Menge vom Genom zur Verschlüsselung des Proteins benötigt wird. Der
platonische Körper mit der größten Anzahl gleichartiger Einheiten ist
das Ikosaeder, das sechzig identische Einheiten mit identischen Umgebungen enthalten kann. Es ist nicht die Form, sondern die Symmetrie
des Ikosaeders, die wichtig ist (Bild 11.1). Dodekaedrische Strukturen,
die die ikosaedrische (532) Symmetrie teilen, wären ebenfalls in der Lage, 60 identisch positionierte Untereinheiten zu enthalten.

Quasi-Äquivalenz

Die ikosaedrische Struktur von sechzig Untereinheiten mag die größte
Schale sein, in der identische Einheiten alle die gleiche Umgebung haben, doch sie ist zu einschränkend und nicht groß genug, um dem
Zweck der Umhüllung des Genoms der meisten Viren zu dienen. Sie
wird nur von einigen Satellitenviren genutzt, viralen Parasiten, die die
Replikationsmaschinerie anderer Viren kapern und daher ihre eigene
nicht kodieren müssen. Caspar und Klug [1] brachten die Idee auf, daß
die größere Zahl von Untereinheiten in Ikosaedern zusammengebaut
würde, in denen Gruppen von sechzig Untereinheiten identische Umgebungen und Untereinheiten verschiedener Gruppen ähnliche oder quasi-
äquivalente Umgebungen haben. Wir werden zum Beispiel sehen, daß
die Form des Hepatitis-B-Capsids 180 identische Untereinheiten enthält, die in drei quasi-äquivalenten Gruppen von Umgebungen angeordnet sind.

Verläßt man die Idee identischer Umgebungen, schwächt dies das

Argument, daß ein Selbstaufbau möglich ist. Caspar und Klug [1] begegneten diesem Problem mit dem Vorschlag, daß Proteingrenzflächen genügend flexibel seien, um kleinen Störungen zu widerstehen und sich daher in ähnlicher oder quasi-äquivalenter Umgebung ohne Verlust an Stabilität zusammensetzen. Diese weitreichende Hypothese der Quasi-Äquivalenz wurde aufgebracht, bevor die erste Proteinstruktur bestimmt war. Einige Dekaden hochaufgelöster Proteinstrukturen haben uns gezeigt, daß Proteingrenzflächen sich durch genau definierte Interaktionen bilden. Als ein Ergebnis davon akzeptieren wir die Idee der Flexibilität in Proteingrenzflächen nicht länger als die Basis für Quasi-Äquivalenz und

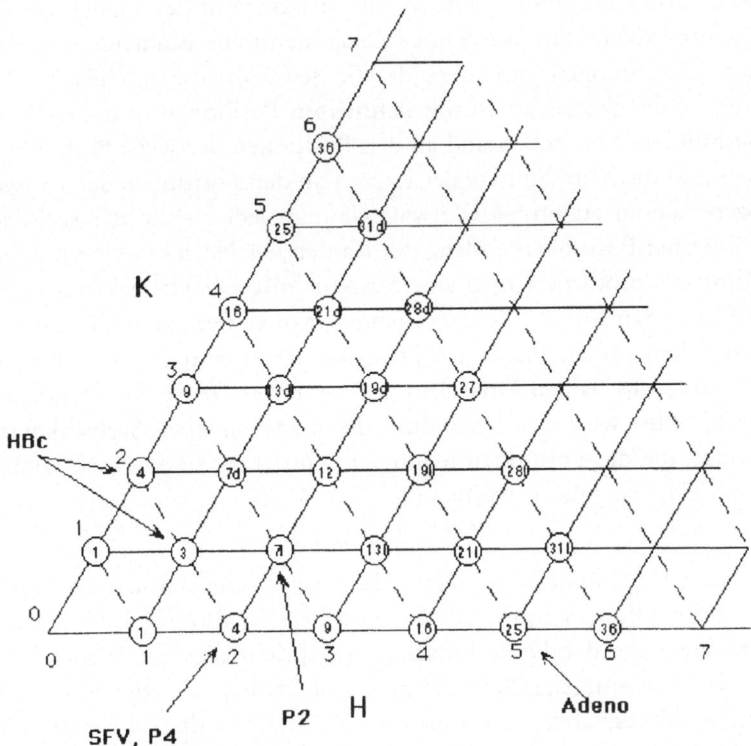

Bild 11.2: Ikosaedrisches Netz: Die Nomenklatur der Triangulationszahl basiert auf einem hexagonalen Netz, in das fünffach koordinierte Ecken eingeführt werden, um eine geschlossene Struktur zu erzeugen. Die Positionen der fünffach koordinierten Ecken werden durch die Indizes H und K markiert.

sehen nun, daß der Zusammenbau dadurch geschieht, daß die Untereinheiten einigen wohldefinierten Konformationen folgen, die den quasi-
äquivalenten Klassen der Untereinheiten in der Struktur entsprechen.

Caspar und Klug stellten auch eine Nomenklatur zur Klassifikation
der aus quasi-äquivalenten Einheiten geformten Strukturen vor: die Triangulationszahl: Man kann sich die Bildung ikosaedrischer Strukturen so
vorstellen, daß man fünfzählige Ecken in ein hexagonales Netz einführt
(Bild 11.2) – sie liefern die zur räumlichen Schließung des sechseckigen
Netzes notwendigen Fünfecke. Konvertiert man jede sechsfach koordinierte Ecke in eine fünffach koordinierte, behielte man an jeder Ecke ein
Dreieck zurück und produzierte so eine Struktur mit der Triangulationszahl 1. Eine solche Struktur kann sechzig identische Einheiten mit identischen Umgebungen enthalten, drei in jeder dreieckigen Fläche. Die
Symmetrie des Ikosaeders ist mit definierten Positionen in dieser Struktur verbunden. Die Ecken sind an den Positionen der sechs fünfzähligen
Achsen und die Mittelpunkte der Kanten an den Positionen der 15 zweizähligen Achsen zu finden. Verwandelt man jede zweite der sechsfach
koordinierten Positionen entlang der Kanten des Netzes in eine fünffach
koordinierte, produziert man eine Struktur mit vier Dreiecken an jeder
Fläche, die man mit $T = 4$ kennzeichnet. Konvertiert man alle alternierenden Ecken auf der Fläche der Dreiecke, erhält man $T = 3$, wobei jede
Fläche aus sechs halben Dreiecken zusammengesetzt ist. Die Triangulationszahl selbst wird aus den Indizes des ursprünglichen Sechsecknetzes
berechnet, die die Positionen markieren, an denen die fünffach koordinierten Ecken eingeführt wurden (vgl. Bild 11.2):

$$T = h^2 + hk + k^2.$$

Wählt man jede zweite Ecke entlang der Kanten, ergeben sich die Indizes
$h = 2$ und $k = 0$ (oder äquivalent $h = 0$ und $k = 2$), also $T = 4$. Wählt man
jede zweite Ecke der Dreiecksflächen, entspricht dies $h = 1$ und $k = 1$,
also $T = 3$. Für einige größere Triangulationszahlen, wie etwa $T = 7$, gibt
es zwei Wahlmöglichkeiten für die Positionen der fünffach koordinierten
Ecke, die einer unterschiedlichen Händigkeit der Anordnung der Untereinheiten entsprechen: $h = 2$ und $k = 1$ korrespondieren zu $T = 7$levo
(oder $T = 7$l), während $T = 7$dextro ($T = 7$d) von $h = 1$ und $k = 2$ resultiert. Der Umfang der aus identischen Einheiten geformten Strukturen

ist proportional zur Quadratwurzel von T; daher kann eine $T = 25$ Struktur wie ein Adenovirus das fünffache des Inhalts und das fünffache der Genomlänge enthalten wie eine $T = 1$ Struktur identischer Untereinheiten.

Wendet man die obige Beschreibung auf Viren an, ist es ebenso wichtig zu erinnern, was nicht spezifiziert wurde, als daran zu erinnern, was spezifiziert wurde. Die Form der Struktur ist irrelevant; ikosaedrische Viren können ikosaedrisch sein (Adenovirus) oder dodekaedrisch (Bakteriophage φ-6) oder von jeder Form dazwischen (die abgestumpfte dodekaedrische Form des Rhinovirus oder des Semliki-Forest-Virus). Alle diese Formen teilen dieselben Elemente der 532-Symmetriegruppe, während sie sich in ihrer Erscheinung dramatisch unterscheiden. In ähnlicher Weise muß man sich erinnern, daß die Nomenklatur eine Beschreibung der Positionen von fünf- und sechsfach koordinierten Einheiten in der Struktur ist und nicht der oligomerischen Natur solcher Einheiten oder ihrer Clusterung an der Oberfläche. Dies wird in ziemlich eindrucksvoller Weise am Semliki-Forest-Virus deutlich, wo zwei verschiedene Wege des Aufbaus einer $T = 4$ Struktur im selben Virion offensichtlich sind, und im Adenovirus, wo die sechsfach koordinierten Einheiten von einem trimerischen Protein geformt werden.

Diese Vorbehalte und Einschränkungen mindern nicht die Kraft der Quasi-Äquivalenz als ein Weg zur Annäherung an die Virusstruktur. Die Notwendigkeit für regelmäßige Veränderungen in den Konformationen des Capsidproteins ist ein besonders nützlicher Weg, sich den Merkmalen anzunähern, die das Capsid zu einer bestimmten Größe zwingen. In seiner strengen Form würde Quasi-Äquivalenz fordern, daß ein $T = 3$ Virus drei Konformationen des Capsidproteins enthält und ein $T = 4$ Virus vier (Bild 11.3). Die wachsende Zahl von Konformationen gibt in einer größeren Spanne von Winkeln der Untereinheiten Resultate und führt daher zu einem größeren Radius der Krümmung in der Struktur.

Nicht alle Viren sind ikosaedrisch [2]. Viele Virushüllen scheinen mit einer helixartigen Symmetrie angeordnet zu sein. Diese beinhalten sowohl Membranen, die Viren wie Tollwut enthalten, als auch nicht membranartige, wie des gut charakterisierten Tabakmosaik-Virus. Helixförmige Strukturen erlauben äquivalente Umgebungen für alle ihre Un

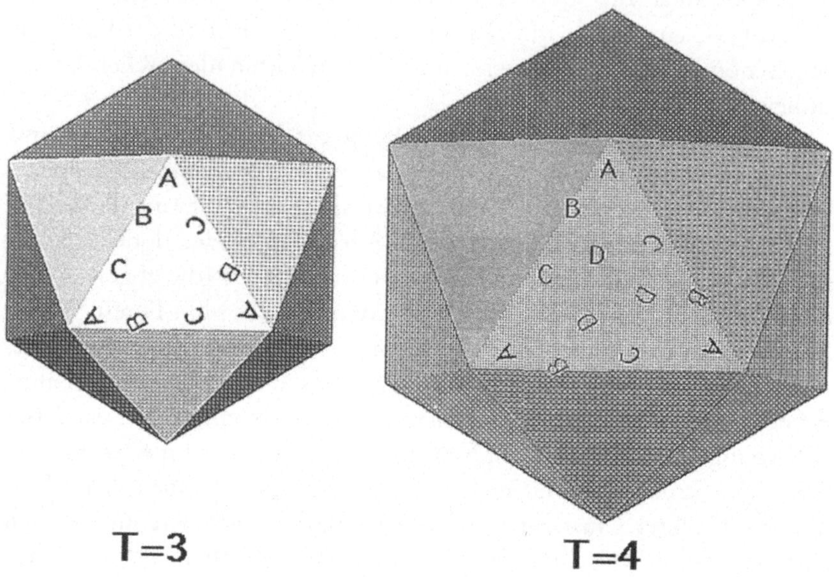

Bild 11.3: Konformationen in T = 3 und T = 4: Die schematischen Darstellungen zeigen die Positionen der drei (A, B, C) Konformationen des Capsidproteins in T = 3 und der vier (A, B, C, D) Konformationen in T = 4.

tereinheiten, was dem Prozeß des Selbstaufbaus hilft. Für virale Capside muß ein Element von Nicht-Äquivalenz eingeführt werden, da die helixartige Struktur enden muß, um das virale Genom vollständig einzuschließen. Typischerweise bezieht der Zusammenbau der Struktur eine Wechselwirkung mit dem Genom ein, so daß die Nicht-Äquivalenz an den Enden ein Resultat in der Veränderung der Wechselwirkungen mit dem Genom an dieser Position ist. Es gibt auch Viren, besonders solche mit Membranen wie die Grippeviren, die weder ikosaedrisch noch helixförmig erscheinen und eine sehr lose Organisation besitzen [2,3]. Für viele von diesen ist es wahrscheinlich, daß die Organisation des Partikels während der frühen Formungsphase viel größer ist als in der ausgereifteren Form, da im frühen Formungsprozeß die Organisation der Virusschale wichtig für den Aufbau ist.

Bestimmung der Virusstruktur

Es gibt zwei grundlegende Methoden zur Bestimmung der Virusorganisation: Elektronenmikroskopie und Röntgenstrahl-Kristallographie. Elektronenmikroskopie war die erste Methode, die zur Charakterisierung des Virusaufbaus benutzt wurde, und sie ist bis heute die zweckmäßigste und schnellste. Der Gebrauch einer Negativ-Einfärbung erlaubt die Visualisierung der Merkmale einer Virionoberfläche. Die Viruspräparation befindet sich auf einem mikroskopischen Gitter in einer Lösung eines elektronisch dichten Mediums wie Uranylacetat oder Wolframatophosphorsäure. Die Probe wird dann getrocknet, so daß das Virion in getrockneter Farbe eingebettet ist und als negativer Kontrast unter einem Elektronenmikroskop betrachtet werden kann. Der Trocknungsprozeß und die Natur des kontrastierenden Mediums mag die Struktur des Virions verzerren, so daß das Bild schwierig zu interpretieren sein kann.

Auch wenn die Struktur nicht verzerrt ist, wird die Negativ-Einfärbung nur bestimmte Merkmale der äußeren Oberfläche offenlegen. Das Aufkommen der Cryo-Elektronenmikroskopie vitrifizierter Proben [4] überwand diese Probleme. Das Virus wird in vitrifiziertes Wasser eingebettet und im Mikroskop bei Temperaturen nahe der von flüssigem Stickstoff gehalten [5]. Unter diesen Bedingungen wird die Struktur nicht durch Wechselwirkung mit der Farbe oder der Trocknung verzerrt. Als eine Konsequenz wird die ikosaedrische Symmetrie eines sphärischen Virus gewöhnlicherweise in der Präparation gut erhalten, so daß dreidimensionale Rekonstruktionstechniken, die die ikosaedrische Symmetrie des Virions zur Bestimmung der Struktur ausnutzen, eingesetzt werden können. Die Strukturen, die in den folgenden Beispielen gezeigt sind, wurden durch diese Methode bestimmt [6-9].

Röntgenstrahl-Kristallographie ist benutzt worden, um die Struktur einiger vollständiger Virione in atomarer Auflösung zu bestimmen. Diese Ergebnisse lassen einen Blick von dem Weg erhaschen, in dem sich die Proteine eines ikosaedrischen Virus zusammensetzen [10-12]. Solche Strukturen haben uns gezeigt, daß die Details der Virusstruktur nicht den Vorhersagen entsprechen, die die Theorie der Quasi-Äquivalenz in ihrer ursprünglichen Form gemacht hat, sondern eher eine Vielzahl von Lösungen annehmen, die etwa Ordnungs-Unordnungsübergänge enthalten, um gleichen oder ähnlichen Untereinheiten die Besetzung quasi-äquivalenter Positionen in der Struktur der Virionschale zu erlauben. Eine ganze Anzahl von Viren haben sich als zu groß oder zu heterogen herausgestellt, um zu Kristallen von der, für eine hochauflösende Strukturbestimmung, notwendigen Ordnung zu führen. Für solche Strukturen kann eine Kombination der Röntgenstrahl-Kristallographie einer isolierten Proteinuntereinheit und der Cryo-Elektronenmikroskopie eines ganzen Virions genutzt werden, um ein atomares Modell der Virionstruktur zu erstellen, das seinerseits genutzt werden kann, um viele Fragen hinsichtlich des Zusammenbaus und der Funktion anzugehen [13-15].

Beispiele ikosaedrischer Strukturen

Im folgenden möchte ich vier Beispiele ikosaedrischer Strukturen vorstellen, in denen die Prinzipien der Flexibilität und der Quasi-Äquivalenz im Zusammenbau illustriert werden.

Hepatitis-B-Capsid – Flexibilität im Zusammenbau

Das Hepatitis-B-Virus ist ein umhüllter DNA-Virus, das ein ikosaedrisches Capsid enthält. Es ist aus einem Kernantigen (Hbc) aufgebaut, das in einer flüssigen Hülle enthalten ist, die das virale Oberflächenantigen (Hbs) enthält.

Bringt man das Capsidprotein in *E. coli* ein, führt dies zu dem Zusammenbau von Schalen, der solchen entspricht, die man bei der Isolierung von Capsiden infizierter Leberzellen erhält. In jeder Präparation sind zwei Größen von Capsidstrukturen gefunden worden. Die ikosaedrische Rekonstruktion der kleinen Capside zeigt, daß sie eine $T = 3$ Symmetrie zeigen, in der die 180 Kopien des HBc-Proteins als 90 Dimere an der Oberfläche angeordnet sind (Bild 11.4A). Das Zentrum jedes Dimers ist durch einen hervorspringenden Bereich markiert, so daß die gesamte Form des Dimers wie ein Hammer erscheint, in dem der Kopf die Kapselschale formt. Quasi-Äquivalenz würde einer solchen Struktur die Gegenwart von drei Konformationen des Capsidproteins zuschreiben: Das Prinzip A formt die fünffache Symmetrie, B formt mit A die Dimere, und C bildet die zweifache ikosaedrische Symmetrie aus.

Der an dem AB-Dimer gebildete Winkel unterscheidet sich von dem an dem CC-Dimer, der die Krümmung des Partikels definiert. Das größere Partikel hat eine $T = 4$ Symmetrie und enthält daher 240 Kopien des Capsidproteins, die in 120 Dimeren angeordnet sind (Bild 11.4B). Dies wird durch die Hinzunahme einer vierten Konformation der Untereinheit, D, erreicht, das die ikosaedrischen dreizähligen Positionen ausbildet. Die Konformationen der einzelnen Untereinheiten in den $T = 3$ und $T = 4$ Strukturen sind sehr ähnlich. Insbesondere haben die AB-Dimere jeweils dieselben Winkel zwischen den Untereinheiten. Daher ist die Expansion der Schale zu der größeren $T = 4$ Struktur einfach nur die Hinzunahme einer weiteren Konformation statt einer neuen Anordnung der kleineren Schale. Eine solche Ökonomie, in der die Bausteine der kleineren Schale genutzt werden, um eine größere zu konstruieren, ist ein deutliches Beispiel für die Flexibilität, die das quasi-äquivalente Design liefert.

Die biologische Bedeutung der zwei verschiedenen Größen des

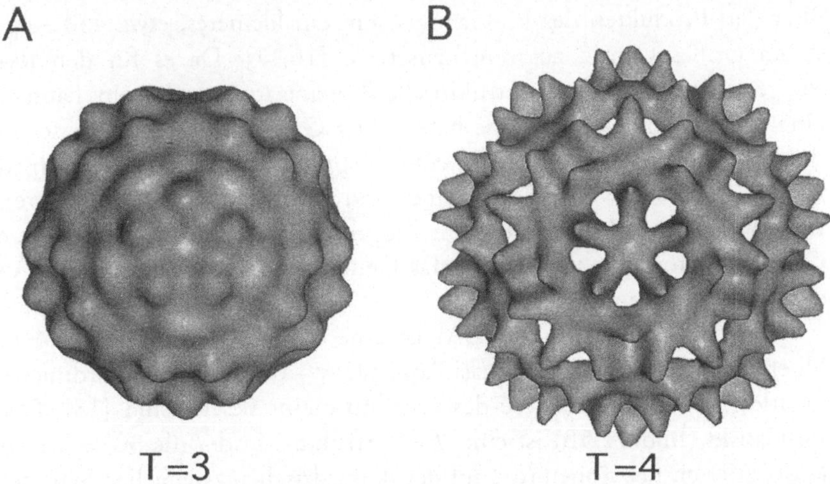

Bild 11.4: Hepatitis-B-Capsid: Gezeigt sind hier Oberflächendarstellungen der dreidimensionalen Rekonstruktionen von zwei verschiedenen Größen des Hepatitis-B-Capsids. Bemerkenswert ist, daß die Strukturen um die fünffachen Achsen der $T = 3$ und $T = 4$ Strukturen sehr ähnlich sind, was auf die Erhaltung der strukturellen Elemente dieser beiden Konstruktionen deutet.

Capsids des Hepatitis-B-Virus ist unklar. Das Erscheinen zweier Größen ist nicht einfach ein Artefakt der Produktion des Capsids in *E. coli*, da aus der Leber isolierte Kerne ebenfalls $T = 3$ und $T = 4$ Strukturen zeigen.

Bakteriophage P2 und P4 – intrazelluläre Piraterie

Im Gegensatz zur Situation von Hepatitis B, in der die biologische Bedeutung der zwei Capsidgrößen unklar ist, ist das P2/P4-System eines, in dem die Kontrolle der Capsidgröße benutzt wird, um dem Virus die Kaperung der Ressourcen anderer zu erlauben. Bakteriophage P2 ist ein vollständiger Bakteriophage, der alle notwendigen Komponenten verschlüsselt, um Zellen zu infizieren und reife, zusammengebaute Phagen zu produzieren. Das normale P2-Virion hat einen Durchmesser von ungefähr 600 Angström. P4 ist ein Parasit von P2, der sich nur in von P2 infizierten Zellen replizieren kann. P4 verschlüsselt keine größeren strukturellen Proteine, sondern übernimmt statt dessen die Kontrolle über den Produkten des P2-Genoms, um ein kleineres, etwa 450 Angström großes Capsid zusammenzusetzen. [16,17]. Da es für den P4-Phage nicht notwendig ist, strukturelle Proteine zu verschlüsseln, kann er eine viel kleinere Genomgröße haben. Der Größenunterschied zwischen den beiden Capsiden (1:3 im Inhalt) entspricht dem Größenunterschied zwischen P2 (33×10^3 Basenpaare) und P4 ($11{,}6 \times 10^3$ Basenpaare). Indem P4 das hauptsächliche Capsidprotein von P2 zwingt, kleinere Capside zu formen, schließt P4 das Genom von P2 aus und blockt so dessen Replikation.

Das P2-Capsid (Bild 11.5A) ist eine $T = 7$ Struktur, in der – in Übereinstimmung mit der Quasi-Äquivalenz – 60 sechsfach koordinierte Positionen durch Hexamere des Capsidproteins besetzt sind [18]. Das P4-Capsid (Bild 11.5B) ist eine $T = 7$ Struktur, in der die 30 sechsfach koordinierten Positionen (die auf der ikosaedrischen zweifachen Symmetrieachse liegen) ebenfalls von Hexameren besetzt sind [18]. Obwohl beide, die P4- und die P2-Capside, eine hexamerische Clusterung des Capsidproteins aufweisen, ist die Art der Hexamere sehr unterschiedlich. In dem P4-Capsid ist das Hexamer stark gebogen (bei etwa 110°) relativ zu dem flacheren P2-Hexamer (135°). Die stärkere Krümmung erzeugt

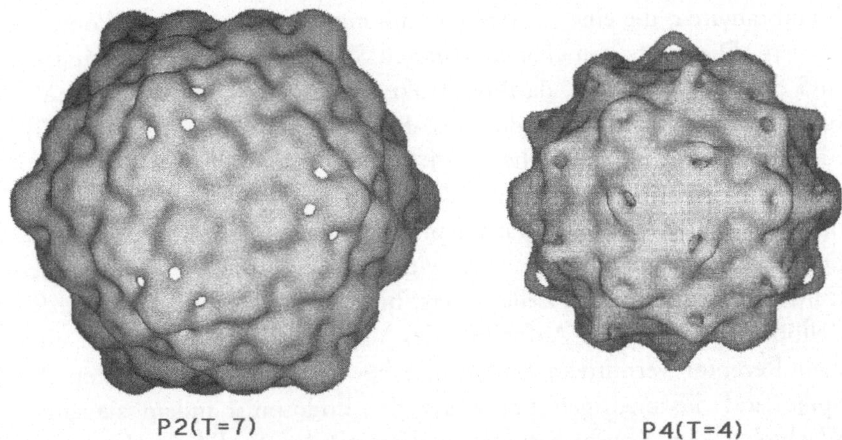

Bild 11.5: Bakteriophagen P2 und P4: Die Oberflächendarstellung des $T = 7$ P2-Capsid und des $T = 4$ P4-Capsid, das das stabilisierende zusätzliche Protein Psu enthält, sind hier nebeneinander gezeigt.

die insgesamt kleinere Capsidgröße. Ein Vergleich der lokalen Geometrie der Untereinheiten deutet darauf hin, daß die stärkere Krümmung nicht aus der Einführung einer stärker gebogenen Konformation des Capsidproteins resultiert: Die Spanne der Winkel von den Untereinheiten des P4 entspricht denen von P2. Statt dessen muß der Wechsel in der Hexamergeometrie durch eine bestimmte Beschränkung während des Zusammenbaus erzwungen werden. Tatsächlich ist eins der von P4 verschlüsselten Proteine ein Gerüstprotein, das nicht im reifen Virion verbleibt, sondern vermutlich seinen Einfluß dahingehend ausübt, die Konformation des Hexamers während des Zusammenbaus in einer bestimmten Weise einzuschränken. Diese Beschränkung kann auch daran gesehen werden, daß das P4-Capsid weniger stabil gegenüber einer Erhitzung ist als das P2-Capsid. Die Wärmestabilität des P4-Capsids kann erhöht werden durch das Hinzufügen eines zusätzlichen Proteins, Psu, das die spitzeren Winkel des P4-Hexamers umklammert (Bild 11.5C) [19].

Semliki-Forest-Virus – Membranstrukturen

Die bisher beschriebenen Capside waren einschichtige Strukturen.

Membranviren, die eine flüssige Umhüllung enthalten, müssen komplexer sein. Die am besten charakterisierten Strukturen von Membranviren sind die der Alphaviren, da ihre Strukturen für das Semliki-Forest- Virus, das Sindbis-Virus und das Ross-River-Virus verfügbar sind [9,20]. Alphaviren sind ikosaedrische $T = 4$ Strukturen mit Proteinkomplexen, die wie Spikes anhängen und mit dem $T = 4$ Capsid durch das bischichtige Lipid über den Weg transmembraner Dehnungen wechselwirken. Die Spike-Proteine dienen zwei wichtigen Funktionen während des Eintritts des Virus in die Zelle. Zuerst binden sie sich an Rezeptoren der Zelloberfläche, was die Aufnahme des Virus durch die Zelle über eine vom Rezeptor vermittelte Endocytose bewirkt. Zweitens reagieren die Spikes auf die niedrigen pH-Werte des Endosoms, indem sie einen Wechsel in den Konformationen vollziehen, der die Fusion der Virusmembran mit der Zelle hervorbringt.

Ein auffälliges Merkmal der Struktur ist, daß die Organisation dieser drei verschiedenen Komponenten – Spikes, transmembrane Bereiche und Capsid – völlig unterschiedlich ist [9,20]. Die hervorspringenden Bereiche der Spikes formen Trimere (Bild 11.6A); die Capsidproteine sind zu Hexameren und Pentameren geclustert, was an den $T = 4$ Phage P4 erinnert; und die transmembranen Bereiche zeigen überhaupt keine deutliche Clusterung. (Bild 11.6C). Ein Vorteil dieser vielschichtigen Organisation ist, daß dramatische Wechsel in den Konformationen der hervorspringenden Bereiche auftreten können, ohne die Organisation des ganzen Virions zu beeinflussen [20]. Dies ist deshalb wichtig, weil die Spikes dieses Virus während der frühen Phase des pH-induzierten membranen Fusionsprozesses enorme Wechsel in ihren Konformationen durchmachen, aber immer noch eine Organisation aufrechthalten, die es ihnen erlaubt, kooperativ zu agieren. Diese Kooperation scheint für den membranen Fusionsprozeß notwendig zu sein.

Adenoviren – jenseits der Quasi-Äquivalenz

Die zuvor beschriebenen Strukturen folgen der Quasi-Äquivalenz bis zu dem Maße, daß die Anzahl von Konformationen ihrer Capsidproteine ihrer Triangulationszahl entspricht. Die normale Triangulationszahl eines Adenovirus ist $T = 25$ (Bild 11.7A). Daher würde ein strenges Fest-

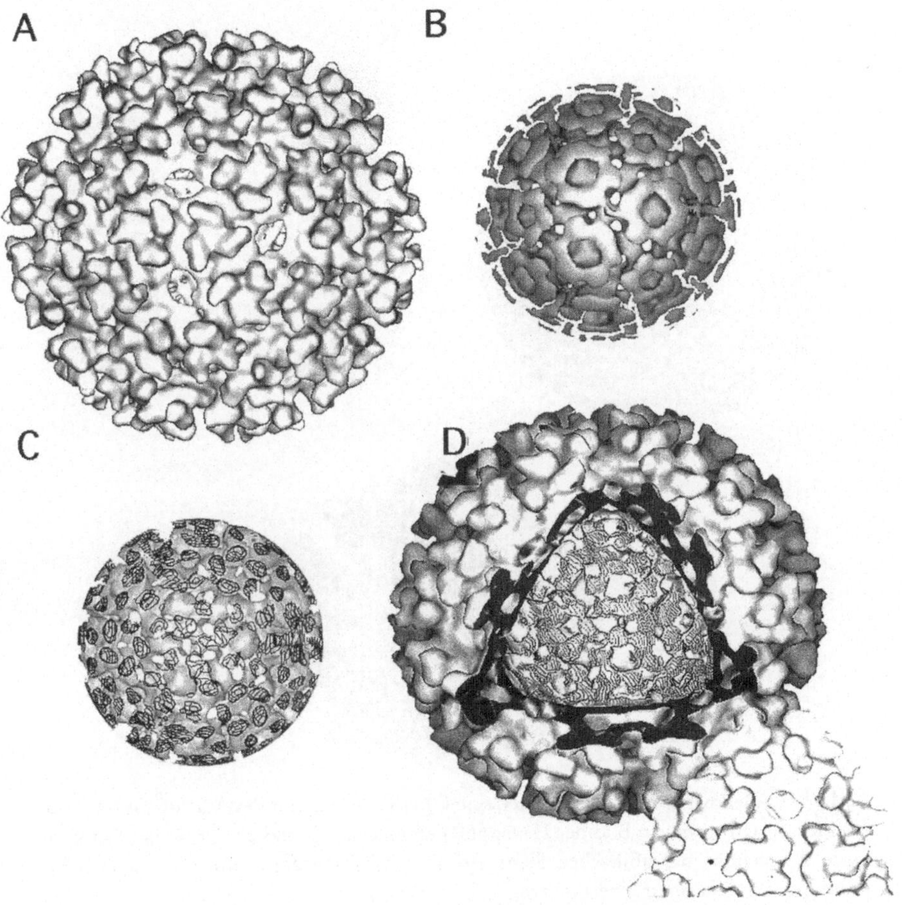

Bild 11.6: Semliki Forest Virus: Darstellungen der $T = 4$ Oberfläche des Virus (A), des inneren Nukleuscapsids (B) und der transmembranen Bereiche (C), die sie verbinden. Der in D gezeigte Schnitt verdeutlicht die relativen Positionen von Spikes, Capsid und Membranen zueinander.

halten an der Quasi-Äquivalenz ein reguliertes Umschalten zwischen 25 unterschiedlichen strukturellen Zuständen erfordern. Im Vergleich zu dem Zusammenbau eines Diaprojektors scheint dies relativ einfach zu sein. Untersuchungen der Details der Strukturen des Adenovirus offen-

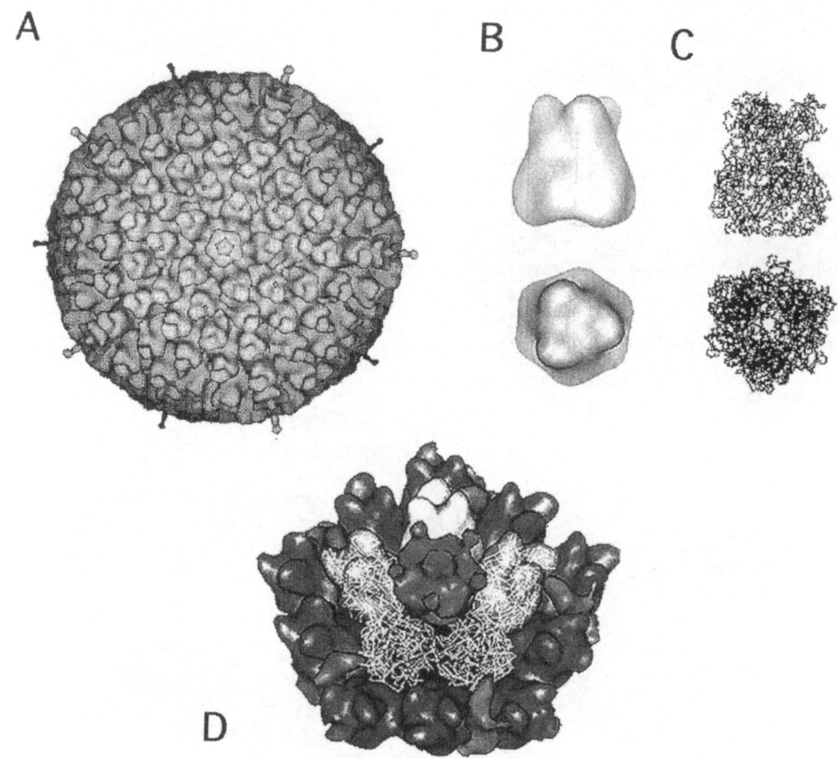

Bild 11.7: Adenovirus: Zu sehen ist hier eine Oberflächenansicht des Adenovirus (A) und des Hexons (B) sowie ein Bild der Hexonpolypeptidkette (C) und ein Detail der Struktur in der Umgebung der fünffachen Symmetrieachse (D), die die Pentonbasis, zusätzliche Proteine und benachbarte Hexone zeigt.

baren, daß die Natur in dramatischer Weise von der Quasi-Äquivalenz abgewichen ist, um einen solch komplizierten Umschaltmechanismus zu vermeiden [14,15]. Obwohl die Anordnung der fünf- und sechsfach koordinierten Positionen im Adenovirus denen für $T = 25$ entspricht, sind die Einheiten an diesen Positionen keine Hexamere und Pentamere eines einzelnen Proteins. Das wesentliche Capsidprotein, Hexon, bildet ein Trimer mit hexagonaler Basis, das an den sechsfach koordinierten Positionen sitzt (Bild 11.7B). Die fünfzähligen Positionen sind mit pentameren Komplexen anderer Proteinkomplexe, Pentonbasen, gefüllt. Der Gebrauch von Trimeren zur Besetzung der sechsfach koordinierten Positionen an der Oberfläche vereinfacht das Problem des Zusammenbaus enorm, da der Zusammenbau des Trimers vollständig getrennt werden kann von dem Zusammenbau des Capsids. Statt 25 Konformationen des Capsidproteins müssen nur vier verschiedene Umgebungen des Hexon-Trimers in Betracht gezogen werden. Daher wird „$T = 25$" zum handhabbareren Problem von $T = 4$.

Eine weitere Vereinfachung ist, daß die Hexon-Trimere als starre Einheiten in dem Aufbau der Struktur agieren. Zusätzliche Proteine modulieren die Wechselwirkungen der Trimere und bewirken die Veränderung in der Krümmung, die die geschlossene Schale erzeugt. Als eine Konsequenz davon hat das Adenovirion eine wirklich ikosaedrische Form, die die flachen Flächen der Hexone mit spitzen Winkeln an den Kanten kombinieren, die von zusätzlichen Proteinen besetzt sind. Der letztendliche Effekt ist der von Ziegeln (Hexone) und Mörtel (zusätzliche Proteine). Die Verfügbarkeit hochaufgelöster Strukturen des isolierten Hexon-Trimers (Bild 11.7C) ermöglicht es, Differenzdarstellungen zu nutzen [15], um die Beziehung zwischen diesen Komponenten der Struktur zu visualisieren (Bild 11.7D).

Diese Themen von Unterverbänden und zusätzlichen Proteine, die Wechselwirkungen modulieren, sind von sehr allgemeiner Natur, die ziemlich häufig im Aufbau komplexer biologischer Strukturen zu sein scheinen.

Schlußbemerkungen

Die scheinbare Komplexität und Abweichung von Quasi-Äquivalenz überschattet die grundlegende Einfachheit, die so anziehend an der ersten, von Caspar und Klug vorgeschlagenen Theorie war. Sie geben auch Anlaß zu einer tiefliegenden Frage nach der Virusstruktur, die ungelöst bleibt. Wenn die Interaktionen viraler Proteine nicht den von der Quasi-Äquivalenz vorgeschlagenen Rollen folgen, warum sind dann die strukturellen Einheiten viraler Capside so angeordnet, wie es die Theorie vorhersagt. Vielleicht sehen wir hier den Wald vor lauter Bäumen nicht, indem wir uns auf die detaillierten Interaktionen der viralen Proteine

konzentrieren, verlieren wir den Blick für die Eigenschaften der ganzen
Struktur, die ihr Stabilität verleihen und daher die beobachteten Anord-
nungen gegenüber alternativen Möglichkeiten bevorzugt. Nichtsdestotrotz zeigt die Tatsache, daß eine solche Frage keine einfache Antwort
besitzt, die Grenzen unseres Verständnisses und den Reichtum der eleganten Einfachheit viraler Strukturen.

Kapitel 12

Geodätische, kristallartige Strukturprinzipien im Organismus
Arthur H.C. Frh.v. Hochstetter

Der höhere Organismus begegnet Zugspannungen durch die zwirnfesten kollagenen Fasern des Bindegewebes, welche den Körper als ein praktisch endloses Raumnetz durchdringen und nach außen mit der Lederhaut abschließen. Im Innern formen die Fasern so auffällige Gebilde wie Organkapseln, Gelenkkapseln, Muskelhüllen, Sehnen, aber auch das verborgene Spannwerk des Skeletts, welches so dicht ist, daß ein entkalkter Knochen zwar noch seine Form und Struktur besitzt, jedoch eine erstaunliche Biegsamkeit zeigt. Die muskelfreien Faserkapseln erhalten ihre Spannung durch den Druck des flüssigen Inhalts und nur Organe der Atmung und der Verdauung werden durch Gasdruck entfaltet. Beide Druckformen – der hydrostatische und der aerostatische oder pneumatische – wirken „gleichmäßig nach allen Richtungen" auf die umschließende Faserhülle. Nach mindestens welchen Richtungen aber ist eine Verspannung „allseitig gleichmäßig" wirksam?

Bei der Suche nach einer Antwort auf diese Frage erkannte ich 1958 im Bindegewebe des Menschen Prinzipien eines 60-grädigen Leichtbaus, die mich zum Modell des Diamant-Kristalls hinführten. Daraufhin suchte ich einen Architekten, welcher gleichartig gestaltet, und konnte 1962 R. Buckminster Fuller in seiner humorigen Überzeugung bestätigen, „daß selbst der Schöpfer wie Fuller konstruiert". Das Folgende ist eine Synopsis meines Weges, dem ich die Begegnung mit dieser ganz außerordentlichen Persönlichkeit verdanke.

Form, Struktur und Funktion

Bei gewissen Weichorganen ist die äußere Form entscheidend für ihre Leistung – so die Kugelform des Augapfels für seine Optik und die Ei-

Bild 12.1: Faserfilz der äußeren Augenhaut vom Menschen: a) Innenfläche der weißen Haut (*Sklera*), b) Außenfläche der Hornhaut (*Cornea*)

form des Hodens für die Auspressung des Samens. Diese „funktionelle Form" wird durch die Textur der Faserkapsel ermöglicht. Ein Vergleich von Texturen verschieden geformter Kapseln zeigt zwei Prinzipien:

1) In nicht-kugeligen Kapseln treten Faserzüge derart hervor, daß man ein Verschnürungsmuster erkennen kann.

2) In kugeligen Kapseln hingegen erscheinen die Faserzüge als ein Wirrwarr, wie die Späne im Preßholz (Bild 12.1). Da aber gerade dieser „Filz" die Kugelform ermöglicht, müssen die Fasern parallel zur Oberfläche gleichmäßig auf alle Richtungen verteilt, also statistisch geordnet sein. Solches bestätigt die Hornhaut des Auges durch optische Isotropie, obwohl ihre Fasern anisotrop sind.

Einen direkten, mit der Pinzette greifbaren, Ausdruck dieser in völliger Unordnung verborgenen Ordnung fand ich im „Phänomen der konzentrischen Lichtringe". Hält man eine prall gespannte, kugelige Faserkapsel (Augapfel, Hoden, Zyste) bei schräger Beleuchtung unter Wasser, so glänzt ein System konzentrischer Ringe auf, welches beim Drehen des

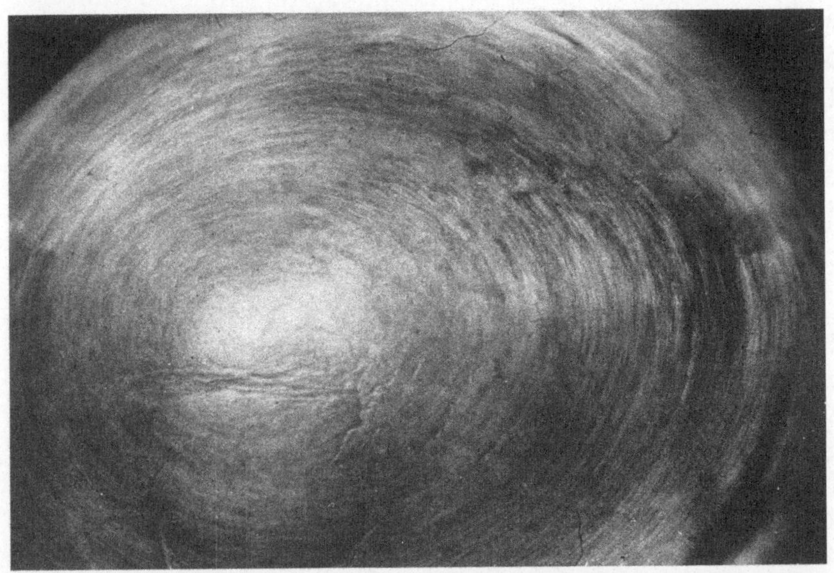

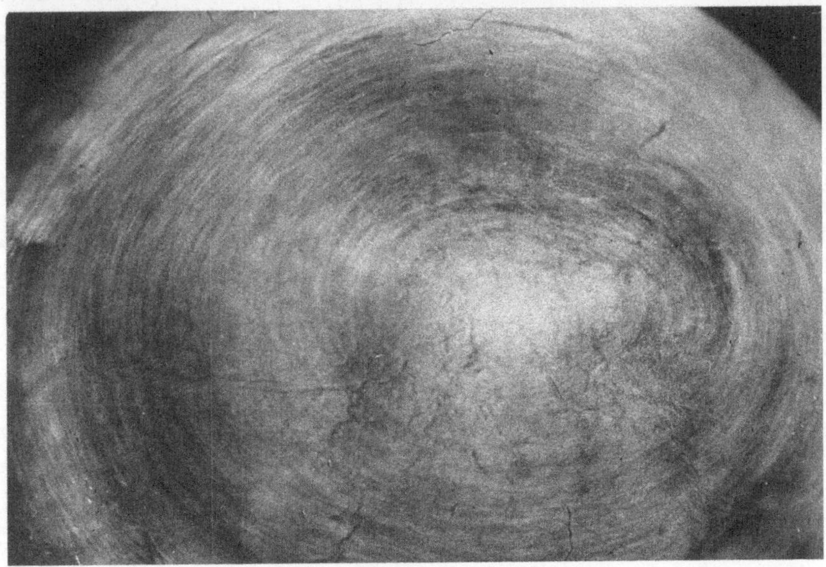

Bild 12.2: Systeme konzentrischer Ringe an einem menschlichen Augapfel durch Beleuchtung aus zwei verschiedenen Richtungen

Organs scheinbar über die Oberfläche wandert, in Wahrheit aber fast kontinuierlich von einem gleichartigen System abgelöst wird (Bild 12.2). Die parallelkreisartigen Lichtringe werden aber nicht von ringförmigen Fasern hervorgerufen, sondern von Fasern, welche – in der Aufsicht – gestreckt tangential zum Lichtring verlaufen. Die Lichtringe entsprechen also hochzähligen Polygonen im Faserfilz der Kapsel.

Wie aber verlaufen die Fasern zur kugeligen Krümmung der Kapsel? Spannt man einen Gummiring über einen Globus, so hält er sich nur auf einem Großkreis, gleich dem Äquator oder einem Meridian, von einem Parallelkreis springt er ab. So sind auch die Stränge eines Ballonnetzes durch die Ballonhaut geodätisch gebogen. Hingegen ist der Faden eines Wollknäuels durch tiefere Wicklungen abgewinkelt und dazwischen gerade gespannt, wie die Sehne eines Bogens. Dieses Bild entspricht der Faserkapsel, deren Fasern in jeder Hinsicht gerade gestreckt verlaufen. Zwar erscheint die Kapsel am Querschnitt kugelschalenförmig geschichtet, doch sind die Schichten zu einem Netzwerk aus flachen rhombischen und hexagonalen Maschen verbunden. Das Architekturprinzip einer organischen Faserkugel ist demnach ein vielschichtiges, aber einheitliches Polyeder.

Durch welche Kraft werden die Fasern gestreckt? Eine Zyste mit flüssigem Inhalt macht dies einsichtig: Es ist die Stoßkraft der Brownschen Molekularbewegung. Fullers originelles Denken sah in einem Ballon die Gasmoleküle nicht radial gegen die Wand fliegen, sondern nur die peripheren Moleküle sich paarweise voneinander abstoßen und spitzwinklig die Ballonwand nach außen drücken – wie Heringe ein Fischernetz. Die Molekülpaare ersetzte Fuller durch identische feste Stäbe und band sie – nach einem geodätischen Muster – in ein kontinuierliches Spannwerk wie Bogensehnen ein, so daß sie nach außen gedrückt wurden und einander nicht berühren konnten (Bild 12.3). In dieser „Tensegrity structure" wird Druck in Zug verwandelt und dadurch enorm an Material gespart[1].

Unser Körper verwandelt überall Druck in Zug mit Hilfe einer „hydrostatischen Druckkammer". Die Zähne stecken im Kiefer nicht wie Nägel im Holz, sondern sie hängen gleichsam am Knochen und ziehen

---

[1] Siehe J. Krausse in Kapitel 1

Bild 12.3: „Tensegrity 3/4-sphere" am Campus der Southern Illinois University mit Fuller im Hintergrund

an ihm beim Beißen. Diese Aufhängung der Zahnwurzel liegt in einem Druckpolster aus Gewebeflüssigkeit und Venen. In den Gelenken drükken die harten Knochen nur mit ihren hydrostatischen Knorpelkappen gegeneinander. Der Knochen mit dem umschlossenen Knochenmark bildet eine Druckkammer von erstaunlicher Elastizität. Auch im Knochen und im Zahn selbst besteht die Hartsubstanz aus submikroskopischen Einzelkristallen, welche tensegrity-artig aneinander gebunden sein müssen.

Im Kapselpolyeder werden die Kanten von Fasern gebildet. Die Maschenlöcher entsprechen den Flächen, „openings", wie sie Fuller energetisch nennt. Sie werden abgedeckt durch die „Schichtung" und durch fortlaufend feinere Polygonalisierung, bis schließlich nur soviel Flüssigkeit durch die Kapsel nach außen gelangen kann, wie zur Regelung des Binnendrucks nötig ist. So funktioniert die Faserkapsel als eine dichte Ballonhaut und zugleich auch als ein kräftiges Ballonnetz. Der Unterschied zwischen den beiden liegt nur in der Größe ihrer Netzmaschen, denn die Natur hat kein Kontinuum.

Die Gleichmäßigkeit der Form und der Verteilung der konzentrischen Ringpolygone fordert, daß die kleinsten Ringpolygone in dichtester Packung stehen, also Hexagone sein müssen, weil das Hexagon das erste kreisähnliche Polygon ist. In der Ebene sind das Dreieck und das Sechseck die einzigen regulären Polygone, welche allein ein isotropes Netz bilden können. Von sphärischen Abänderungen der Polygone kann hier abgesehen werden. Künstlich abgetrennte Faserlamellen der Kapsel zeigen aber den gleichen Wirrwarr aus irregulären Dreiecken wie ihre freie Oberfläche. Doch blieb die Hoffnung, daß ein natürlich gebildetes dünnes Bläschen mit einer relativ strukturlosen Ballonhaut ein Ballonnetz zeigen würde.

Das Hexagramme-Muster

In einem zarten Häutchen, welches sich von der Oberfläche der festen Hodenkapsel leicht abziehen ließ, fand ich millimeterkleine, etwas schwammige „Siebfelder" mit kreisförmigen Löchern, welche offenbar mit der Ausscheidung von Flüssigkeit aus der Faserkapsel zu tun haben. Die Felder enthalten flache Blasen mit einem Muster aus Hexagrammen – offenbar isotrop gestreckte Abschnitte von Kreislöchern (Bild 12.4). Die Sechsecke umfassen hernienartige Vorwölbungen einer „Ballonhaut" mit gerade noch erkennbarer Netzstruktur. Die Dreiecke der Hexagramme sind dicht.

Eine weitere Möglichkeit, natürliche Ballonnetz-Muster zu erschließen, liegt in der Kanalisierung von Faserkaspeln für Blut- und Lymphgefäße, Zellnetze und Sekretionsprodukte wie Samen. Sie halten sich an Polygonlöcher, ohne die Polygonkanten – die „funktionelle Verschnürung" – der Kapsel zu beeinträchtigen. Gleichartig verhalten sich auch Hernien (Eingeweidebrüche), welche ihren Weg senkrecht (direkt durch den Nabelring) oder schräg (indirekt, wie durch den Leistenkanal) nehmen. In der Wand einer organischen Druckkammer werden senk-

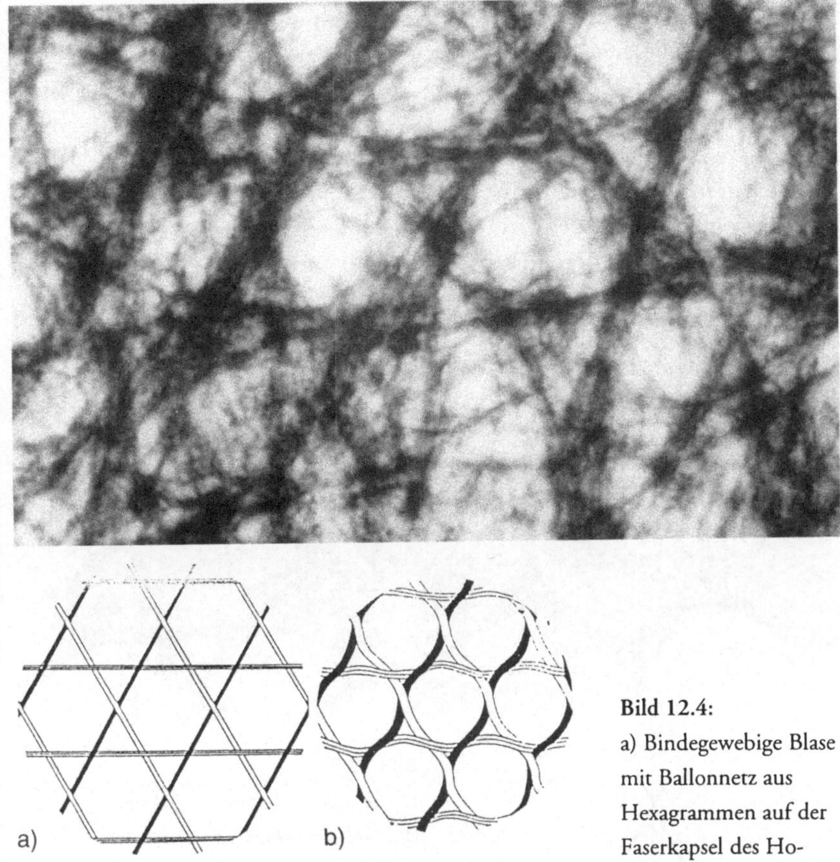

Bild 12.4:
a) Bindegewebige Blase mit Ballonnetz aus Hexagrammen auf der Faserkapsel des Hodens (Mensch); b) ein Netz aus Kreislöchern in dichter Packung wird durch isotropen Zug zu einem Netz aus Hexagrammen gestreckt.

rechte Kanäle durch ihren Inhalt abgedichtet, während schräge Kanäle durch den Binnendruck verschließbar sind.

Nun kann eine kanalisierte Faserkapsel ihr Ballonnetz nur dort zeigen, wo sie durch dicht aneinanderliegende Kanäle auf diese Minimumstruktur reduziert ist. Eine solche Stelle liegt am Abgang des Sehnerven vom Augapfel, wo auf engstem Raum die Nervenfaserbündel von der Netzhaut durch die geschichtete „Siebmembran" (*Lamina cribriformis*) der weißen Augenhaut (*Sklera*) senkrecht nach außen ziehen. Ein Querschnitt durch die hexagonal-prismatischen Nervenkanäle offenbart das gleiche Ballonnetz-Muster wie das Siebfeld des Hodens, nur daß hier Sechsecke in Hexagramme verspannt werden, durch welche die Nervenfasern ziehen (Bild 12.5). Die Dreiecke sind dicht.

Beachtenswert ist, daß die Hexagone der beiden Strukturen einander nicht entsprechen, denn an die Stelle einer Ecke des einen Hexagons tritt eine Seite des anderen (Bild 12.5c). Dieser Formwandel des Querschnitts der Kanäle dient wohl zur Weiterbewegung der Flüssigkeiten im

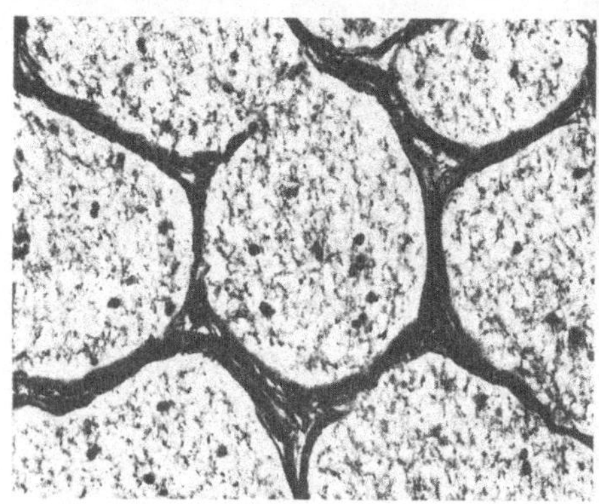

a)

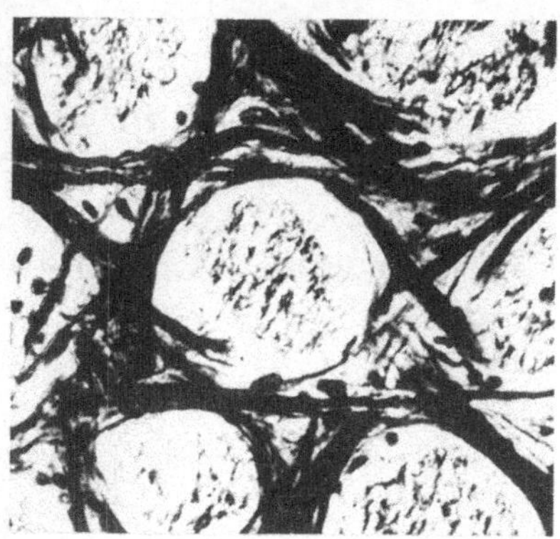

b)

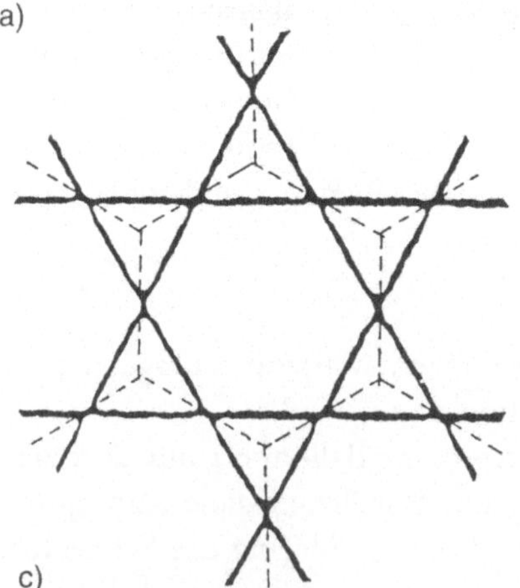

c)

Bild 12.5:

Durchtritt der Fasern des Sehnerven (Punkte) des Menschen durch die Siebmembran der weißen Augenhaut (Teil eines Querschnitts). Das Sechseck kennzeichnet die kontrahierte Form des Fasergitters (a), das Sternen-Muster die gedehnte, gestreckte Form der Membran (b). c) Schema des Spannungsspiels zwischen dem relativ entspannten Hexagon und dem isotrop gespannten Hexagramm.

Nervengewebe. Der entscheidende Vorgang ist die Entfaltung der Knotenpunkte in Dreiecke und deren Kontraktion zum Mittelpunkt. Die Verspannung beider Hexagone geschieht nach sechs Richtungen unter Winkeln von 60°. Die Spannzüge sind am Hexagon des Netzverbandes senkrecht an den Ecken befestigt. Am Stern-Hexagon geht aber die doppelte Anzahl von Spannzügen direkt in die Kanten über und schützt dadurch den Nervenkanal vor verengenden Rotationen und Torsionen. (Bild 12.5c). Dabei müssen sie einander kreuzen und bilden so die Ecken des Sterns – gleich den Speichen um die Nabe eines Fahrrads.

Somit besitzt das isotrope, zwirnfeste, kollagene Ballonnetz in der Möglichkeit der Erweiterung seiner Knotenpunkte zu Dreiecken eine biologisch bedeutsame „Formelastizität".

Die beiden Muster werden auch von anderen Materialien des Körpers unter isotroper Spannung gebildet – sogar von dem auf Druck spezialisierten Knochengewebe. Daß auch dieses den 60-grädigen Leichtbau zeigt, ist insofern interessant, als die Biomechanik des Knochens nur den „orthogonalen Leichtbau" erkennt – weil die Methode der Spannungsoptik ein Strukturmuster der isotropen Spannung nicht offenbart. Das

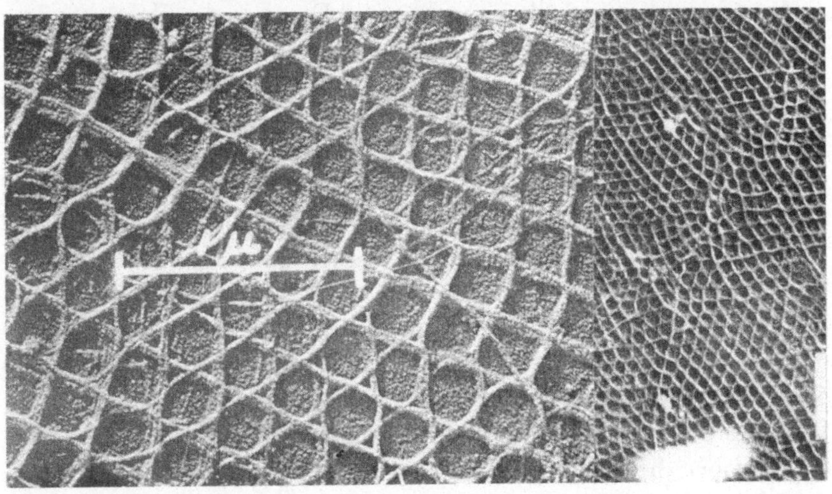

Bild 12.6: *Membrana peritrophica* aus dem Magen der Küchenschabe *Periplancta americana* mit einem Bakterium, im linken Bildteil ist das Netz vergrößert dargestellt (Original von E.H. Mercer).

Wechselspiel zwischen Hexagon und Hexagramm bleibt jedoch den Fasern des Bindegewebes vorbehalten. Die Hexagone bilden stets Durchgänge oder Raum für verpackten Inhalt, die Dreiecke aber sind stets dicht. Ein einschichtiges, isotrop widerstandsfähiges Sternen-Netz ist die *Membrana peritrophica* (Bild 12.6). Sie wird von Zellen im Darmtrakt verschiedener Insekten aus Eiweiß und Chitin gebildet und formt Darminhalt samt Bakterien zu einem wurstförmigen Gebilde, welches durch den Verdauungskanal gleitet.

Welche sind nun die biologischen Unterschiede zwischen dem Dreiecke-Muster und dem Sechsecke-Muster?

Das Dreiecke-Muster

Nach Fuller ist das Dreieck die Grundkonfiguration der Energie, sowohl der freien, vektoriellen als auch der materialisierten, strukturellen Energie. Das Dreiecke-Netz ergibt sich aus der dichten Packung identischer Kreise durch die direkte Verbindung der Mittelpunkte mit ihren sechs Nachbarn (Bild 12.7a). Eine dichtere Packung identischer Einheiten gibt es nicht. So ermöglicht das Dreiecke-Muster die stärkste und die dichteste Konstruktion gegen allseitigen Zug und Druck in der Ebene mit dem Minimum an Material. Das Muster beantwortet die eingangs gestellte Frage nach der ebenen Minimumverspannung, „gleichmäßig nach allen Richtungen":

a) Im Dreiecke-Netz ist ein Knoten durch sechs Radien unter Winkeln von 60° verspannt. Seine Radien werden durch die Radien der umliegenden Knotenpunkte zu Dreiecken stabilisiert, so daß ein jeder Knotenpunkt von konzentrischen Sechsecken umgeben wird – optimal für den wellenörmigen Abbau lokal einwirkender Energie (Bild 12.7b). Auch dieses Prinzip kommt im Phänomen der „konzentrischen Lichtringe" zum Ausdruck. Eine Zugkraft hat die Tendenz, den Verlauf und die Struktur des Materials, auf welches sie wirkt, in ihre Richtung zu strekken. Das Dreiecke-Netz ist mit seinen durchgehend geradlinigen Faserzügen daher die optimale Minimumstruktur gegen isotrope Zugbeanspruchung.

Die dichte und feste Descemetsche Membran der Hornhautkuppel des Auges (Bild 12.8a) nahe am vorderen Kammerwasser besteht aus

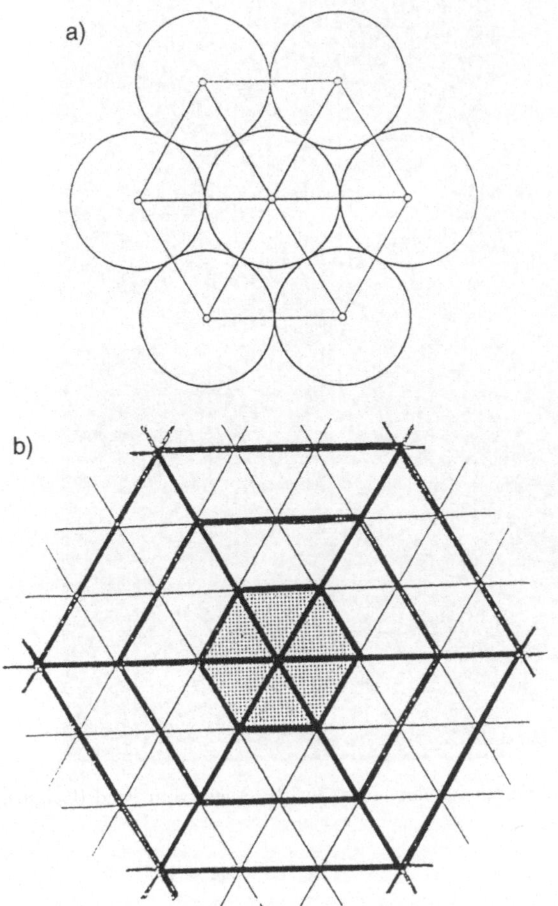

Bild 12.7:

a) Dichteste Packung identischer Kreise: Die direkte Verbindung ihrer Mittelpunkte ergibt ein Netz aus identischen gleichseitigen Dreiekken. b) Ein isolierter Knotenpunkt ist – nach dem Prinzip des „Spinnennetzes" (dicke Linien) –durch sechs Radien und konzentrische Hexagone isotrop verspannt. Die übrigen Knotenpunkte sind das nicht. Im Dreiekke-Netz ist jeder Knotenpunkt spinnwebartig verspannt.

spiegelbildlich übereinanderliegenden ultra-mikroskopischen Dreiecke-Netzen. Sie kann vom Binnendruck des Auges durch ein Geschwür der Hornhaut „bruchartig" nach außen gedrängt werden ohne zu zerreißen. Bei der im Wasser schwebenden Volvox-Kolonie bilden die einzelligen

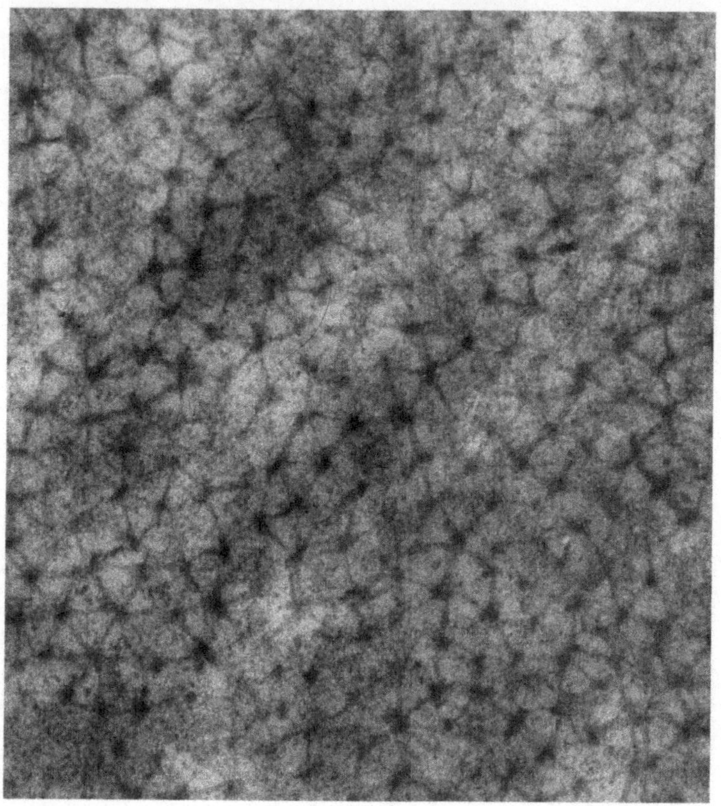

Bild 12.8: a) Descemtsche Membran aus der Hornhaut des Auges vom Rind (Original von M.A. Jacus).

Flagellaten eine völlig triangulierte Kugel vor dem Hintergrund einer Sechsecke-Packung aus Gallerte (Bild 12.8b). Der Verband ermöglicht den Zellen die direkte Kommunikation mit ihren sechs Nachbarn. Am Querschnitt durch das „Sternparenchym" des „allseitig" biegsamen Halms der Binse *Juncus effusus* bilden die von Luft umgebenen Zellen ein Dreiecke-Muster (Bild 12.8c). In der schematischen Betrachtung dieser Ebene entwickelt sich das Zellnetz so, daß die an der Wand des Halms verankerten rundlichen Zellen die Kontaktpunkte mit ihren sechs

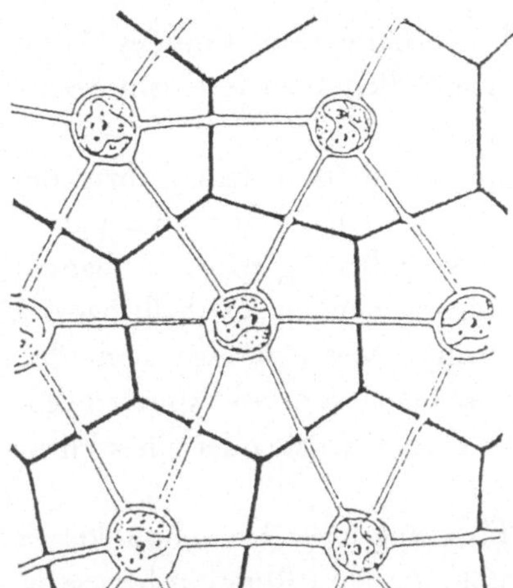

Bild 12.8: b) Volvox-Schema (aus [1]),

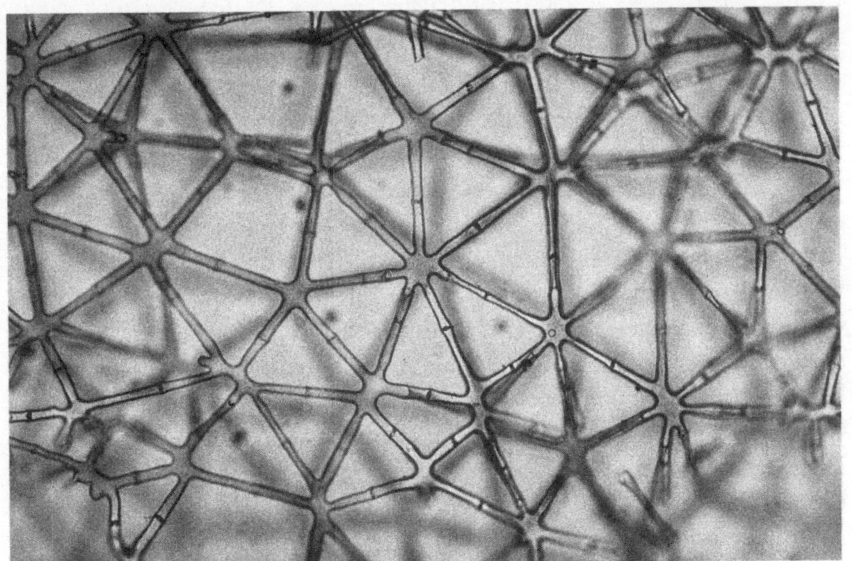

Bild 12.8: c) Sternmark der Binse *Juncus effusus* (Original von S. Peláec-Riedl).

Nachbarn bewahren, während sie durch das Breitenwachstum des Halms – vielleicht auch durch Schrumpfung der Zellen – zu je einem Sechsstrahler „auseinandergezogen" werden.

b) Ein einzelner isolierter Knotenpunkt ist nach dem Prinzip des Spinnennetzes (Bild 12.7b, dicke Linien) minimal isotrop verspannt. Nur dieser zentrale Knoten ist durch Triangulierung seiner Radianten „allseitig" gesichert, nicht aber die peripheren Knoten. Deshalb hat das Netz neben dreieckigen auch trapezförmige Maschen, wie auch die, durch einen punktuellen Insult verursachten, reziprok spinnenwebartigen Bruchlinien einer Fensterscheibe, einer Eischale oder einer Hirnschale.

Das dynamische Gegenstück zur Fixierung eines Knotenpunkts ist seine muskuläre Verspannung für Translations- und Rotationsbewegungen. Unser Schulterblatt kann durch einen sechsstrahligen Muskelstern am Brustkorb „nach allen Richtungen" gezogen werden. Auch unser Mund ist sechsstrahlig durch je drei Muskeln an seinen Winkeln hin und her beweglich verspannt. In beiden Fällen liegt das umfassende Hexagon, welches die Muskelresultierenden zu Dreiecken stabilisiert, im Skelett; ferner sind die antagonistischen Radianten – ähnlich den Radspeichen – so gegeneinander versetzt, daß das Schulterblatt und der Mund auch rotiert werden können.

Als ein fester Rahmen ist das Dreieck das einzige winkelstabile Polygon, auch mit gelenkigen Ecken, denn eine jede Seite fixiert optimal die Enden der beiden anderen. In unserem Skelett erscheint das Dreieck in verschiedener Deutlichkeit: als Rahmen um eine dünne Knochenplatte, wie am Schulterblatt und am Darmbein, als Rahmen um ein Loch, wie das Leistenbein, die Wirbel, das Gerüst der Nasenhöhlen, der Kieferhöhlen und Augenhöhlen, sowie als Formation von Knochenbälkchen im Oberschenkelbein der Hüfte und im Fersenbein. Auch das „orthogonale Fachwerk" von Knochenbälkchen, welches vorwiegend in einer Richtung beansprucht wird (Oberschenkel im Hüftgelenk, Wirbelkörper), zeigt Triangulierungen. Die rechten Winkeln sind durch Knochen ausgerundet, und die senkrechten Spongiosazüge konvergieren schließlich spitzwinklig zu gleichschenkligen Dreiecken. Sogar das weiche Gehirn stützt sich selbst durch eine mächtige, frontal gestellte, gleichschenklige Dreieckformation seiner Nervenfasern mit der Spitze am Rückenmark.

Die Faser-Hexagramme zeigen, daß das Dreieck biologisch kein Durchgang ist. Es ist das niedrigstzählige Polygon, welches mit dem größten Umfang die kleinste Fläche umschließt, und somit ist es das dichteste reguläre Polygon. Außerdem sind seine spitzen Winkeln für eine Umgürtung schwellbarer Gebilde ungünstig. Wenn z.B. in der Kopfhaut eine Talgdrüse sich in ein Dreieck eines Hexagramms drängt, so werden die Winkelschenkel durch neue Fasern aneinander gebunden und machen das Dreieck zum Hexagon.

Das Sechsecke-Muster

Im Gegensatz zum Dreieck ist der Kreis das höchstzählige Polyeder. Es umfaßt mit kleinstem Umfang die größte Fläche und hat daher unter allen regulären Polyedern den günstigsten „hydraulischen Radius" als Durchgang für Flüssigkeiten, und es ist auch eine gleichmäßige Umgürtung für ein weiches Gebilde. Das erste stumpfwinklige, kreisähnliche Polygon, das Sechseck, ist bereits das höchstzählige Polygon im identischen Netzverband. Das Sechsecke-Netz hat also die größtmögliche Anzahl günstigster Durchgänge. Als Zugstruktur sind seine gestreckten Polygonseiten zwar resistenter als die welligen Züge des Kreislöcher-Netzes, aber ihr Zickzack-Verlauf kann zum Sterne-Netz gestreckt werden.

Die Spannzüge gehen nicht durch die Knotenpunkte hindurch, wie im Dreiecke- und Sternen-Netz, und so tendiert diese dreistrahlige, „subminimale", isotrope Verspannung dazu, den Knotenpunkt zu einem Dreieck zu erweitern. Eine ähnliche Verspannung hält im Hirnschädel die dreikantig-prismatischen venösen Blutkanäle (*Sinus*) der harten Hirnhaut (*Dura*) zeitlebens offen, im Gegensatz zu den Venen.

Ein dem „Bucky-Ball" vergleichbares Sechsecke-Netz mit Pentagonen – aber auch Heptagonen – bildet sich an der Innenfläche gewisser Zellen (Bild 12.9). Die Zellmembran umschließt bläschenförmig Partikel aus ihrer Umwelt und wird selbst von einem Netzwerk aus „dreibeinigen" Gebilden des Eiweißkörpers Clatrin umfaßt. Das Netz hat – gegenüber dem Dreiecke-Netz – den Vorteil der Gelenkigkeit und Offenheit. Damit erkläre ich mir auch das Sechsecke-Netzwerk der im

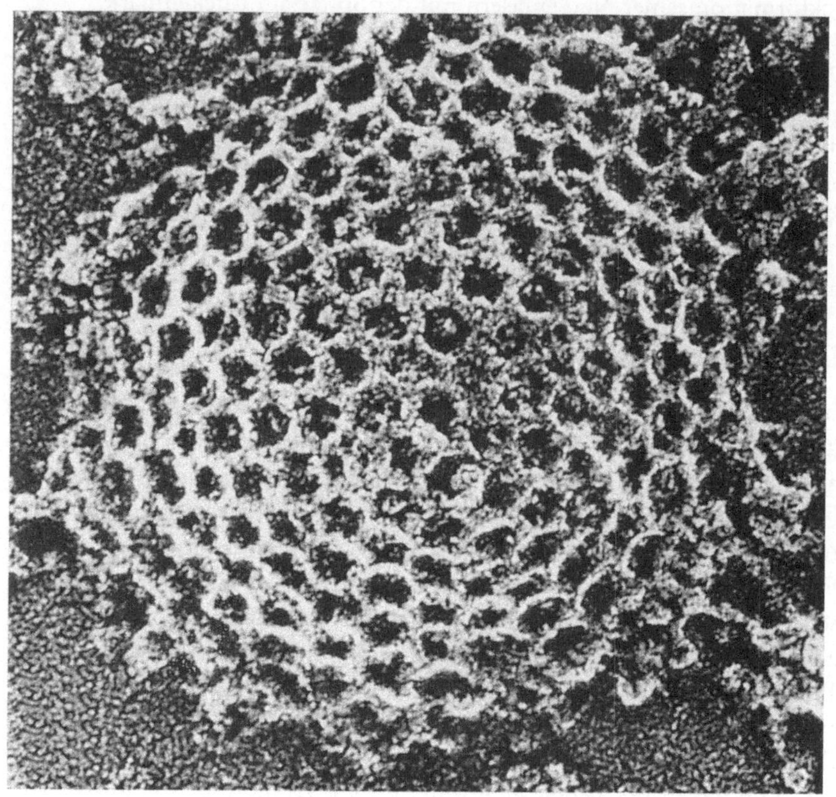

Bild 12.9: „Fuller-Kugel" aus dem Zelleiweiß Clatrin (aus [2]).

Süßwasser flottierenden Alge *Hydrodictyon*, welches von schwärmenden
Zellen aus dreistrahligen Einheiten gebildet wird.

Eine Druckkraft versucht, das Material abzuflachen und zu knicken.
Das Sechsecke-Muster mit Knickungen von 120° ist optimal für eine
isotrop druckfeste und offene Minimumstruktur. Als Kanalsystem ermöglicht es eine gleichmäßige Verteilung und Aufnahme von Stoffen,
wie die Blutgefäße auf dem Nabelbläschen und den Lungenbläschen
sowie die Lymphkapillaren der Darmwand beweisen.

Die Ähnlichkeit der „Systeme konzentrischer Ringe" mit Interferenzbildern von Wasserwellen läßt vermuten, daß Zellen durch ondulierende Bewegungen Kraftfelder erzeugen, welche die Fadenmoleküle orientieren. Erstaunlicherweise erzeugen die ineinandergreifenden Wasserwellen von nur zwei Erregungszentren bereits ein Sechsecke-Muster.

Räumliche isotrope Minimum-Konstruktionen.

Räumlich isotrope Zugstrukturen sind in Schwellkörpern, z.B. für wechselnde Blutfüllung, zu erwarten. Die Exemplare meiner Sammlung aber waren nicht kugelig genug für eine bündige Aussage. So befolgte ich Goethes Rat – erst was man weiß, sieht man, und in der Kenntnis liegt die Vollendung des Anschauens – und untersuchte die räumliche Ausgestaltung der ebenen isotropen Muster auf Durchgängigkeit und Entfaltbarkeit. Dies brachte manche Überraschung.

Das räumliche Dreiecke-Muster

In einer dichtesten kubischen Kugelpackung ergibt die direkte Verbindung eines jeden Mittelpunkts mit seinen 12 nächsten Nachbarn ein Raumgitter aus gleichseitigen Dreiecken, welche Tetraeder und Oktaeder bilden. Diese „isotropic vector matrix" („octet-truss")[2] ermöglichte Fuller die stärksten isotropen Druckkonstruktionen mit dem Minimum an Material. Jeder Knotenpunkt ist hier minimal „allseitig gleichmäßig" durch 12 Radien verspannt, welche durch die Radien der nächsten

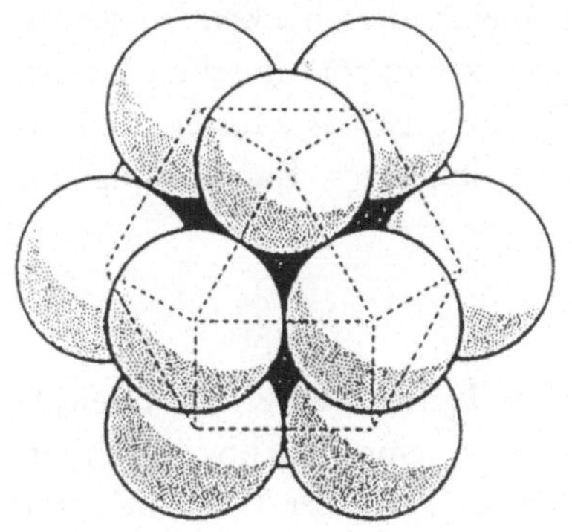

Bild 12.10:
Die direkten Verbindungen der Zentren von Kugeln in dichter kubischer Packung formen ein Maschenwerk aus Oktaedern und Tetraedern (Oktet-Matrix). Die Verbindungen der 12 Radien eines Zentrums bilden ein Kuboktaeder (aus [3]).

[2] Siehe Kapitel 1

Knotenpunkte zu stabilen Dreiecken zusammengefaßt werden, gleich einem „räumlichen Spinnennetz". Die Außenform dieses Polyeders ist das Kuboktaeder (Bild 12.10), dessen 12 Ecken auf einer Kugeloberfläche liegen, so daß ein jeder Knotenpunkt der Oktet-Matrix von konzentrischen Kuboktaedern umgeben ist – optimal für die kugelwellenförmige Ausbreitung von Energie.

Da alle Linien in der Oktet-Matrix durchgehende Geraden bilden, erscheint die Matrix optimal für eine räumlich isotrope Minimum-Zugkonstruktion mit dreieckigen und quadratischen Passagen. Andeutungen dieses Musters sehe ich im Netzwerk der Bildungszellen des Zahnschmelzes und in kugeligen Wachstumszentren von Knorpelzellen. Deutlich verwirklicht ist das Oktet-Prinzip in der räumlichen Anordnung der 12-strahligen Zellen des Sternparenchyms der allseitig biegsamen Binse *Juncus effusus* (Bild 12.8c). Im räumlichen Schema der Entwicklung entstehen die 12-strahligen Sterne aus dicht gepackten kugeligen Zellen – durch Dehnung und Schrumpfung – unter Bewahrung ihrer Kontaktpunkte mit den 12 Nachbarn und mit der Wand des Halms.

Das räumliche Sechsecke-Muster

Die isotrope Dehnung einer kubischen Kugelpackung mit fixierten Kontaktpunkten zieht die Kugeln zu 12-strahligen Radiantensternen auseinander. Die isotrope Kompression einer kubischen Kugelpackung verformt hingegen die Kugeln zu dicht aneinanderschließenden Rhomben-Dodekaedern, weil ihre 12 Kontaktpunkte zu rhombischen Flächen verbreitert werden. Die styroporartige Packung ist das Muster für Konstruktionen größter Druckfestigkeit und kugeliger Kammerung mit rhombischen Passagen.

Das räumliche Hexagramme-Muster

Bei der räumlichen Anordnung des Sternen-Netzes werden die Dreiecke zu Tetraedern, deren Ecken nur mit der Ecke eines Nachbarn Kontakt haben (Bild 12.11). Es ist der „lockerste Tetraeder-Verband". Die Tetraederpaare sind zueinander zentro-symmetrisch, das heißt so gegeneinander verdreht, daß ihre Kanten auf sechs Scharen von Geraden unter

Bild 12.11: a) Einsicht in hexagonal-prismatische Kanäle, b) Aufsicht auf die schichtweise verdeckten hexagonalen Löcher.

Winkeln von 60° liegen. Räumlich betrachtet bilden die Stern-Sechsecke „spitzenlose Tetraeder", welche zusammen hexagonal-prismatische Kanäle parallel zu den Tetraederkanten formen. Der lockerste Tetraeder-Verband ist das Muster für die offenste räumliche isotrope Zugverspannung mit dem Minimum an Material. Eine Andeutung davon fand ich im rundlichen Teil des Schwellkörpers des Penis vom Hund und vom Schwein. Der Tetraeder-Verband aus kollagenen Fasern zeigt das analoge Spannungsspiel von Hexagramm und Hexagon: Er „kontrahiert" sich zum hexagonalen Modell des Diamant-Kristalls (Bild 12.11). Läßt man nämlich einem Tetraeder gleichsam die Luft ausgehen, so daß sich seine Kanten im Mittelpunkt treffen, so entsteht ein vierstrahliger Knotenpunkt, das klassische Valenzmodell des Kohlenstoffs. Diese Vierstrahler mit den Maraldi-Winkeln von rund 110° bilden das kristallographische Diamant-Modell aus „geknickten" oder „gebuckelten" Hexagonen, deren Ecken abwechselnd nach beiden Seiten aus der Ebene des Sechsecks herausknicken, weil sie einen um etwa 10° kleineren Winkel einschließen als ein ebenes Sechseck.

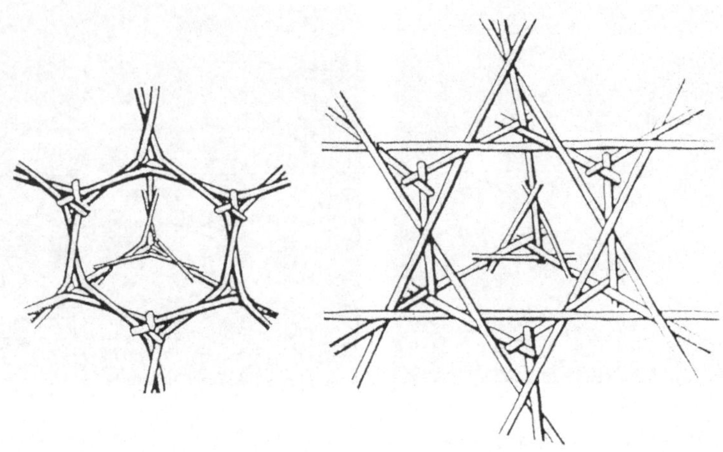

Bild 12.11: c) Die isotrope Erweiterung der vierstrahligen Knotenpunkte des Hexaeder-Diamanten zu Tetraedern, ergibt sich aus dem lockersten Tetraeder-Verband.

Das „Hexa-Diamant-Modell" besteht nur aus der Hälfte der Kanten einer Packung von Rhomben-Dodekaedern und wird dadurch zum Muster einer isotropen Druckstruktur mit dem Minimum an Material und maximaler Kanalisierung nach Richtung und Form. Wie für die ebene isotrope Druckstruktur der Hexagonwinkel von 120° kennzeichnend ist, so ist es für die räumlich isotrope Druckarchitektur des „Hexa-Diamant-Musters" der Maraldi-Winkel von rund 110°. Weil die vier Spannzüge an ihrem Knotenpunkt enden, können sie ihn zum Tetraeder auseinanderziehen, wodurch auch die hexagonal-prismatischen Kanäle umgeformt werden: Aus den aneinandergereihten Rhomben-Dodekaeder der Hexa-Architektur werden aneinandergereihte spitzenlose Tetraeder der Tetra-Architektur. Andeutungen des Hexa-Diamanten zeigt die sich entwickelnde, schwammige, blutgefüllte Leber und die Rundmaschen-Spongiosa der kugeligen Gelenkköpfe. Im Hirnschädel hält die harte Hirnhaut durch eine tetraederartige Verspannung den zentralen venösen Kanal (*Sinus rectus*) dauernd offen und verspannt zugleich auch die knöcherne Hirnkapsel gegen deformierende Kräfte.

Mein lockerster Tetra-Verband ist nicht identisch mit dem Tetra-Modell des Diamanten, obwohl beide aus dem Muster des Hexa-Diamanten ableitbar sind. Im lockersten Verband haben nur zwei Tetraeder (zentro-symmetrischen) Eckenkontakt. Ihr Zentrum entspricht einem Hexa-Knotenpunkt. Im Muster des Tetra-Diamanten hat eine jede Tetraederecke mit je einer Ecke von vier (gleich gerichteten) Nachbarn Kontakt. Zentren und Ecken entsprechen Knotenpunkten des Hexa-Musters.

Das „komprimierte" Diamant-Modell

Sind die beiden „DiamantMuster" im Körper auch nicht auffällig, so liefern sie doch den Schlüssel zum Verständnis des Prinzips der Faserung und der Kanalisierung „filzartig" strukturierter Organkapseln. Dazu muß man die Modelle durch „Kompression" schichten, wie auch die Kapseln durch den Binnendruck geschichtet sind.

1) Senkrechte Kanäle erhält man durch die „Kompression" des Tetra-Modells entlang einer Tetraederkanten-Linie (Bild 12.11a). Dabei legen sich die Hexagone fast oberflächenparallel aufeinander, wie in der *Lamina cribrosa* der weißen Augenhaut (Bild 12.5).

2) Schräge Durchtritte erhält man am übersichtlichsten durch die Kompression des Hexa-Diamanten in Richtung einer Kante (Bild 12.11b) Hier folgen die Knotenpunkte nach dem Prinzip der kubischen Packung aufeinander, in welcher alle Zwischenräume abgedeckt werden. Bei fast völliger „Kompression" des Hexa-Diamant-Modells entsteht durch die Vereinigung zweier Knotenpunkte eine Packung von Rhomboedern (Parallelepiped) – das fundamentale Konstruktionsprinzip von Faserkapseln. Seine geknickt hexagonalen und rhombischen Rahmen bestimmen die Grundform aller Öffnungen, Kanäle und Spaltensysteme (Bild 12.12). In einem abgeplatteten Rhomboeder-Modell können die Spalten dehnungsfrei zu Würfeln erweitert werden. Das Modell erscheint in der Aufsicht als ein reguläres Dreiecke-Netz – wie ein Modell der Descemetschen Membran – mit untereinander zusammenhängenden Schichten aus Dreiecken. Da das Rhomboeder-Modell durchweg aus geraden Linien besteht, erscheint es als nicht dehnbar. Das entsprechende kollagene Faserwerk besitzt aber die notwendige Formelastizität für

Bild 12.12: Die dichte Rhomboeder-Packung gibt das geschichtete Ballonnetz kugeliger Faserkapseln und ihrer Kanalisierungen. Die ellipsoidisch ausgerundeten Seitenflächen im Dach (unten links) und im Boden (unten rechts) eines Rhomboeders ergeben mit ihrer Tiefenverbindung eine kennzeichnende Brezelfigur.

die nötige funktionelle Vergrößerung der Kapsel durch das Spannungsspiel zwischen dem Tetraeder und seinem Radianten-Vierstrahler. Denn ein jeder Knotenpunkt ist gleichsam aus axialer Kompression eines zentro-symmetrischen Tetraederpaares entstanden und somit ein Doppelknoten (Bild 12.11). Seine drei aufsteigenden Radianten gehören zum oberen Tetraeder und seine drei absteigenden zum unteren. So kann eine isotrope Spannung den scheinbar einheitlichen Knotenpunkt in zwei flache Tetraeder auseinanderziehen und so die Kapsel vergrößern. Dies ist entscheidend für die sekretorische Funktion des Hodens.

Normaler Binnendruck verschließt die Kanäle der rhomboedrischen Grundkonstruktion der Hodenkapsel für Samen und Lymphe. Ein physiologisches Ödem in der Druckkammer preßt den Samen aus den Samenkanälchen heraus und dehnt zugleich die relativ dicken Polygonkanten der Kapsel in flache bikonkave Bänder, so daß die verschiedenen „Über-Flüssigkeiten" nach außen dringen können. Dabei scheint auch der Zickzack-Verlauf der Kanäle ein mehr direkter zu werden, so daß man – um im Bild zu bleiben – von einer teilweisen Transformation der „DiamantStruktur" in die „GraphitStruktur" sprechen könnte. Ist kein Samen vorhanden und besteht dennoch ein Überdruck durch Entzündung oder Pressung von außen, so bleiben die Samenwege verschlossen und nur die Lymphkanäle leiten den relativen „Überfluß" ab. Von außen kann jedenfalls keine Flüssigkeit in den Hoden eingesaugt werden – eine Barriere für die Verschleppung von Keimen. Dementsprechend zeigt die Hodenkapsel im Bereich ihrer größten Dehnungsfähigkeit Sechsecke-Maschen mit Übergängen zu Sternfiguren. In der von Zellen durchsetzten Hornhaut des Augapfels zeigen Fasern und Spalten in der Aufsicht Hexagone und Hexagramme so gegeneinander verschoben wie am Rhomboeder-Modell. Erkennbar ist auch eine optimale, 60-grädige sperrholzartige Anordnung der Faserbänder. Hingegen ist die relativ formbeständige, nicht kanalisierte *Sklera* des Augapfels gleichsam das Kameragehäuse – verfestigt durch ihre dichte Random-Faserung mit durchweg irregulären Dreiecken.

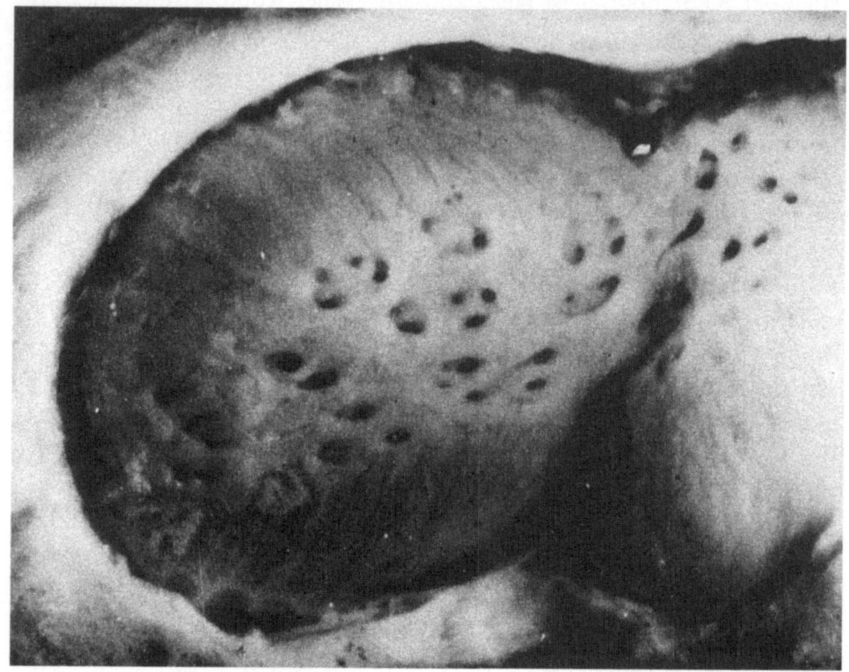

Bild 12.13: Kugelige Oberfläche einer Nierenpapille (Mensch) mit „brezelartigen" Öffnungen der Harnkanälchen.

Am kugeligen Ende der Nierenpapille sind die Winkel der rhombischen Öffnungen so stark ausgerundet, daß „Brezelfiguren" entstehen (Bild 12.13). Eine Brezel entspricht dem Rahmen einer seitlichen Rhomboederfläche und dem Abgang einer Rhomboederkante in die Tiefe (Bild 12.12). Die Brezelfigur ist kennzeichnend für alle isotropen Netzwerke von mindestens zwei Schichten.

Fuller war überzeugt von einer durchweg rationalen und ökonomischen Mathematik der Natur, welche sich in Modellen verkörpern läßt. Das Fundament für sein vektorielles Weltbild und seine 60-grädige

Leichtbauweise fand er in der dichtesten Kugelpackung. In unserem Körper zeigen die verschiedensten Gewebe unter isotroper Belastung Strukturen, welche sich aus der dichten Packung identischer Kreise und identischer Kugeln ableiten lassen – bis hin zur Architektur des Diamant-Kristalls.

Patente im Zusammenhang mit C_{60}
Peter Härtwich und Heinz Eickenbusch

Die folgende Tabelle stellt einen Auszug aus den Themen der Patentanmeldungen im Zusammenhang mit den Fullerenen vor:

World Patent Index	Titel des Patents
94-125884	Fulleren enthaltende aromatische Polyamid-Verbindungen für Fasern mit hohem Torsionsmodul
94-118335	Photooxidation ungesättigter Verbindungen durch Ausnutzen von Fulleren als Sensibilisator – z.B. bei der Allyl-Oxidierung von Olefinverbindungen zu Endoperoxiden oder Allylhydroperoxiden mit hoher Ausbeute und Selektivität
94-117651	Unterbindung der vorzeitigen Polymerisation nichtlinearer, leicht polymerisierbarer organischer Monomere durch freie Radikale – indem man die Monomere innig mit Fulleren vermischt
94-117595	Feste elektrochemische Zelle mit reversibler Energiespeicherung in der Batterie – zusammengesetzt aus Festpolymerelektrolyt, strahlungspolymerisiertem Polymer und Fulleren
94-114451	Einschlußmaterial zur Absorption und Speicherung von Gasen, z.B. Ammoniak, mit Alkalimetall enthaltendem Fulleren
94-101100	Neue Fulleren-Diamin-Additionsverbindungen – nützlich als elektrische Leiter und Enzyminhibitoren z.B. als Antivirus-Agentien zur Inaktivierung von HIV-Protease
94-092379	Erhöhung der strukturellen Festigkeit von Polymererzeugnissen – durch Einbringen von Fullerenen
94-091595	Polysubstituierte Fullerenverbindungen – einschließend Hydroxyl-, Amino-, Oxid-, Nitro-, Organo-, Carboxy-, und Amid-polysubstituierter Fullerene, nutzbar als querverbindende Agentien und für Sternpolymere

94-084447   Neue Fulleren-Sekundär-Diamin-Addukte und Additionssalze –
                 Präparation und Nutzung als elektrisch leitfähige Materialien z.B.
                 zur Schichtabscheidung aus der Lösung oder als komplexe Ligan-
                 den z.B. zur Modifizierung von Katalysatoren

94-083459   Heterojunction-Bauelement aus einer konjugierten Polymer-Do-
                 norschicht, und Fulleren- oder Polymer-Akzeptormaterial für
                 großflächige Solarzellen und optische Speicherbauelemente

94-082378   Fulleren-dotierte, Amin-enthaltende Polymerzusammensetzungen,
                 wobei öllösliche Typen als Viskositätsveränderer oder Schmier-
                 stoffzusatz nutzbar sind oder, wenn vernetzt, Polymere mit ver-
                 besserter Zugfestigkeit ergeben

94-082266   Schmierölzusammensetzung, die Fulleren-dotierte, Amin enthal-
                 tende Polymere enthält – nutzbar als multifunktionelle Dispersi-
                 ons-, Antioxidations- und Viskositätsverbesserungsadditive

94-072046   Gummizusammensetzung, die die Lichtdurchlässigkeit steuert,
                 genutzt als Lichtreduzierer – enthält transparentes Gummi mit
                 spezifizierter Lichtdurchlässigkeit und Fullerenverbindung

94-045737   Photomagnetisches Aufzeichnungsmedium mit Zwischenschicht
                 aus Fulleren zwischen Substrat und magnetischer Dünnschicht

94-044266   Produktion beschichteter Elemente mit Schichten, die Fullerene
                 enthalten, durch Ausbreiten einer Mixtur aus Fulleren und spezi-
                 ellem amphiphilen Polymethacrylat auf Wasser und Übertragung
                 des Films mittels Langmuir-Blodgett-Technik

94-029719   Photoelektrisches Konversionselement mit p-Halbleiterschichten,
                 Fullerenschicht und Gegenelektroden laminiert auf eine transpa-
                 rente Elektrode auf transparentem Basismaterial

94-026193   Substrat, speziell für Zellkulturen, beschichtet mit Fulleren, das
                 Zellmembranzerstörung bewirkt, wenn die Zellen Licht und Sau-
                 erstoff ausgesetzt werden, z.B. zur Vereinfachung der Einbringung
                 von DNA

94-025392   Brennstoffzellenelektrode durch Abscheiden einer Fullerenschicht
                 auf dem Substrat und Implantieren eines Platinkatalysators auf die
                 Fullerenschicht

94-023109   Organisches elektrolumineszierendes Element mit stabilen Lumi-
                 neszenzeigenschaften, das Fullerene in einer organischen Schicht
                 mit positiver Löcherleitfähigkeit enthält

94-017398	Lichtempfindliches Material, das als Resist für sehr feines Strukturieren von Halbleitermaterial genutzt wird – enthält Fulleren mit lichtempfindlichen Gruppen negativen oder positiven Typs mit hoher Empfindlichkeit und Auflösung
94-016097	Präparation aromatischer Polyamid-Fasern mit verbesserter Torsionsstärke – schließt die in-situ Polymerisation des Polyamides bei Anwesenheit einer Fullerenkomponente ein
94-008908	Sensor für die analytische Detektion in Fluiden durch Messung der Leitfähigkeit einer Schicht aus Fulleren zwischen einem Elektrodenpaar – ergibt einen Sensor mit Langzeitstabilität
94-008574	Fulleren-Polymere, möglicherweise nutzbar in elektrischen Anwendungen, durch Reaktion von Fullerenen mit Verbindungen, die Amino- oder Iminogruppen bzw. Halogenatome enthalten
93-407460	Präparation sulphatierter Fullerene durch Reaktion eines Fullerens mit rauchender Schwefelsäure, nutzbar als Metallbinder, Festsäurenkatalysator und Surfactant
93-405470	Fulleren, gebunden an einen Träger als stationäre Phase für die Chromatographie, nutzbar für Trennung und Analyse von Umweltgiften, z.B. PCB, Dioxin, polynukleare Aromaten usw. in einer Einwegsäule
93-404998	Präparation gekoppelter Polymere für Kleber usw. durch anionische Polymerisation von aromatischen Vinylkohlenwasserstoffe und/oder konjugierte Diene und Kopplung durch Fulleren
93-390371	Modifizierung von Halbleiterbauelementen durch Aufbau einer Isolationsschicht aus fluoriertem Fulleren und Siliziumoxid-Material zur Reduzierung der parasitären Kapazität zwischen der Verdrahtung
93-389434	Photorezeptor für Elektrophotographie mit hoher Stabilität und Dauerhaftigkeit mit einer ladungserzeugenden Schicht, die Fulleren enthält
93-368642	Neue Metallo-Fulleren-Verbindungen, insbesondere Urano-Fullerene, nutzbar als Katalysatoren, Träger für Pharmazeutika und bei der Herstellung von Polymeren und Gläsern
93-364925	Wasserstoffspeichernde Substanz für effiziente Speicherung großer Volumina Wasserstoff bestehend aus Fulleren und einem Hydrierkatalysator
93-359639	Treibstoffe für den Gebrauch in Zweitaktmotoren bestehend aus Benzin und mindestens einem Fulleren, das die Schmierung gewährleistet und zu reduzierter Abgasemission führt

93-352903	Leiterplatte mit elektrisch leitfähigem Fulleren, die aus übereinander aufgebrachten Fullerenschichten auf einem isolierenden Träger besteht, wobei durch Dotierung die erforderlichen elektrischen Eigenschaften erzeugt werden
93-352047	Dielektrisches Fulleren-Substrat mit niedriger Dichte und optimalen dielektrischen Eigenschaften z.B für Mikrowellenanwendungen
93-348250	Modifizierung von poröser Bleititanat-Zirkonat-(PZT)Keramik durch feuchtes Mischen von kalziniertem PZT-Pulver und Fullerenpartikeln mit einem Lösungs- und Dispersionsmittel mit anschließendem Gießen und Sintern
93-348139	Photoleitendes Material aus Kohlenstoffclustern, zusammengesetzt aus Fulleren und organischem, photoelektrische Ladungen erzeugendem Material
93-317401	Herstellung hydrierter Fullerene zum Gebrauch als Schmiermittel durch Reaktion von Fulleren mit Wasserstoff in einem Kohlenwasserstoff-Lösungsmittel bei Anwesenheit eines Hydrierkatalysators
93-313925	Bromierungsagentien aus festem C_{60}-Fulleren für Aromaten – hergestellt durch Kontaktieren von Fulleren mit Brom, nutzbar für die Herstellung von Zwischenprodukten für Farbstoffe, Biozide, Agrochemikalien und Pharmazeutika
93-297707	Geformte Kohlenstoffmasse für Schmierung, Supraleiter, Magnete usw., die aus einem Fullerenkern, zwiebelartigen Graphitschichten und Graphit mit radialer Kristallkonfiguration besteht
93-287160	Ionentriebwerk für Raumfahrzeuge, bestehend aus gespeichertem festen Fulleren, Sublimationskammer, Ionisationseinrichtung und Entladungsvorrichtung für ionisierte Fullerene
93-272570	Gebrauch von Verbindungen mit gekrümmter oder ebener netzartiger Struktur, z.B. Fullerene, als diagnostische und therapeutische Agentien z.B. für Kernspinresonanz
93-266651	Drucksynthese von Diamant mit Fullerenen als Ausgangsmaterial
93-264499	Identifizierbare Kohlenwasserstoff-Treibstoffe, die ein oder mehrere Kohlenstoffcluster als Identifikationsadditive enthalten
93-261928	Schmiermittel das haftende Filme auf einer Substratoberfläche bildet, bestehend aus Fulleren mit Fluorsubstitutionen und Substitutionen für Adsorption oder Bindung

93-257887	Tonermischung für elektrostatische Abbildung, enthält Fulleren-Pigmentpartikel, ist stabil und produziert gute Bildqualität
93-243245	Produktion von Diamantkristallen zum Gebrauch als Schneidwerkzeuge aus einer Metallo-Fullerit-Matrix, durch Aufheizung und extremes Abschrecken, um die Fullerenstrukturen in der Matrix kollabieren zu lassen
93-227344	Feste allotropische Metall-Kohlenstoff-Matrix mit Metallofulleriten, die hohe Verschleiß- und Oxidationsfestigkeit, Härtbarkeit mit Duktilität und exzellentes Selbstheilungsverhalten aufweist, für Konstruktionsmaterialien und elektronische Bauteile
93-191447	Neues hydriertes Fulleren mit geschlossener Struktur, hergestellt durch katalytische Hydrierung von Fulleren in Anwesenheit einer Lewis-Säure-Verbindung, nutzbar als Schmiermittel
93-188490	Überdeckungsschicht für elektrophotographisches Bildsystem mit einem Film, der eine kontinuierliche Phase aus Ladungstransportmolekülen und fein verteilten Fullerenteilchen bildet
93-184763	Elektrisch leitfähiges Material, das Fullerene enthält und eine Leitfähigkeit von über 10^{-4} Siemens/cm hat
93-170236	Sekundärbatterie für Information und Elektronik mit Anode oder Kathode aus Fulleren-Halbleiter mit minimierter Selbstentladung und verbesserter Zykluslebensdauer
93-167561	Wasserstoffperoxidproduktion durch Hydrierung einer Fulleren-enthaltenden Lösung und Vermengung der Mixtur mit Sauerstoff
93-166924	Umwandlung von Fulleren in Diamant durch Ionisierung von Fullerendampf und Beschleunigen zur Bildung eines Ionenstrahls, der auf ein Substrat aufschlägt
93-152651	Photoleitfähige Stoffgemische, die Fullerene und Elektronendonatoren enthalten – nutzbar in konventioneller elektrostatischer Bildgebung mit verbesserter Photoleitfähigkeit
93-107438	Verbesserung der Festigkeit duktiler Metalle durch Zugabe kleiner Mengen von Buckminsterfulleren, hergestellt durch Elektrodeposition aus Graphitelektroden
93-101018	Verstärkung der Nukleation bei der Diamantschichtabscheidung durch vorheriges Aufbringen einer Nukleationsschicht aus Kohlenstoffclustern mit geodätischer molekularer Struktur
93-085533	Toner mit Fullerenen als Additive z.B. mit Buckminsterfulleren oder derivatisierten Fullerenen, die als Pigment, Ladungsverstärker u.s.w. wirken

93-071008	Pulver mit UV-Schutzeffekt für die Anwendung auf der Haut, bestehend aus Pulver mit Silikongummibeschichtung und Fulleren
93-058663	Ladungstransferkomplex aus Fulleren und Elektronendonator mit sehr hohem nichtlinear-optischen Effekt zweiter Ordnung zum Gebrauch in optischen Bauelementen z.B. zur Variation der Frequenz von Diodenlasern
93-044840	Ein- und zweischichtige photoleitfähige Abbildungseinrichtungen mit Fulleren, nutzbar als Photogenerator und/oder Ladungstransportverbindung
93-008842	Passive optische Schutzvorrichtungen mit Lichtabsorber aus Buckminsterfulleren-Material
93-008460	Verbesserung von Solarzellen, elektrochemischen Zellen und Strahlungsdetektoren durch Einsatz von Fullerenen, die photoelektrisches Verhalten aufweisen
92-267895	Material mit diamantartigen Eigenschaften, bestehend aus Fulleren- oder Azitmolekülen gebunden an Diamantmoleküle
92-192020	Tintenmischung mit Fulleren als Farbstoff in wäßriger oder organischer Flüssigphase zum Gebrauch in Tintenstrahldruckern mit relativ großen Tropfen einheitlicher Größe und Geschwindigkeit und minimaler Düsenverstopfung

Literaturhinweise

Einführung

[1] A.T. Hollemann, E. Wiberg, *Lehrbuch der Anorganischen Chemie*, de Gruyter, Berlin 1985.

[2] W. Krätschmer, *Mitteilungen der Alexander-von-Humboldt-Stiftung 62*, 1994, 11.

[3] J. Baggott, *Perfect Symmetry*, Oxford University Press, Oxford 1994

[4] J. Dettmann, *Fullerene*, Birkhäuser, Basel 1994.

[5] H. Aldersey-Williams, *The most beautiful molecule*, Aurum Press, London 1995.

Kapitel 1

[1] R. Snyder (Hrsg.), Buckminster Fuller – an autobiographical monologue/scenario, New York 1980, S. 217.

[2] B. Russel, The analysis of matter, New York 1927, S.5.

[3] R.B. Fuller, R. Marks, The Dymaxion World of Buckminster Fuller, Garden City 1973.

[4] Inventions: The patented works of R. Buckminster Fuller, New York 1983.

[5] J. Krausse, Arch+ 116, März 1993, 50.

[6] Fortune No. 2, vol. XXI, 2/1940, 50.

[7] R.B. Fuller, American Neptune 4. Jg., 1944, wieder abgedruckt in ders. Ideas and Integrities, Englewood Cliffs 1963, S. 119ff.

[8] R.B. Fuller, Synergetics, explorations in the geometry of thinking, New York 1975, 420.01.

[9] R.B. Fuller, Designing a new industry, Wichita 1946.

[10] R.B. Fuller, 4D Timelock, Albuquerque 1972, S. 15.

[11] P. Pearce, Structure in nature is a strategy for design, Cambridge 1990.

[12] R.B. Fuller, Shelter, May 1932, 83.

[13] R.B. Fuller, Portfolio & Art News Annual No.4, 1960, 112.

[14] M. Springer, Spektrum der Wissenschaft, August 1993.

[15] J. Krausse, in: W. Ruppert (Hrsg.), Fahrrad, Auto, Fernsehschrank, Frankfurt a. M. 1992.

[16] A. Hatch, Buckminster Fuller at home in universe, New York 1974, S. 124ff.

[17] R.B. Fuller, Synergetics 2, New York 1979, XXf., 000.116ff.

[18] E.O. Applewhite, An account by R. Buckminster Fuller of his relations with scientists ..., unveröffentl. Manuskript 1969, Buckminster Fuller Archiv.

[19] K. Ulmer, Synergetica Journal vol. 1, No.1, 1991, 9.

[20] R.B. Fuller, *Education Automation*, Southern Illinois University Press, Carbondale 1964.

[21] *New York Herald Tribune*, 6.2.1962, vgl. auch [17], 986.474.

[22] *Basic Biography*, Buckminster Fuller Institute, Santa Barbara.

Kapitel 2

[1] H.W. Kroto, *Chem. Soc. Rev. 11*, 1982, 435.

[2] M.J. Hopkinson, H.W. Kroto, J.F. Nixon und N.P.C. Simmons, J. Chem. *Soc. Chem. Commun.*, 1976, 513.

[3] M.J. Hopkinson, H.W. Kroto, J.F. Nixon und N.P.C. Simmons, *Chem. Phys. Lett.* K, 1976, 460.

[4] R. Eastmond und D.R.M. Walton, *Chem. Comm.*, 1968, 204.

[5] R. Eastmond, T.R. Johnson und D.R.M. Walton, *Tetrahedron 28*, 1972, 4601.

[6] T.R. Johnson und D.R.M. Walton, *Tetrahedron 28*, 1972, 5221.

[7] A.J. Alexander, H.W. Kroto und D.R.M. Walton, *J. Mol. Spec. 62*, 1976, 175.

[8] A.C. Cheung, D.M. Rank, C.H. Townes, D.D. Thornton und W.J. Welch, *Phys. Rev. Lett. 21*, 1968, 1701.

[9] H.W. Kroto, *Int. Rev. Phys. Chem. 1*, 1981, 309.

[10] L.W. Avery, N.W. Broten, J.M. Macleod, T. Oka und H.W. Kroto, *Astrophys. J. 205*, 1976, L173.

[11] C. Kirby, H.W. Kroto und D.R.M. Walton, *J. Mol. Spec. 83*, 1980, 261.

[12] H.W. Kroto, C. Kirby und D.R.M. Walton, L.W. Avery, N.W. Broten, J.M. Macleod, T. Oka, *Astrophys. J. 219*, 1978, L133.

[13] N.W. Broten, T. Oka, L.W. Avery, J.M. Macleod und H.W. Kroto, *Astrophys. J. 223*, 1978, L105.

[14] T.G. Dietz, M.A. Duncan, D.E. Powers und R.E. Smalley, *J. Chem. Phys. 74*, 1981, 6511.

[15] H. Hintenberger, J. Franzen und K.D. Schuy, *Z. Naturforsch. Teil A 18A*, 1963, 1236.

[16] A.E. Douglas, *Nature (London) 269*, 1977, 130.

[17] G.H. Herbig, *Astrophys. J. 196*, 195 129.

[18] E.A. Rohlfing, D.M. Cox und A.J. Kaldor, *J. Chem. Phys. 81*, 1984 3322.

[19] P. Ball, „*Designing the Molecular World*", Princeton University Press, 1994 (S. 43).

[20] H. W. Kroto, Proc. R. Inst. *58*, 1986 45.

[21] H. W. Kroto, J.R. Heath, S.C. O'Brien, R.F. Curl und R.E. Smalley, *Nature (London) 318*, 1985, 162.

[22] A. Nickon und E.F. Silversmith, „*Organic Chemistry – The Name Game: Modern Coined Terms and Their Origins*", Pergamon Press, New York 1987.

[23] R.E. Smalley, *The Sciences, March/April* 1991, S. 22.

[24] D.E.H. Jones, *New Sci., (3 Nov. 1966)*, S. 245.

[25] D.E.H. Jones, „*The Inventions of Daedalus*", Freeman, Oxford 1982, S. 118.

[26] D.W. Thompson, „*On Growth and Form*", Cambridge University Press, 1942.

[27] E. Osawa, *Chem. Abstr. 74*, 1971, 75698v; (Original in Japanisch: Kagaku (Kyoto), 1971).

[28] Z. Yoshida und E. Osawa, *Aromaticity*, (in Japanisch: Kagakudoijn: Kyoto 1971).

[29] D.A. Bochvar und E.G. Gal'pern, *Dokl. Akad. Nauk SSSR 209*, 1973, 610-612 (engl. Übers.: *Proc. Acad. Sci. USSR 209*, 1973, 239).

[30] O. Chapman, private Mitteilung.

[31] J.R. Heath, S.C. O'Brien, Q. Zhang, Y. Liu, R.F. Curl, H. W. Kroto und R.E. Smalley, *J. Am. Chem. Soc. 107*, 1985, 7779.

[32] H. W. Kroto, *Science 242*, 1988, 1139.

[33] R.F. Curl und R.E. Smalley, *Science 242*, 1988, 1017.

[34] H. W. Kroto, *Nature (London) 329*, 1987, 1529.

[35] T.G. Schmalz, W. A. Seitz, D.J. Klein und G.E. Hite, *J. Am. Chem. Soc. 110*, 1988, 1113.

[36] R.B. Fuller, „*Inventions – The Patented World of Buckminster Fuller*", St. Martin's Press, New York 1983.

[37] H.S.M. Coxeter, „*Regular Polytopes*", Macmillan, New York 1963.

[38] M. Goldberg, *Tohuku Math.* J. *43*, 1937, 104.

[39] H. W. Kroto und K.G. McKay, *Nature (London) 331*, 1988, 328.

[40] S.J. Iijima, *J. Cryst. Growth 5*, 1980, 675.

[41] W. Krätschmer, K. Fostiropoulos und D.R. Huffman, in: E. Busoletti, A.A. Vittone (Hrsg.), *Dusty Objects in the Universe*, Kluwer, Dordrecht 1990.

[42] H.W. Kroto, W. Allaf und S.P. Balm, *Chem. Revs. 91*, 1991, 1213.

[43] W. Krätschmer, L.D. Lamb, K. Fostiropoulos und D.R. Huffman, *Nature (London) 347*, 1990, 354.

[44] R. Taylor, J.P. Hare, A.K. Abdul-Sada und H.W. Kroto, *J. Chem. Soc. Chem. Comm.*, 1990, 1423.

[45] R. Taylor und D.R.M. Walton, *Nature 363*, 1993, 685.

[46] P.R. Birkett, J.D. Crane, P.B. Hitchcock, H.W. Kroto, M.F. Meidine, R. Taylor und D.R.M. Walton, *J. Mol. Struct. 292*, 1993, 1.

[47] G. Meijer und D.S. Bethune, *Chem. Phys. Letts. 175*, 1990, 1.

Kapitel 3

[1] H.W. Kroto, J.R. Heath, S.C. O'Brien, R.F. Curl und R.E. Smalley, *Nature (London) 318*, 1985, 162.

[2] M. La Rosa, *Ann. der Physik, IV Folge, Bd. 34*, 1911, 95.

[3] J. Dettmann, *Fullerene*, Birkhäuser, Basel 1994. J. Baggott, *Perfect Symmetry*, Oxford University Press, Oxford 1994.

[4] D.R. Huffman, *Adv. Phys. 26*, 1977, 129.

[5] T.P. Stecher, *Astrophys. J. 157*, 1969, L125. T.P. Stecher und B. Donn, *Astrophys. J. 142*, 1969, 1681.

[6]   D. Massa und B.D. Savage, in: L.J. Allamandola und A.G.G.M. Tielens (Hrsg.), *IAU Symposium No. 135 „Interstellar Dust"*, Kluwer Academic Press, Dordrecht 1989, 3.

[7]   A.E. Douglas, *Nature 269*, 1977, 130.
W. Krätschmer, *Astrophysics and Space Science 128*, 1986, 93.
P.Freivogel, J. Fulara und J.P. Maier, *Astrophys. J. 431*, 1994, L151.

[8]   F. Salama und L.J. Allamandola, *Nature 358*, 1992, 42.

[9]   B.H. Foing und P. Ehrenfried, *Nature 369*, 1994, 296.

[10] C.F. Bohren und D.R. Huffman, *Absorption and Scattering of Light by Smanll Particles*, John Wiley and Sons, New York 1983.

[11] B.T. Draine, in: L.J. Allamandola und A.G.G.M. Tielens (Hrsg.), *IAU Symposium No. 135 „Interstellar Dust"*, Kluwer Academic Press, Dordrecht 1989, 313.

[12] K.L. Day und D.R. Huffman, *Nature Phys. Sci. 243*, 1973, 50.
D.R. Huffman, *Astrophysics and Space Science 34*, 1975, 175.

[13] W.A. de Heer und D. Ugarte, *Chem. Phys. Lett. 207*, 1993, 480.

[14] W. Krätschmer, K. Fostiropoulos und D.R. Huffman, *Chem. Phys. Lett. 170*, 1990, 167.

[15] W. Krätschmer, L.D. Lamb, K. Fostiropoulos und D.R. Huffman, *Nature 347*, 1990, 354-358.

[16] A. El Goresy und G. Donnay, *Science 161*, 1968, 363.

Kapitel 4

[1]   F.P. Bundy, *Physica A 156*, 1989, 169.

[2]   H. W. Kroto, J.R. Heath, S.C. O'Brien, R.F. Curl und R.E. Smalley, *Nature (London) 318*, 1985, 162.

[3]   W. Krätschmer, L.D. Lamb, K. Fostiropoulos und D.R. Huffman, *Nature (London) 347*, 1990, 354.

[4]   S. Iijima, *J. Cryst. Growth 50*, 1980, 675.

[5]   S. Iijima, *J. Phys. Chem. 91*, 1986, 3466.

[6]   H.W. Kroto, K. McKay, *Nature 331*, 1988, 328.

[7]   S. Iijima, *Nature 354*, 1991, 56.

[8]   X.F. Zhang, X.B. Zhang, G. van Tendenloo, S. Amelinckx, M. Op de Beeck und J. van Landuyt, *J. Cryst. Growth*, 1993.

[9]   D. Ugarte, *Microscopy Microanal. Microstrudt. 4*, 1993, 505.

[10] T.W. Ebbesen und P.M. Ajayan, *Nature 358*, 1992, 220.

[11] T.W. Ebbesen, H. Hiura, J. Fujita, Y. Ochiai, S. Matsui und K. Tanigaki, *Chem. Phys. Lett. 209*, 1993, 83.

[12] P.J.F. Harris, M.L.H. Green und S.C. Tsang, *J. Chem. Soc. Faraday Trans. 89*, 1993, 1189.

[13] J.W. Mintmire, B.I. Dunlap und C.T. White, *Phys. Rev. Lett. 68*, 1992, 631.

[14] N. Hamada, S. Sawada und A. Oshiyama, *Phys. Rev. Lett.. 68*, 1992, 1579.

[15] R. Saito, M. Fujita, G. Dresselhaus und M.S. Dresselhaus, *Appl. Phys. Lett.* 60, 1992, 2204.

[16] M.S. Dresselhaus, *Nature 358*, 1992, 195.

[17] G. Overney, W. Zhong und D. Tománek, *Z. Phys. D 27*, 1993, 93.

[18] Y. Saito, T. Yoshikawa, M. Inagaki, M. Tonita und T. Hayashi, *Chem. Phys. Lett.* 204, 1993, 277.

[19] R.E. Smalley, *4th NEC symposium on Physics and Chemistry of Nanometer-Scale Materials B19*, 1993, 1.

[20] S. Iijima, P.M. Ajayan und T. Ichihashi, *Phys. Rev. Lett. 69*, 1992, 3100

[21] S. Iijima und T. Ichihashi, *Nature 363*, 1993, 603.

[22] D.S. Bethune, C.H. Kiang, M.S. de Vries, G. Gorman, R. Savoy, J. Vasquez und R. Beyers, *Nature 363*, 1993, 605.

[23] Y. Saito, M. Okuda, N. Fujimoto, T. Yoshikawa, M. Tomita und T. Hayashi, *Jpn. J. Appl. Phys. Part 2 33*, 1994, L526.

[24] S. Seraphin und D. Zhou, *Appl. Phys. Lett. 64*, 1994, 2087.

[25] D. Ugarte, *Chem. Phys. Lett. 198*, 1992, 596.

[26] D. Ugarte, *Nature 359*, 1992, 707.

[27] S.C. Tsang, P.J.F. Harris, J.B. Claridge und M.L.H. Green, Preprint, 1993.

[28] F. Banhart, *Phil. Mag Lett. 69*, 1994, 45.

[29] D. Ugarte, *Europhys. Lett. 22*, 1993, 45.

[30] D.S. Bethune, R.D. Johnson, J.R. Salem, M.S. de Vries und C.S. Yannoni, *Nature 366*, 1993, 123.

[31] P. Ajayan, C. Colliex, J.M. Lambert, P. Bernier, L. Barbedette, M. Tencé und O. Stephan, *Phys. Rev. Lett. 72*, 1994, 346.

[32] R.S. Ruoff, D.C. Lorents, B. Chan, R. Malhotra und S. Subramoney, *Science* 259, 1993, 346.

[33] M. Tomita, Y. Saito und T. Hayashi, *Jpn. J. Appl. Phys.* 32, 1993, L280.

[34] D. Ugarte, *Chem. Phys. Lett. 209*, 1993, 99.

[35] Y. Saito, T. Yoshikawa, M. Okuda, M. Ohkochi, Y. Ando, A. Kasuya und Y. Nishina, *Chem. Phys. Lett. 209*, 1993, 72.

[36] S. Seraphin, D. Zhou, J. Jiao, J.C. Withers und R. Loufty, *Nature 362*, 1993, 503.

[37] Y. Yosida, *Appl. Phys. Lett. 62*, 1993, 3447.

[38] Y. Saito, T. Yoshikawa, M. Okuda, N. Fujimoto, S. Yamamuro, K. Wakoh, K. Sumiyama, K. Suzuki, A. Kasayua und Y. Nishina, *Chem. Phys. Lett. 212*, 1993, 379.

[39] Y. Saito, T. Yoshikawa, M. Okuda, N. Fujimoto, S. Yamamuro, K. Wakoh, K. Sumiyama, K. Suzuki, A. Kasayua und Y. Nishina, *J. Appl. Phys. 75*, 1994, 134.

[40] Y. Saito und T. Yoshikawa, *J. Cryst. Growth 134*, 1993, 154.

[41] Y. Yosida, *Appl. Phys. Lett. 64*, 1994, 3048.

[42] P.M. Ajayan und S. Iijima, *Nature 361*, 1993, 333.

[43] P.M. Ajayan, T.W. Ebbesen, T. Ichihashi, S. Iijima, K. Tanigaki und H. Hiura, *Nature 362*, 1993, 522.

[44] T.W. Ebbesen, P.M. Ajayan, H. Hiura und K. Tanigaki, *Nature 367*, 1994, 519.

[45] S.C. Tsang, P.J.F. Harris und M.L.H. Green, *Nature 362*, 1993, 520.

[46] W.S. Bacsa, D. Ugarte, A. Châtelain und W.A. de Heer, einger. zur Veröffentli-
       chung 1994.

[47] H.W. Kroto, *Nature 359*, 1992, 670.

[48] A. Maiti, C.J. Brabec und J. Bernholc, *Modern Phys. Rev. Lett. B7*, 1993, 1883.

[49] A. Maiti, C.J. Brabec und J. Bernholc, *Phys. Rev. Lett. 70*, 1993, 3023.

[50] D. York, J.P. Lu und W. Yang, *Phys. Rev. B49*, 1994, 8526.

[51] M. Yoshida und E. Osawa, *Ful. Sci. Tech. 1*, 1993, 55.

[52] J.P.Lu und W. Yang, *Phys. Rev. B49*, 1994, 11421.

[53] R. Tenne, L. Margulis, M. Genut und G. Hodes, *Nature 360*, 1992, 444.

[54] L. Margulis, G. Salitra, R. Tenne und M. Tallanker, *Nature 365*, 1993, 113.

[55] D. Ugarte, *Chem. Phys. Lett. 207*, 1993, 473.

[56] W. Krätschmer, *J. Chem. Soc. Faraday Trans.* 89, 1993, 2285.

[57] W.A. de Heer und D. Ugarte, *Chem. Phys. Lett. 207*, 1993, 480.

Kapitel 5

[1] H.W. Kroto, J.R. Heath, S.C. O'Brien, R.F. Curl und R.E. Smalley, *Nature
      (London) 318*, 1985, 162.

[2] W. Krätschmer, L.D. Lamb, K. Fostiropoulos und D.R. Huffman, *Nature (London)*
      347, 1990, 354.

[3] D.H. Parker, K. Chatterjee, P. Wurz, K.R. Lykke, M.J. Pellin, L.M. Stock und J.
      Hemminger, *Carbon 30*, 1992, 29.

[4] A. Hirsch, *The Chemistry of the Fullerenes*, Georg Thieme Verlag, Stuttgart; 1994.

[5] A. Hirsch, *Chemie in unserer Zeit, 28/2*, 1994, 79.

[6] C. Thilgen, F. Diederich und R.L. Whetten, in: W.E. Billups und M.A. Ciufolini
      (Hrsg.), *Buckminsterfullerenes*, VCH, New York; 1993.

[7] R.C. Haddon, *Science 261*, 1993, 1545.

[8] Q. Xie, E. Perez-Cordero und L. Echegoyen, *J. Am. Chem. Soc. 114*, 1992, 3978.

[9] P.M. Allemand, K.C. Khemani, A. Koch, F. Wudl, K. Holczer, S. Donovan, G.
      Grüner und . D. Thompson, *Science 253*, 1991, 301.

[10] P.J. Krusic, E. Wasserman, P.N. Keizer, J.R. Morton und K.F. Preston, *Science
       254*, 1991, 1183.

[11] J.M. Hawkins, *Acc. Chem. Res. 25*, 1992, 150.

[12] J.M. Hawkins und A. Meyer, *Science 260*, 1993, 1918.

[13] S.M. Friedman, D.L. DeCamp, R.P. Sijbesma, G. Srdanov, F. Wudl und G.L.
       Kenyon, *J. Am. Chem. Soc. 115*, 1993, 6506.

[14] A. Hirsch, I. Lamparth und H.R. Karfunkel, *Angew. Chem. 106*, 1994, 453.

[15] J.R. Heath, S.C. O'Brien, Q. Zhang, Y. Liu, R.F. Curl, H.W. Kroto, F.K. Tittel
       und R.E. Smalley, *J. Am. Chem. Soc. 107*, 1985, 7779.

[16] T. Suzuki, Y. Maruyama, T. Kato, K. Kikuchi und Y. Achiba, *J. Am. Chem. Soc.*
       115, 1993, 11006.

[17] M. Saunders, H.A. Jimenez-Vazquez, R.J. Cross und R.J. Poreda, F.A.L. Anet, *Science 259*, 1993, 1428.

[18] T. Weiske und H. Schwarz, *Angew. Chem. 104*, 1992, 639.

[19] M. Saunders, H.A. Jimenez-Vazquez, R.J. Cross, S. Mroczkowski, D. Freedberg und F.A.L. Anet, *Nature 367*, 1994, 256.

Kapitel 6

[1] G. Ulmer, E.E.B. Campbell, R. Kühne, H.-G. Busmann und I.V. Hertel, *Chem. Phys. Lett 182*, 1991, 114 .
C. Yeretzian, K. Hansen, F. Diederich und R.L. Whetten, *Nature 359*, 1992, 44.

[2] R. Mitzner und E.E.B. Campbell, *J. Chem. Phys.*, eingereicht.

[3] E.E.B. Campbell, G. Ulmer und I.V. Hertel, *Phys. Rev. Lett. 67*, 1991, 1986.
E.E.B. Campbell, G. Ulmer und I.V. Hertel, *Z. Phys. D 24*, 1992, 81.

[4] z.B.: Y. Zhang, M. Späth, W. Krätschmer und M. Stuke, *Z. Phys. D 23*, 1992, 195.
D. Ding, J. Huang, R.N. Compton, C.E. Klots, R.E. Haufler, *Phys. Rev. Lett.*

[5] H. Steger, M. Honka, W. Kamke, und I.V. Hertel, *Z. Phys. D 29*, 1994, 81.

[6] G.F. Bertsch, A. Bulgac, D. Tomanek und Y. Wang, *Phys. Rev. Lett 67*, 1991, 2690.

[7] I.V. Hertel, H. Steger, J. de Vries, B. Weisser, C. Menzel, B. Kamke und W. Kamke, *Phys. Rev. Lett. 68*, 1992, 784.

[8] E. Sohmen, J. Fink, R.H. Baughman und W. Krätschmer, *Z. Phys. B 86*, 1992, 87.

[9] H. Steger, A. Hielscher, J. Holzapfel, W. Kamke und I.V. Hertel, *J. Chem. Phys*, im Druck.

[10] J.A. Zimmermann, J.R. Eyler, S.B.H. Bach und S. McElvany, *J. Chem. Phys. 94*, 1991, 3556.

[11] H. Hohmann, C. Callegari, S. Furrer, D. Grosenick, E.E.B. Campbell und I.V. Hertel, *Phys. Rev. Lett. 73*, 1994, 1919.
H. Hohmann, R. Ehlich, S. Furrer, O. Kittelmann, J. Ringling und E.E.B. Campbell, *Z. Phys. D*, im Druck.

[12] J.R. Heath, S.C. O'Brien, Q. Zhang, Y. Lin, R.F. Curl, H.W. Kroto, F.K. Tittel und R.E. Smalley, *J. Am. Chem. Soc. 107*, 1985, 7779.

[13] z.B.: T. Weiske, J. Hrusak, D.K. Bohme, H. Schwarz, *Helv. Chim. Acta 75*, 1992, 79.

[14] E.E.B. Campbell, R. Ehlich, A. Hielscher, J.M.A. Frazao und I.V. Hertel, *Z. Phys. D 23*, 1992, 1.

[15] H. Sprang, A. Mahlkow, E.E.B. Campbell, *Chem. Phys. Lett. 227*, 1994, 91.

[16] R.L. Murra, G.E. Scuseria, *Science 263*, 1994, 791.

Kapitel 7

[1] H.W. Kroto, J.R. Heath, S.C.O'Brien, R.F. Curl, und R.E. Smalley, *Nature 318*, 1985, 162.

[2]   W. Krätschmer, L.D. Lamb, K. Fostiropoulos, und D. R. Huffmann, *Nature* 347, 1990, 354.

[3]   S. Saito und A. Oshiyama, *Phys. Rev. Lett. 66*, 2637, 1991.

[4]   M. Schlüter, M. Lannoo, M. Needels, G.A. Baratt, und D. Tomanik, in: H. Kroto, J.E. Fischer und D.E. Cox (Hrsg.), *The Fullerenes*, Pergamon Press Oxford 1993, S. 303 .

[5]   R.W. Lof, M.A. van Veenendaal, B. Koopmans, H.T. Jonkman, und G.A. Sawatzky, *Phys. Rev. Lett. 68*, 1992, 3924.

[6]   O. Gunnarsson und G. Zwicknagl, *Phys. Rev. Lett. 69*, 1992, 957.

[7]   E.L. Shirley und S.G. Louis Electron Excitations in Solid C_{60}, *Phys. Rev. Lett. 71*, 1993, 133.

[8]   M.S. Golden, M. Knupfer, J. Fink, J.F. Armbruster, T.R. Cummins, H.A. Romberg, M. Roth, M. Schmidt, M. Sing, R. Michel, J. Rockenberger, F. Hennrich, H. Schreiber, und M.M. Kappes, in H. Kuzmany, J. Fink, M. Mehring, und S. Roth, *Progress in Fullerene Research*, World Scientific, Singapur 1994, S. 309

[9]   S. C. Erwin, in: W.E. Billups und M.A. Cinfolini, *Endohedral Fullerenes, und Metal-Adsorbed Fullerenes in Buckminsterfullerenes*, VCH Verlagsgesellschaft, Weinheim 1993, S. 217

[10] M. Knupfer, J.F. Armbruster, H.A. Romberg, und J. Fink, im Druck.

[11] H. Romberg, M. Roth und J. Fink, *Phys. Rev. B 49*, 1994, 1427.

[12] J.H. Weaver, Y. Chai, G.H. Kroll, C. Jin, R.R. Ohuo, R.E. Haufler, T. Guo, J.M. Alford, J. Conceicao, L.P. Chibante, A. Jain, G. Palmer, und R.E. Smalley, *Chem. Phys. Lett. 190*, 1992, 460.

[13] D.M. Porier, M. Knupfer, J.H. Weaver, W. Andreoni, K. Laasonen, M. Parrinello, D.S. Bethune, K. Kikuchi, und Y. Achiba, *Phys. Rev. B 49*, 1994, 17403.

Kapitel 8

[1]   W. Buckel, *„Superconductivity - Fundamentals and Applications"*, VCH-Verlagsgesellschaft mBH, Weinheim 1991.

[2]   J.G. Bednorz und K.A. Müller, *Z. Physik B64* , 1986, 189.

[3]   A.F. Hebbard et al., *Nature 350*, 1991, 600.

[4]   T.T.M. Palstra et al., unveröffentlicht.

[5]   K. Tanigaki et al., *Europhy. Lett.* ,1993, 57.

[6]   G. Sparn et al., *Phys. Rev. Lett. 23* (1992), 1228.

[7]   O. Gunnarson und G. Zwicknagl, *Phys. Rev. Lett. 69*, 1992, 957.

[8]   R.F. Kiefl et al., *Phys. Rev. Lett. 70* ,1993, 3987.

Kapitel 9

[1]   W. Krätschmer, L.D. Lamb, K. Fostiropoulis und D.R. Huffman, *Nature 347*, 1990, 354.

[2]   W.E. Pickett, *Solid State Physics 48*, 1994, 225.

[3]   C. Coulombeau et al., C. *Rend. Acadm. Sci. 313*, 1991, 1387.

[4]   M. Matus, H. Kuzmany und E. Sohmen, *Phys. Rev. Lett. 68*, 1992, 2822.

[5]   Y. Wang, J.M. Holden, X. Bi und P.C. Eklund, *Chem. Phys. Lett. 217*, 1994, 413.

[6]   A.M. Rao, P. Zhou, K.A. Wang, G.T. Hager, J.M. Holden, Y. Wang, W.T. Lee, X. Bi, P.C. Eklund, D.S. Cornett, M.A. Duncan und I.J. Amster, *Science 259*, 1993, 955.

[7]   J.R.D. Copley, W.I.F. David und D.A. Neumann, *Neutron News* 4, 20 (1993).

[8]   A.F. Hebard, M.J. Rosseinsky, R.C. Haddon, D.W. Murphy, S.H. Glarum, T.T.M. Palstra, A.P. Ramirez und A.R. Kortan, *Nature 350*, 600.

[9]   J. Winter und H. Kuzmany, *Solid State Commun. 84*, 935.

[10] T. Pichler, R. Winkler, and H. Kuzmany, *Phys. Rev. B 49*, 1994, 15879.

[11] R. Winkler, T. Pichler und H. Kuzmany, *Appl. Phys. Lett.*, eingereicht.

[12] N. Chandrabhas, K. Jayaram, D.V.S. Muthu, A.K. Sood, R. Seshadri und C.N.R. Rao, *Phys. Rev. B 47*, 1993, 10963.

[13] Y. Achiba, K. Kikuchi, M. Muccini, G. Orlandi, G. Ruani, C. Taliani, R. Zamboni und F. Zerbetto, *J. Chem. Phys.*, eingereicht.

[14] J. Kastner, T. Pichler, H. Kuzmany, S. Curran, W. Blau, D.N. Weldon, M. Delamesiere, S. Draper und H. Zandbergen, *Chem. Phys. Lett. 221*, 1994, 53.

[15] J.M. Holden, P. Zhu, X. Bi, P.C. Eklund, S. Bandow, R.A. Al-Jishi

[16] K.Das Choiwdhury, G. Dresselhaus und M.S. Dresselhaus, *Chem. Phys. Lett. 220*, 1994, 186.

Kapitel 11

[1]   D.L.D. Caspar und A. Klug, *Cold Spring Harb. Symp. Quant. Biol. 27*, 1962, 1.

[2]   S.C. Harrison, in:B.N. Fields, D.M. Knipe, R.M. Chanock, M.S. Hirsch, J.L. Melnick, T.P. Monath und B. Roizman (Hrsg.), *Fields Virology Vol.* 2, Raven Press, New York 1990, 37.

[3]   K. Simons und S.D. Fuller, in: R.M. Burnett und H.J. Vogel (Hrsg.), *Biological Organization: Macromolecular Interactions at High Resolution*, Academic Press, Orlando 1987, 139.

[4]   J. Dubochet, M. Adrian, M. Lepault und A.W. McDowall, *Trends in Biochem. Sci. 10*, 1985, 143.

[5]   M. Adrian, J. Dubochet, M. Lepault und A.W. McDowall, *Nature 308*, 1984, 32.

[6]   T.S. Baker, J. Drak und M. Bina, *Biophys. J. 47*, 1985, 50a.

[7]   R.A. Crowther und L.A. Amos, *Cold Spring Harb. Symp. Quant. Biol 36*, 1972, 489.

[8]   R.A. Crowther, L.A. Amos, J.T. Finch, D.J. De Rosier und A. Klug, *Nature 226*, 1970, 421.

[9]   S.D. Fuller, *Cell 48*, 1987, 923.

[10] S.C. Harrison, *Adv. Virus Res. 28*, 1983, 175.

[11] S.C. Harrison, A.J. Olson, C.E. Schutt, F.K. Winkler und G. Bricogne, *Nature 276*, 1978, 368.

[12] A. Jack, S.C. Harrison und R.A. Crowther, *J. Mol. Biol. 97*, 1975, 163.

[13] N.H. Olson, P.R. Koatkar, M.A. Oliveira, R.H. Cheng, J.M. Greve, A. McClelland, T.S. Baker und M.G. Rossmann, *Proc. Nat. Acad. Sci. (U.S.A.) 90*, 1993, 507.

[14] P. Stewart, R.M. Burnett, M. Cyrklaff und S.D. Fuller, *Cell 67*, 1991, 145.

[15] P.Stewart, S.D. Fuller und R.M. Burnett, *Eur. Mol. Biol. Org. J. 12*, 1993, 2589.

[16] E.W. Six, *Virology 67*, 1975, 249.

[17] E.W. Six, M.G. Sunshine, J. Williams, E. Haggård-Ljungqvist und B.H. Lindqvist, *Virology 182*, 1991, 34.

[18] T. Dokland, B.H. Lindqvist und S.D. Fuller, *Eur. Mol. Biol. Org. J. 11*, 1992, 839.

[19] T. Dokland, M.L. Isaksen, S.D. Fuller und B.H. Lindqvist, *Virology 194*, 1993, 682.

[20] S.D. Fuller, J. Borriman, S.J. Butcher, und B. Gowen, *Cell 93*, 1995, 1115.

Kapitel 12

[1] Strasburger, *Lehrbuch der Botanik*, Fischer Verlag, Stuttgart 1991.

[2] Ch. de Duve, *A guided tour of the living cell, Vol. 5*, New York 1984.

R.B. Fuller, *Synergetics*, Macmillan, New York 1975.

Sachwortverzeichnis

Das digitale Universum

von Martin Gerhardt
und Heike Schuster

1995. XIV, 320 Seiten (Facetten)
Gebunden.
ISBN 3-528-06677-6

Über die Autoren:
Dr. Martin Gerhardt ist Mathematiker und Leitender Berater im Bereich der mathematischen Optimierung am Wissenschaftlichen Zentrum der IBM Deutschland GmbH in Heidelberg. Frau Dr. Heike Schuster ist Mathematikerin und arbeitet als freie Wissenschaftspublizistin.

„Das Ganze ist mehr als die Summe seiner Teile." So sehr uns dieser Satz als Binsenweisheit bekannt ist, so neu und mächtig ist sein Einfluß auf das Weltbild unserer modernen Wissenschaft. Atome, Moleküle, Zellen und Organismen erzeugen durch einfache Wechselwirkungen den Strukturreichtum unserer Welt. Ein wichtiges Werkzeug zum Verständnis dieser Komplexität sind Computersimulationen, mit denen sich Forscher der Wirklichkeit künstlich annähern. Zelluläre Automaten sind solche Simulationsmodelle. In ihnen wird die Welt zu einem digitalen Universum - einem Zusammenschluß simpelster, vernetzter Digitalcomputer, die mit einfachsten Programmen komplexe makroskopische Strukturen erzeugen. Dieses Buch führt Sie durch den digitalen Kosmos und zeigt Ihnen anhand zahlreicher Beispiele die Stärken und Schwächen dieser Simulationsinstrumente auf. Es setzt Sie aber ebenfalls dem unwiderstehlichen Reiz dieser einfachen Spiele aus, mit denen Sie auf jedem Computer selber zum Schöpfer künstlicher Welten werden können.

Verlag Vieweg · Postfach 1546 · 65005 Wiesbaden

Muster des Lebendigen

von Andreas Deutsch (Hrsg.)

*1994. XVI, 299 Seiten mit zahl-
reichen Zeichnungen und Fotos
sowie einem Farbteil. (Facetten)
Gebunden.
ISBN 3-528-06546-X*

Über den Herausgeber:
Dr. Andreas Deutsch forscht an der
Abteilung für Theoretische Biologie
der Universität Bonn über die Modellierung biologischer Musterbil-
dung.

Fragestellungen und Erklärungsmo-
delle zur Entstehung von Ordnung
in der Natur werden in anschauli-
cher Form von anerkannten Wissenschaftlern in eigenständigen Beiträ-
gen vorgestellt, und anhand ausge-
wählter Beispiele erschließt sich dem
Leser ein Querschnitt von Mustern
und Theorien zu ihrer Erklärung.
Begriffe wie Selbstorganisation, Synergetik, konservative und dissipati-
ve Strukturen, zelluläre Automaten,
finite Elemente, Reaktions-Diffusi-
ons-Systeme, mechano-chemische
Modelle und Turing-Analyse werden
im wahrsten Sinne des Wortes mit
Leben erfüllt und im Zusammenhang biologischer Musterbildungen
erläutert. Der Anhang enthält ein
Glossar, das durch kurze und prä-
gnante Definitionen die im Text verwendeten Begriffe der Musterbil-
dungstheorie erläutert.

Verlag Vieweg · Postfach 1546 · 65005 Wiesbaden